“十四五”高等职业教育计算机类新形态一体化系列教材

SQL Server 2016 数据库应用实战

刘　玥◎主　编

闫波波　刘建新　张　红
贾　珺　郝杰辉　陈媛媛◎副主编

中国铁道出版社有限公司
CHINA RAILWAY PUBLISHING HOUSE CO., LTD.

内 容 简 介

本书以大型数据库管理系统 SQL Server 2016 为平台，通过一个贯穿全书的实例“天意购物”数据库，详细讲解了 SQL Server 2016 的安装和配置，数据库的创建与管理，表、视图、索引、T-SQL 语句、存储过程和触发器，数据库的备份恢复与导入导出，SQL Server 的安全管理等内容。本书共分为 6 个项目，内容包括“天意购物”数据库设计与实现、“天意购物”数据库中数据表的创建与管理、实现“天意购物”数据库中数据的查询、“天意购物”数据库中视图与索引的使用、程序设计和“天意购物”数据库的安全与保护机制。

本书由浅入深、理论联系实际，在保证教材系统性和科学性的同时，注重实践性和操作性。

本书适合作为高等职业学校数据库技术相关课程的教材，也可供数据库开发人员参考。

图书在版编目（CIP）数据

SQL Server 2016 数据库应用实战 / 刘玥主编. —北京：中国铁道出版社有限公司，2021.8

“十四五”高等职业教育计算机类新形态一体化系列教材

ISBN 978-7-113-28164-9

Ⅰ.①S… Ⅱ.①刘… Ⅲ.①关系数据库系统-高等职业教育-教材 Ⅳ.①TP311.132.3

中国版本图书馆 CIP 数据核字（2021）第 144961 号

书　　名： SQL Server 2016 数据库应用实战
作　　者： 刘　玥

策　　划： 翟玉峰　　　　**编辑部电话：**（010）83517321
责任编辑： 翟玉峰　包　宁
封面设计： 曾　程
责任校对： 焦桂荣
责任印制： 樊启鹏

出版发行： 中国铁道出版社有限公司（100054，北京市西城区右安门西街 8 号）
网　　址： http://www.tdpress.com/51eds/
印　　刷： 北京联兴盛业印刷股份有限公司
版　　次： 2021 年 8 月第 1 版　2021 年 8 月第 1 次印刷
开　　本： 787 mm×1 092 mm 1/16　**印张：** 15　**字数：** 380 千
书　　号： ISBN 978-7-113-28164-9
定　　价： 49.80 元

前言

随着计算机、网络空间安全、人工智能等技术的不断发展，云计算、物联网、移动互联网等以数据为中心的应用日益丰富。国家大数据战略建议的提出，旨在全面推进我国大数据发展和应用，加快建设数据强国，推动数据资源开放共享。至此，数据库技术已经成为计算机信息系统的核心技术和重要基础。同时，数据库技术也是计算机各专业的必修课程。

本书按照高职高专培养高素质技术技能型人才的需求，从实用和够用的原则出发，采用“项目导向、思政引入，任务驱动”的教学模式进行讲解。本书以 Microsoft SQL Server 2016 为数据库管理系统，围绕一个完整的“天意购物”数据库系统，由浅入深、循序渐进地引导学生掌握 Microsoft SQL Server 2016 的使用和管理。

本书内容包括 6 个项目，分别为：“天意购物”数据库设计与实现、“天意购物”数据库中数据表的创建与管理、实现“天意购物”数据库中数据的查询、“天意购物”数据库中视图与索引的使用、程序设计、“天意购物”数据库的安全与保护机制。

本书特色：

- 项目导向：基于项目为导向的教学模式，以项目为载体，将数据库的知识、技术与方法融为一体，并提供了一个完整的项目引导学生实践。
- AB 项目：全书所有讲解和例题都基于一个完整的工作项目 A（天意购物）完成。教师使用 A 项目完成界面操作引入和理论知识深入讲解，学生使用 B 项目（学生管理系统）完成动手实践。
- 思政元素引领教程内涵：以能力和素质培养为核心，以“重基础与技能，求能力与创新”为理念，始终注入润物无声的思想，以学生为本，培养全面发展的社会主义建设者和接班人。

本书内容设计通俗易懂，从教、学、做 3 个层面展开，思路清晰，以具体项目贯穿始末，易于学习，可操作性强，循序渐进且层次分明。本书提供了大量任务，有助于学习者理解概念、巩固知识、掌握要点、攻克难点，并能掌握数据库的最新技术。

本书由天津现代职业技术学院刘玥任主编，天津现代职业技术学院闫波波、刘建新、张红、贾珺、郝杰辉、陈媛媛任副主编，岳宝海参与编写。在编写过程中，感谢杨美霞院长给予的支持和帮助。

由于时间仓促，编者水平有限，书中疏漏与不妥之处在所难免，欢迎任课教师和学生在使用过程中提出宝贵意见，以便我们修订和完善。

编　者

2021 年 5 月

目 录

项目一 数据库设计与实现

本项目将介绍如何设计数据库、如何创建数据库、如何维护数据库。

项目内容：

- 任务一 数据库的规划设计。
- 任务二 数据库的创建。
- 任务三 数据库的维护。

学习目标：

- 熟练掌握：SQL Server 2016 数据库的创建、修改、删除及数据库的重命名操作。
- 掌握：数据库的设计方法。
- 初步了解：Transact-SQL（简称 T-SQL）语句的基本知识。

任务一　数据库的规划设计

购物是生活中必不可少的环节，而且目前已经从实体走向了网络。随处可见的购物平台为人们足不出户购物提供了方便。大家使用的这些购物平台每天完成非常多的订单，涉及的数据量非常大，比如客户基本信息、商品信息、客户购物等相关数据，那这些数据保存到哪里？是怎么保存的？这就引出了数据库设计和实现。

本任务介绍网络购物平台后台数据库的设计思路。

任务情境

小王经过层层选拔终于进入 A 公司成为实习生，老李是带教工程师。某日，老李带小王参加项目评审会，项目组要完成一个名为“天意购物”的网络购物平台。该项目核心的功能模块有用户注册登录、商品浏览、商品加购物车、购买商品。散会后，老李和小王开始进行任务分工。

老李：小王，项目需求你基本了解了，咱们要做这个项目的数据库搭建，你先调研一下咱们要使用哪个数据库开发环境。打个比方，搭建数据库就像盖仓库，盖仓库的时候需要用什么工具呢？毕竟“工欲善其事，必先利其器”。

小王：好的，我一会儿查一下资料。

老李：其次，要盖仓库，是不是得先画设计图纸，做好规划？毕竟“一个好的开始就是成功的一半”，所以你需要做好数据库的规划设计，至少得分析出这个数据库中可能有哪些内容，它们是什么关系。

小王：好的。

任务描述

要求为网络购物平台设计后台数据库：“天意购物”数据库。

任务实施

步骤一：经过充分了解和分析客户的购物流程及需求，设计以下数据项和数据结构。

（1）客户信息：{客户编号，姓名，密码，电话，地址}。

（2）商品信息：{商品编号，商品类型，商品名称，商品价格}。

（3）订购信息：{客户编号，商品编号，订单编号，订单日期，付款日期，订购数量}。

（4）购物车信息：{客户编号，商品编号，购物车编号，商品数量}。

步骤二：根据各实体的属性和实体之间的关系绘制 E–R 图，如图 1–1 ~ 图 1–3 所示。

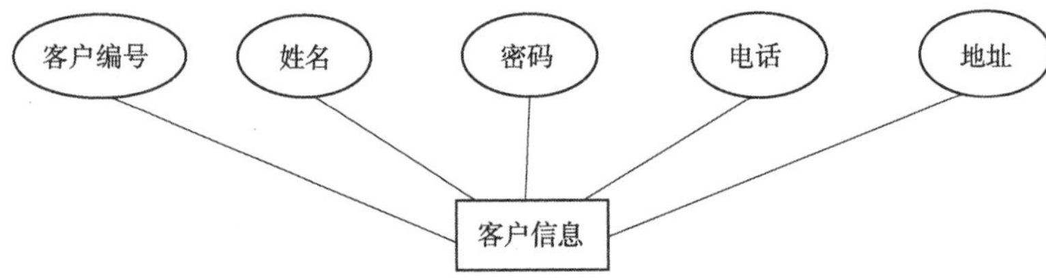

图 1–1 “客户信息”实体 E–R 图

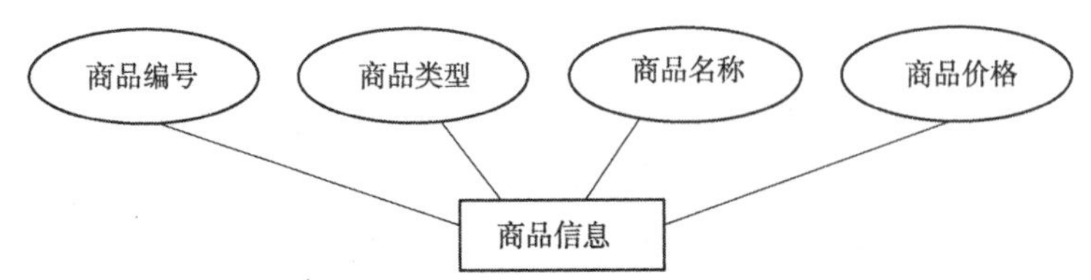

图 1–2 “商品信息”实体 E–R 图

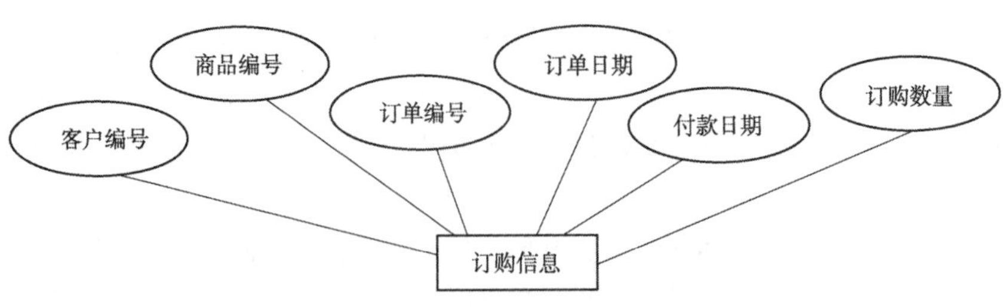

图 1–3 “订购信息”实体 E–R 图

步骤三：将概念模型 E–R 图转换为关系模型，即将实体、实体的属性和实体之间的联系转化为关系模式，如表 1–1 ~ 表 1–4 所示。

表 1-1　客户信息 Customers

字段名	数据类型	长度	是否为空	描述	主外键
CustomerID	字符型	9	否	客户编号	主键
Name	字符型	20	是	姓名	
Password	字符型	10	是	密码	
Telephone	字符型	20	是	电话	
Address	字符型	50	是	地址	

表 1-2　商品信息 Products

字段名	数据类型	长度	是否为空	描述	主外键
ProductID	字符型	9	否	商品编号	主键
Type	字符型	15	是	商品类型	
ProductName	字符型	50	是	商品名称	
Price	数值型	10，2	是	商品价格	

表 1-3　订购信息 Orders

字段名	数据类型	长度	是否为空	描述	主外键
CustomerID	字符型	9	否	客户编号	外键
ProductID	字符型	9	否	商品编号	外键
OrderID	字符型	10	否	订单编号	主键
OrderDate	日期型		否	订单日期	
PaidDate	日期型		否	付款日期	
Oquantity	整型		否	订购数量	

表 1-4　购物车信息 Carts

字段名	数据类型	长度	是否为空	描述	主外键
CustomerID	字符型	9	否	客户编号	外键
ProductID	字符型	9	否	商品编号	外键
CartID	字符型	10	否	购物车编号	主键
Cquantity	整型		否	商品数量	

知识链接

视　频一、数据库基础知识

视　频

数据库规划设计 1

1. 数据与数据库

数据是描述客观事物及其活动，并存储在某一种介质上能够识别的物理符号。每天，每个人都会接触到大量的数据。例如：在网络上购买商品时，人们会接触到商品信息表中记录的每个商品的商品编号、类型、名称、价格等信息，这就是“数据”。

数据库是以一定的组织方式将相关的数据组织在一起，存放在计算机外存储器上（有序的仓库），并能为多个用户共享，可以实现与应用程序彼此独立的一组相关数据的集合。

2. 数据库技术发展

数据库技术最初产生于20世纪60年代中期，特别是到了20世纪60年代后期，随着计算机管理数据的规模越来越大，应用越来越广泛。数据库技术也在不断地发展和提高，先后经历了人工管理、文件管理及数据库管理3个阶段。关于每个阶段产生的时间和特点如表1-5所示。

表1-5 数据库技术发展阶段及特点

阶　段	时　间	特　点
人工管理阶段	20世纪50年代中期以前	数据与程序不能分开，数据不能共享
文件管理阶段	20世纪50年代后期至60年代中后期	数据与程序分开存储，但互相依赖，数据不能共享
数据库管理阶段	20世纪60年代后期开始	数据与程序分开存储，数据可以共享

3. 数据库系统组成

数据库系统（DataBase System，DBS）是指在计算机系统中引入数据库后的系统，一般由数据库、数据库管理系统（及开发软件）、数据库管理员、计算机系统构成，如图1-4示。

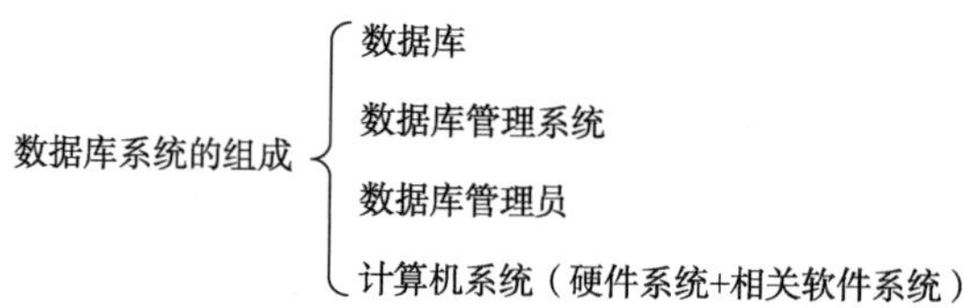

图1-4 数据库系统组成

数据库管理系统（DataBase Management System，DBMS）是一种操纵和管理数据库的大型软件，用于建立、使用和维护数据库。用户和数据库管理员可以通过DBMS访问数据库中的数据并进行数据维护。

数据库管理系统通常由以下三部分组成：

（1）数据描述语言（Data Description Language，DDL）。为了对数据库中的数据进行存取，必须正确地描述数据以及数据之间的联系，DBMS根据这些数据定义从物理记录导出全局逻辑记录，从而导出应用程序所需的记录。

（2）数据操纵语言（Data Manipulation Language，DML）是DBMS中提供应用程序存储、检索、修改、删除数据库中数据的工具。

（3）数据库例行程序。从程序的角度看，DBMS是由许多程序组成的一个软件系统，每个程序都有自己的功能，它们互相配合完成DBMS的工作，这些程序就是数据库管理例行程序。

4. 数据模型

数据模型是现实世界数据特征的抽象，用于描述一组数据的概念和定义。数据模型是数据库中数据的存储方式，是数据库系统的基础。

（1）层次模型用树状结构表示数据之间的联系，如图 1–5 示。其特点如下：

① 有且仅有一个结点无父结点，这个结点即为树根。

② 其他结点有且仅有一个父结点。

（2）网状模型用网络结构表示数据之间的联系，可以表示多对多的联系，如图 1–6 示。其特点如下：

① 可以有一个以上的结点无父结点。

② 至少有一个子结点有一个以上的父结点。

③ 在两个结点之间有两个或两个以上的联系。

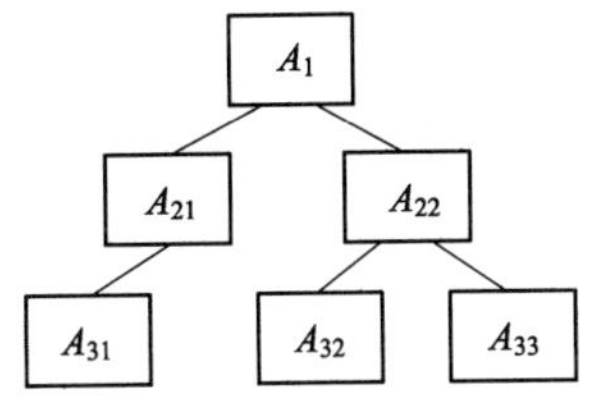

图 1–5　层次模型

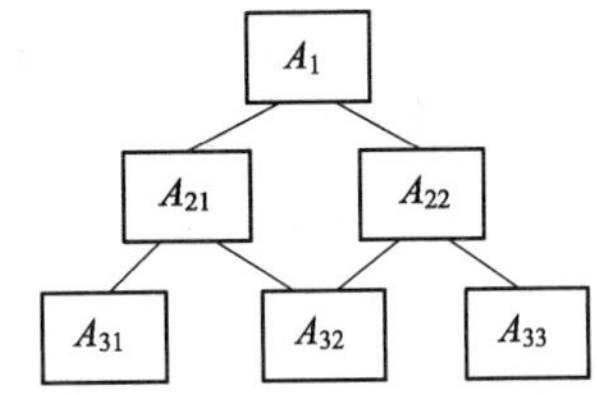

图 1–6　网状模型

（3）关系模型是把数据结构看成一个二维表，每个二维表就是一个关系，关系模型是由若干个二维表格组成的集合，如表 1–6 所示。

表 1–6　关 系 模 型

客户编号	姓　名	密　码	电　话	地　址
100101211	王明	12345678	13101567×××	湖北武汉
301119782	张春花	56789034	17890123×××	天津现代
202000198	李丽	67890123	15107819×××	山西太原
578102356	赵红	23456789	18934567×××	天津海运
212345678	陈晓艳	56712345	13243456×××	上海
678123456	刘彤	34561234	13567123×××	福建厦门

二、数据库设计

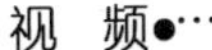

数据库规划设计 2

数据库的设计过程是指根据用户的需求，在数据库管理系统上设计数据库的结构和建立数据库的过程。

1. 需求分析

需求分析阶段是天意购物数据库开发的第一个阶段，也是非常重要的一个阶段。这是设计数据库的起点，需求分析的结果是否准确地反映了用户的实际要求，将直接影响后面各个阶段的设计，并影响到设计结果是否合理和实用。在这个阶段，进行数据项和数据结构设计，确定“天意购物”数据库系统包括以下需求：

（1）客户信息：{客户编号，姓名，密码，电话，地址}。

（2）商品信息：{商品编号，商品类型，商品名称，商品价格}。

（3）订购信息：{客户编号，商品编号，订单编号，订单日期，付款日期，订购数量}。

（4）购物车信息：{客户编号，商品编号，购物车编号，商品数量}。

如果把创建数据库比作建造一幢大厦，那么需求分析可以看作地基，地基的工作是否充分和准确，决定了其上构建大厦的速度和质量。

2. 概念设计

数据库概念模型设计阶段是数据库设计的关键阶段，在这一阶段，主要是以需求分析中所识别的数据项、设计任务和现行系统的管理操作规则与策略为基础，确定网上购物系统中的实体和实体间联系，建立此系统的信息模式，准确描述此系统的信息结构。根据各实体的属性和实体之间的关系绘制 E-R 图（见图 1-1 ~ 图 1-4）。

E-R 方法是"实体-联系方法"（Entity-Relationship Approach）的简称，它是描述现实世界概念结构模型的有效方法。

在 E-R 图中有如下 4 个成分：

（1）矩形框：表示实体，在框中记入实体名。

（2）菱形框：表示联系，在框中记入联系名。

（3）椭圆框：表示实体或联系的属性，在框中记入属性名。

（4）连线：实体与属性之间；实体与联系之间；联系与属性之间用直线相连，并在直线上标注联系的类型，如图 1-7 所示。

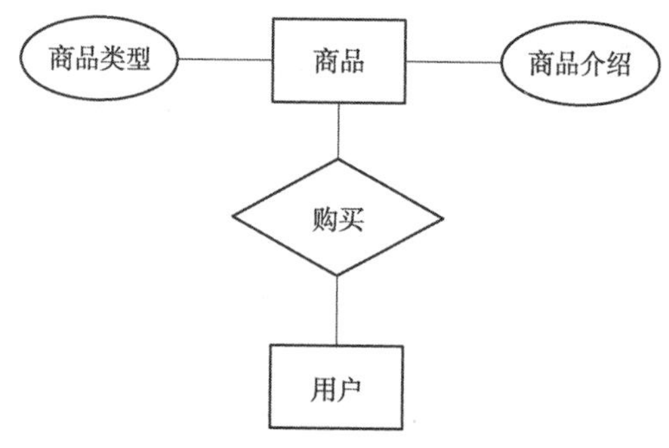

图 1-7 商城数据库 E-R 图

3. 逻辑设计

设计逻辑结构应该选择最适于描述与表达相应概念结构的数据模型，然后选择最合适的 DBMS。在这部分中将 E-R 图转换为关系模型，即将实体、实体的属性和实体之间的联系转换为关系模式（见表 1-1 ~ 表 1-4）。

4. 数据库的实施

数据库的实施主要是根据前面设计的结果产生一个具体数据库，导入数据并进行程序的调试。实施步骤如下：

（1）定义数据库结构。

（2）数据装载。

（3）编制与调试。

5. 运行维护

数据库系统的正式运行，标志着数据库设计与应用开发工作的结束和维护阶段的开始。运行和维护阶段的主要任务有如下 4 项：

（1）维护数据库的安全性与完整性。

（2）监测并改善数据库运行性能。

（3）根据用户要求对数据库现有功能进行扩充。

（4）数据库应用系统经过试运行后即可投入正式运行。

动手实践

请绘出购物车信息表（Carts）的 E–R 图。

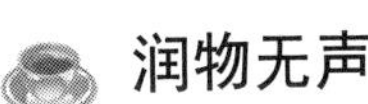

润物无声

工匠准则：理想信念

凡事预则立，不预则废。任何事情，事前有准备就可以成功，没有准备就要失败，而做好规划则是关键。一个健全完善的数据库离不开充分的规划设计，在此阶段要充分理解和详细分析需求，才能设计出合适的数据结构。就如我国的计算机事业迅速发展，离不开总设计师的规划设计。下面介绍的人物是“中国巨型计算机之父”金怡濂。

人物：金怡濂

金怡濂，1929 年出生，中国高性能计算机领域著名专家，中国巨型计算机事业开拓者，“神威”超级计算机总设计师。

金怡濂回忆，在他小时候，他父亲带他去电话局的机房，满屋子嘀嗒作响的机器让他觉得复杂又神奇。自那时起，他就朦胧地有了长大后像父亲一样当个工程师的想法。就是儿时的这个想法，指引着他一步一步走进计算机科学的殿堂，成为中国高性能计算机领域的著名专家。他主持研制成功多种当时居国内领先地位的大型计算机系统，在这个过程中他提出了具体设计方案，作出了很多关键性决策，解决了许多复杂的理论问题和技术难题，对中国计算机事业尤其是并行计算机技术的发展贡献卓著。

知识巩固

1.（单选）数据库设计中的逻辑结构设计的任务是把（　　）阶段产生的概念数据库模式变换为逻辑结构的数据库模式。

A. 需求分析　　B. 物理设计

C. 逻辑结构设计　　D. 概念结构设计

2.（单选）在数据库设计中使用 E-R 图工具的阶段是（　　）。

A. 需求分析阶段　　B. 数据库物理设计阶段

C. 数据库实施　　D. 概念结构设计阶段

3.（单选）表达实体之间逻辑联系的 E-R 模型，是数据库的（　　）。

A. 概念模型　　B. 逻辑模型

C. 外部模型　　D. 物理模型

4.（填空）数据库开发的五个步骤分别是：（　　）、（　　）、（　　）、（　　）和（　　）。

5.（单选）下列选项中，不属于数据库特点的是（　　）。

A. 数据共享　　B. 数据完整性

C. 数据冗余很高　　D. 数据独立性高

任务二　数据库的创建

任务情境

视　频

创建数据库

小王已经完成了数据库的规划设计。

老李：小王，你的规划设计很不错，接下来，就该具体实施了。

小王：好的，那我先创建一个数据库吧。

老李：创建数据库有两种方式，你都试试。

小王：好的。

任务描述

创建“天意购物”数据库，参数说明如表 1-7 所示，采用 ssms 方式创建。其效果如图 1-8 所示。

表 1-7 “天意购物”数据库参数说明

参　数	参数值	参　数	参数值
数据库名称	天意购物	事务日志文件逻辑名	天意购物_log
数据文件逻辑名	天意购物_data	日志文件物理名	C:\SQL\天意购物_log.ldf
数据文件物理名	C:\SQL\天意购物.mdf	日志文件初始大小	3 MB
数据文件初始大小	6 MB	日志文件最大值	10 MB
数据文件最大值	20 MB	日志文件增长值	原来的 10%
数据文件增长值	2 MB		

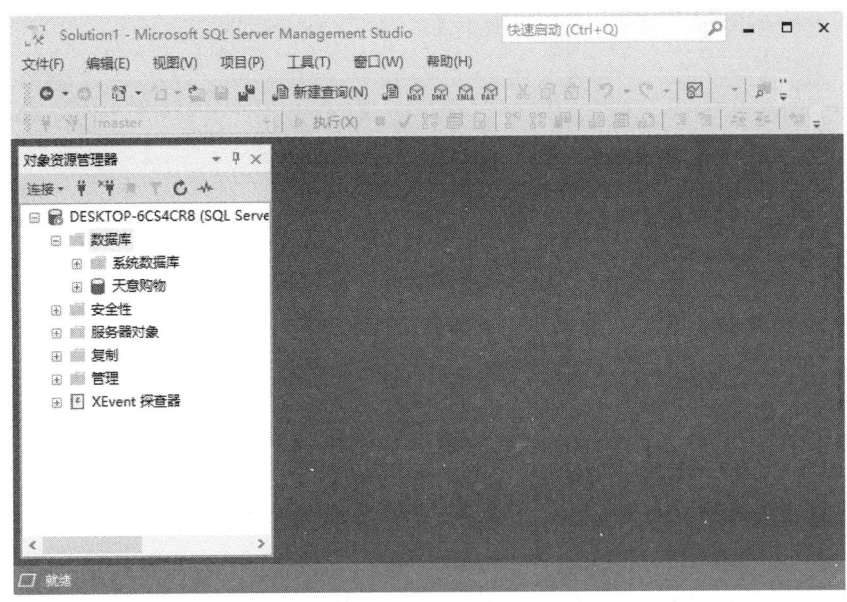

图 1-8　创建数据库效果图

任务实施

步骤一：选择“开始”→“所有程序”→Microsoft SQL Server 2016→SQL Server Management Studio 命令，使用“Windows 身份验证”建立连接，进入 SQL Server Management Studio 窗口（简称 SSMS 窗口）。

步骤二：在“对象资源管理器”窗格中右击“数据库”结点，在弹出的快捷菜单中选择“新建数据库”命令，如图 1-9 所示。

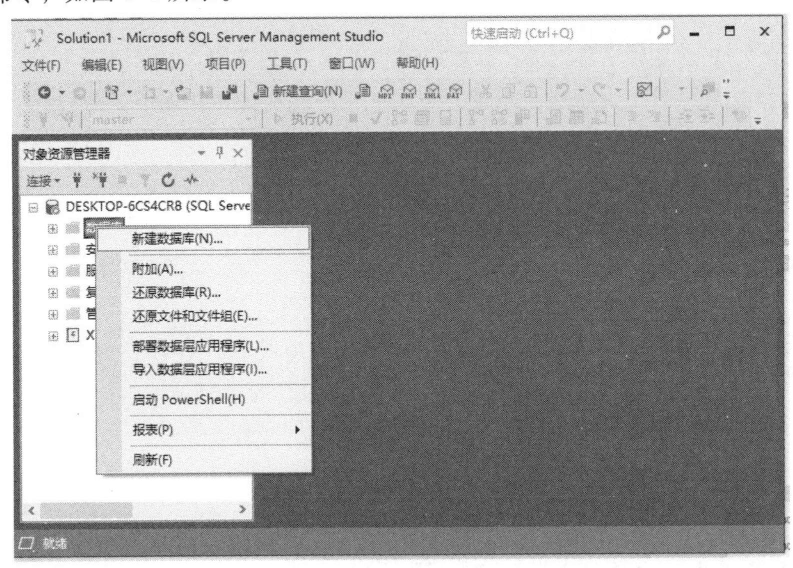

图 1-9　选择“新建数据库”命令

步骤三：打开“新建数据库”窗口（见图 1-10），完成以下操作。

（1）在“数据库名称”文本框中输入数据库的名称：天意购物。

图 1-10 “新建数据库”窗口

（2）在“数据库文件”列表中：

- 设置数据文件：“逻辑名称”为“天意购物_data”；“文件类型”为“行数据”；“初始大小”为 6 MB。“自动增长”单击 ... 设置增量为 2 MB，文件最大值为 20 MB；“路径”单击 ... 设置路径为 C:\SQL。
- 设置逻辑文件：“逻辑名称”为“天意购物_log”；“文件类型”为“日志”；“初始大小”为 3 MB；“自动增长”单击 ... 设置增量为 10%，文件最大值为 10 MB；“路径”单击 ... 设置路径为 C:\SQL。

步骤四：单击“确定”按钮，关闭“新建数据库”窗口。

完成以上步骤，“天意购物”数据库创建完毕。这时，可以在“对象资源管理器”窗格中看到新建的数据库（见图 1-8）。

知识链接

视 频

数据库创建 1

一、SQL Server 2016 概述

1. SQL Server 的发展

SQL Server 是一个关系数据库管理系统。它最初是由 Microsoft、Sybase 和 Ashton-Tate 三家公司共同开发的，于 1988 年推出了第一个在 OS/2 操作系统上使用的 SQL Server 1.0。

1989 年微软和 Ashton-Tate 分道扬镳。1994 年，在 Windows NT 推出后，Microsoft 与 Sybase 在 SQL Server 的开发上也分道扬镳了，Microsoft 将 SQL Server 移植到 Windows NT 系统上，专注于开发推广 SQL Server 的 Windows NT 版本。Sybase 则较专注于 SQL Server 在 UNIX 操作系统上的应用。

1995 年，Microsoft 成功地发布了 Microsoft SQL Server 6.0 系统，这是微软公司完全独立开发和发布的第一个 SQL Server 版本。

1996 年，Microsoft 又发布了 Microsoft SQL Server 6.5 系统。这是 Microsoft 独自发布的功能齐全、性能稳定的 SQL Server 系统，该系统在数据库市场上占据了一席之地，在我国的应用范围也开始逐渐扩大。

1998 年，Microsoft 又成功地推出了 Microsoft SQL Server 7. 0 系统。该系统在数据存储、查询引擎、可伸缩性等性能方面有了巨大的改进。

2000 年，Microsoft 发布了与传统 SQL Server 系统有重大不同的 Microsoft SQL Server 2000 系统。

2005 年，Microsoft 发布了 SQL Server 2005。

2012 年 3 月 7 日，Microsoft 发布了数据库服务器软件 SQL Server 2012 版。

2016 年 6 月 Microsoft 发布了数据库 SQL Server 2016 正式版。

2. SQL Server 2016 的新功能

（1）最大限度地保护用户的数据安全，对数据全程加密。

（2）延伸数据库（Stretch Database），将数据动态延伸至云计算平台与服务 Azure。

（3）实时业务分析与内存中联机事务处理（OLTP）提供实时数据分析并加速数据处理查询。

（4）增强的安全功能。层级安全性控管可使客户基于用户特征控制数据访问，动态数据屏蔽。

（5）改进 AlwaysOn 可用性及灾难可恢复性。

（6）数据交换格式 JSON 对数据的支持，可实现快捷解析和存储，为多种类型数据提供更好支持。

（7）企业信息管理。利用企业实时通信工具和分析服务等使性能得到提高，可用性和可扩展性得到较大提升。

（8）更快的混合型 hybrid 备份。

（9）内置高级分析（Built-in Advanced Analytics）、PolyBase 和移动商业智能 Mobile BI。

二、SQL Server 2016 安装

1. SQL Server 2016 系统安装要求

操作系统的要求：Windows Server 2012 或 Windows 8 以上。

硬件的要求：（SQL Server 要求最少 6 GB 的可用硬盘空间。）

处理器频率：1.4 GHz。

2. SQL Server 2016 的安装

下面以 Windows10 系统为例，介绍 SQL Server 2016 的安装。

（1）启动安装程序，进入安装中心：参考硬件和软件要求，可以看到一些说明文档，如图 1-11 所示。

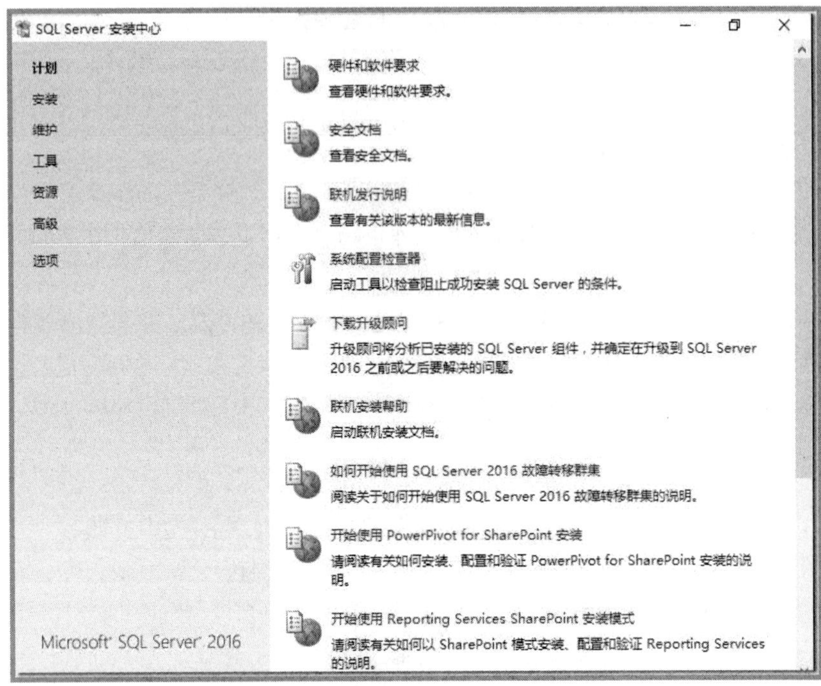

图 1-11　SQL Server 2016 安装界面

（2）选择全新安装模式继续安装，如图 1-12 所示。

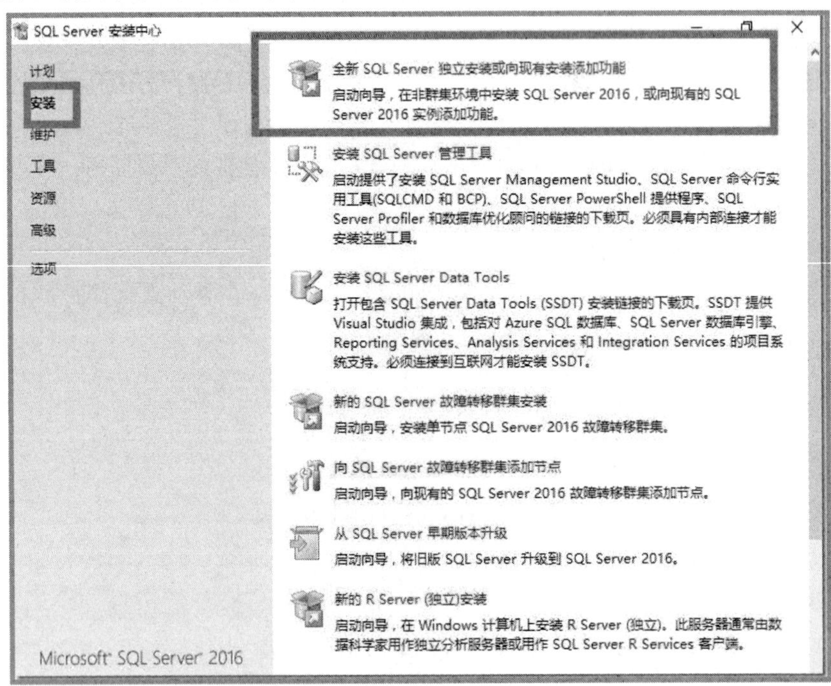

图 1-12 选择安装功能

（3）选择安装版本：此处选择 Express，然后输入密钥，单击“下一步”按钮，如图 1–13 所示。

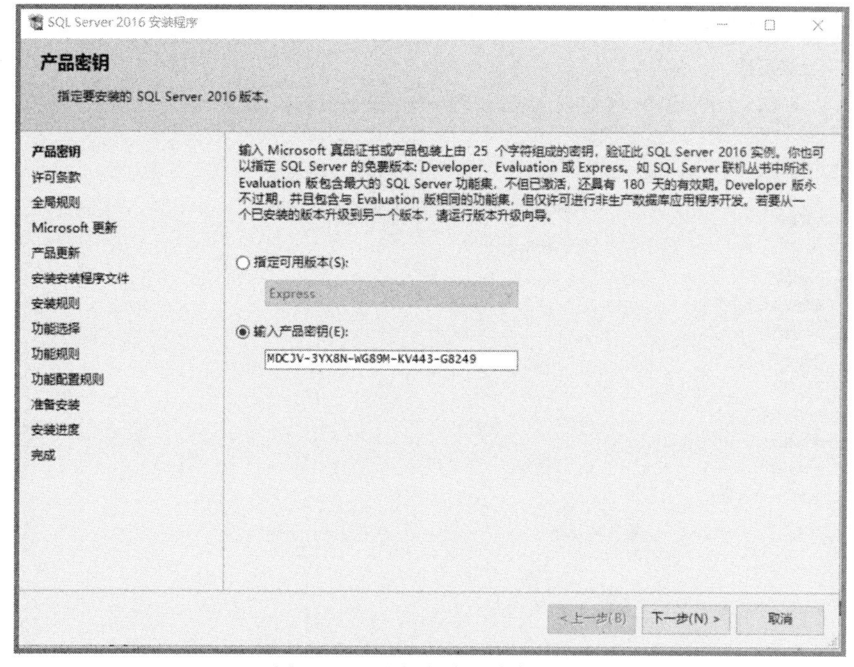

图 1–13　选择版本和密钥界面

（4）在协议中，选中“我接受许可条款”复选框，单击“下一步”按钮继续安装，如图 1–14 所示。

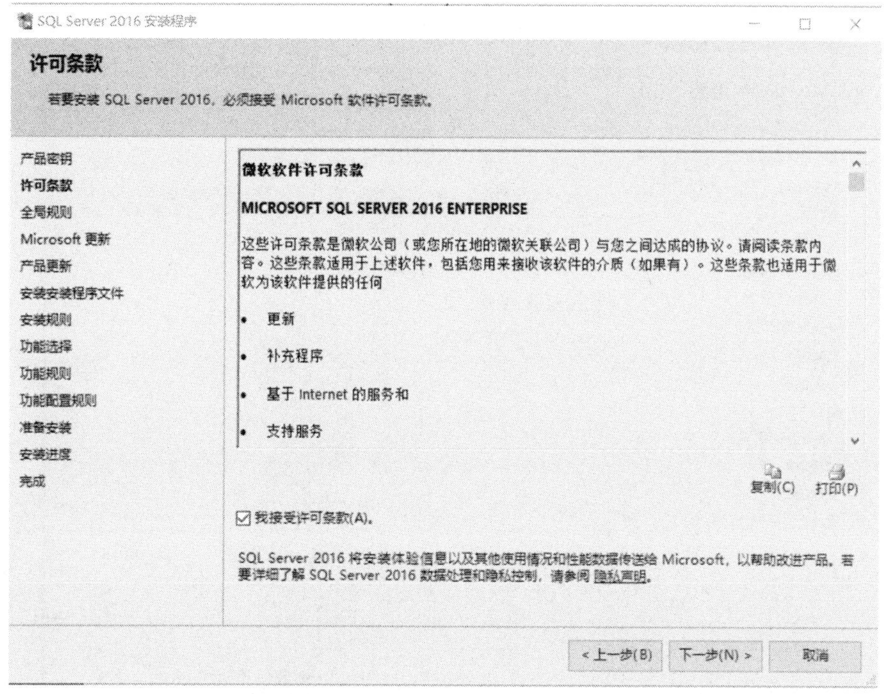

图 1–14　进入“许可条款”界面

（5）进入全局规则检查项，这里可能要等待几秒，如图 1-15 所示。

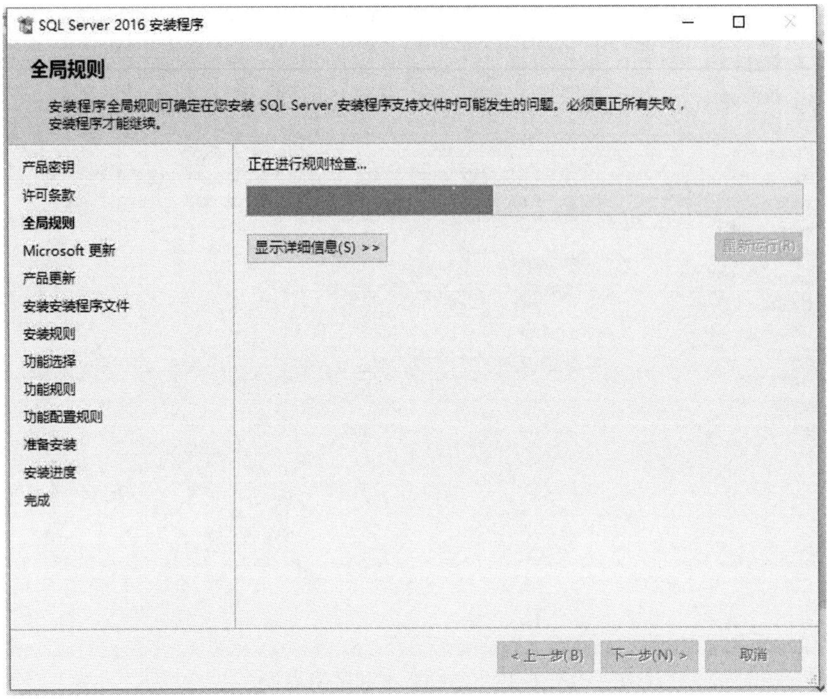

SQL Server 2016 安装程序
全局规则
安装程序全局规则可确定在您安装 SQL Server 安装程序支持文件时可能发生的问题。必须更正所有失败，安装程序才能继续。
产品密钥
许可条款
全局规则
Microsoft 更新
产品更新
安装安装程序文件
安装规则
功能选择
功能规则
功能配置规则
准备安装
安装进度
完成
正在进行规则检查...
显示详细信息(S) >>
重新运行(R)
< 上一步(B)
下一步(N) >
取消

图 1-15 “全局规划”界面

（6）配置更新项，可以直接单击“下一步”按钮，如图 1-16 所示。

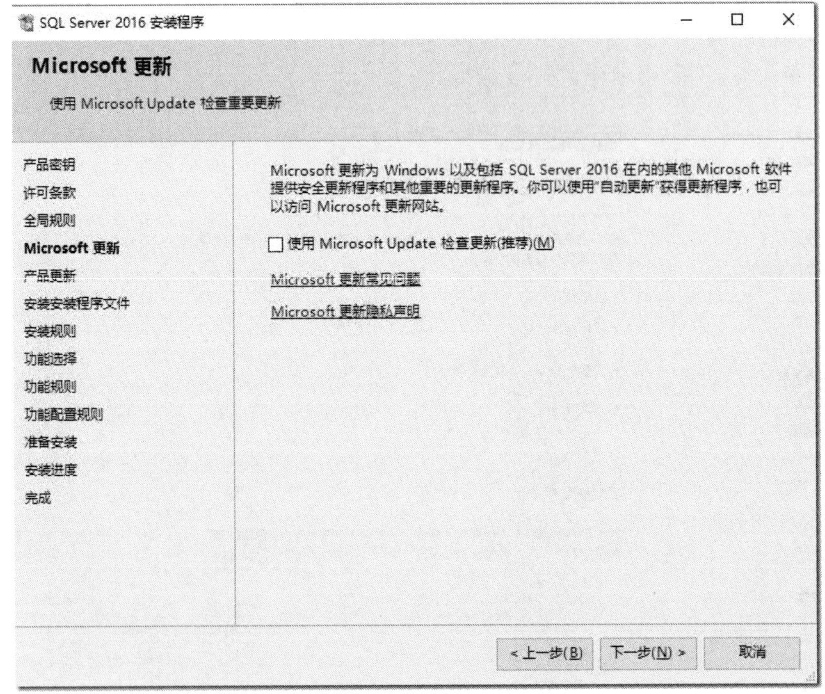

图 1-16 “Microsoft 更新”界面

（7）安装程序文件，安装规则检查完毕，单击“下一步”按钮，如图 1–17 所示。

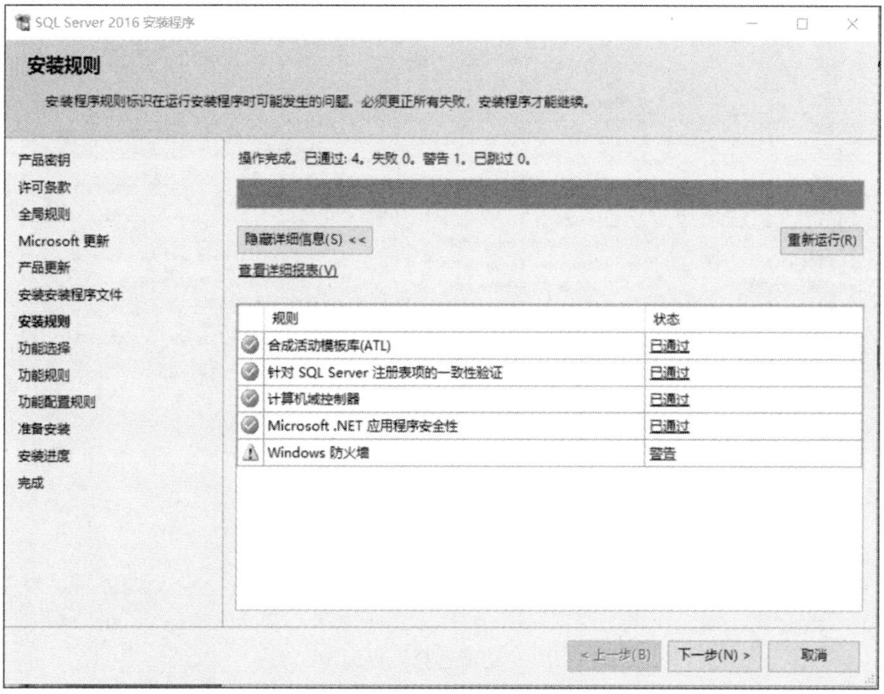

图 1–17　“安装规则”界面

（8）安装功能选择，一般根据自己的需求选择功能安装，如图 1–18 和图 1–19 所示。

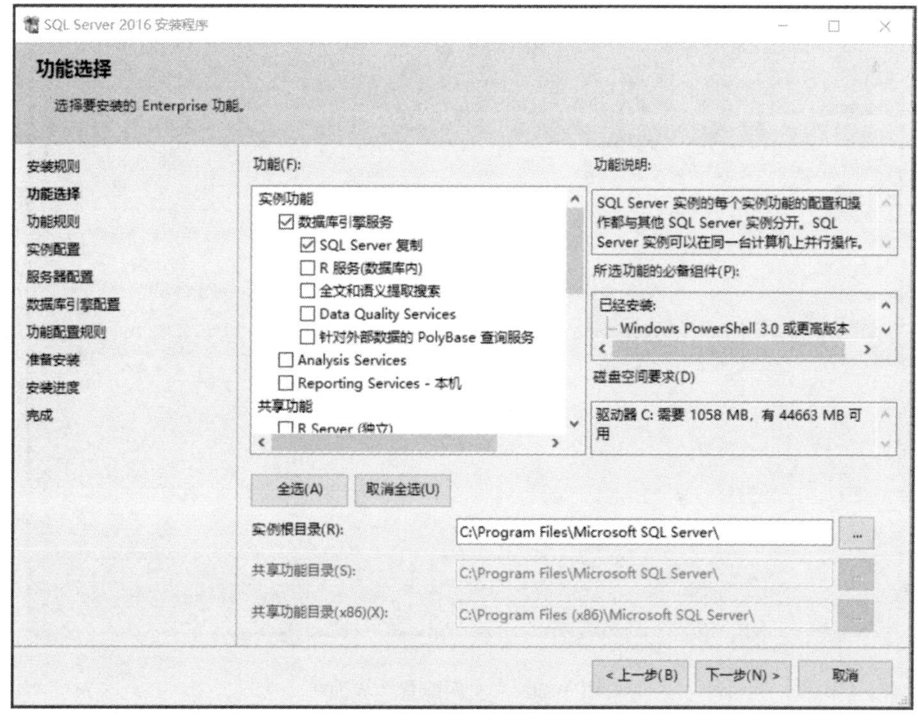

图 1–18　“功能选择”界面（一）

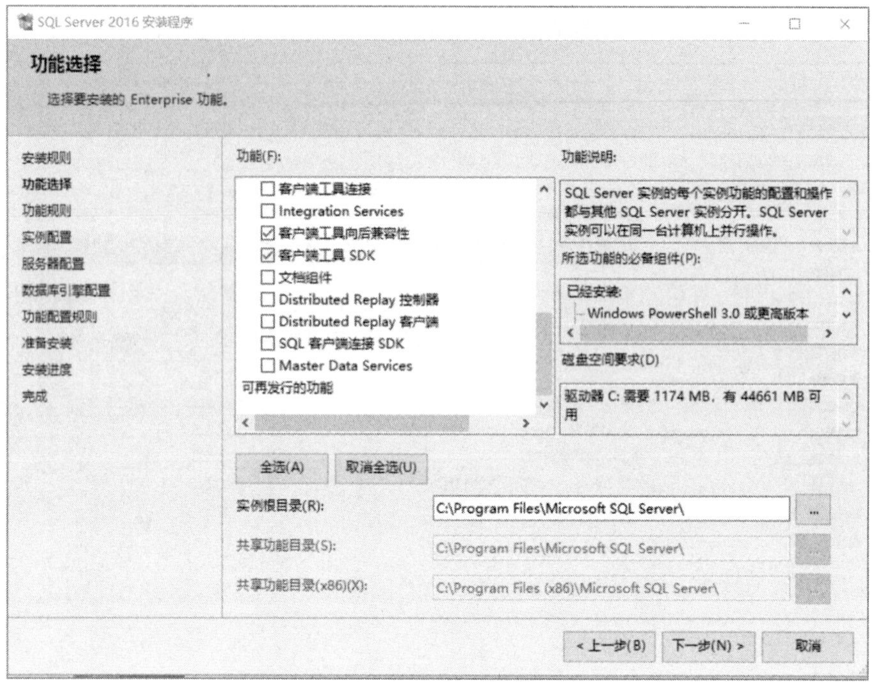

图 1–19 “功能选择”界面（二）

（9）实例配置，使用默认设置即可，单击“下一步”按钮，如图 1–20 所示。

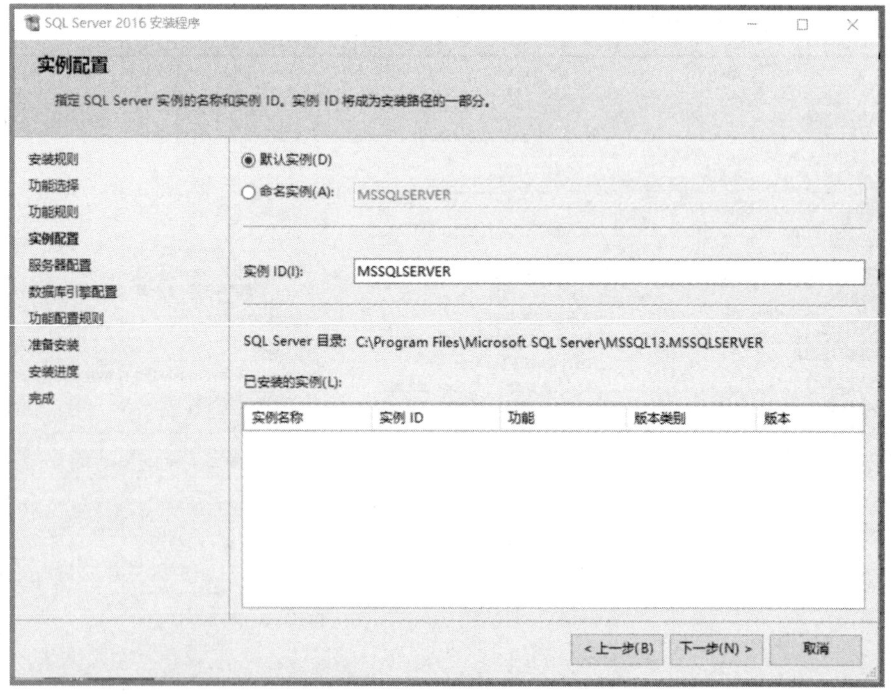

图 1–20 “实例配置”界面

（10）服务器配置，使用默认设置即可，单击“下一步”按钮，如图 1-21 所示。

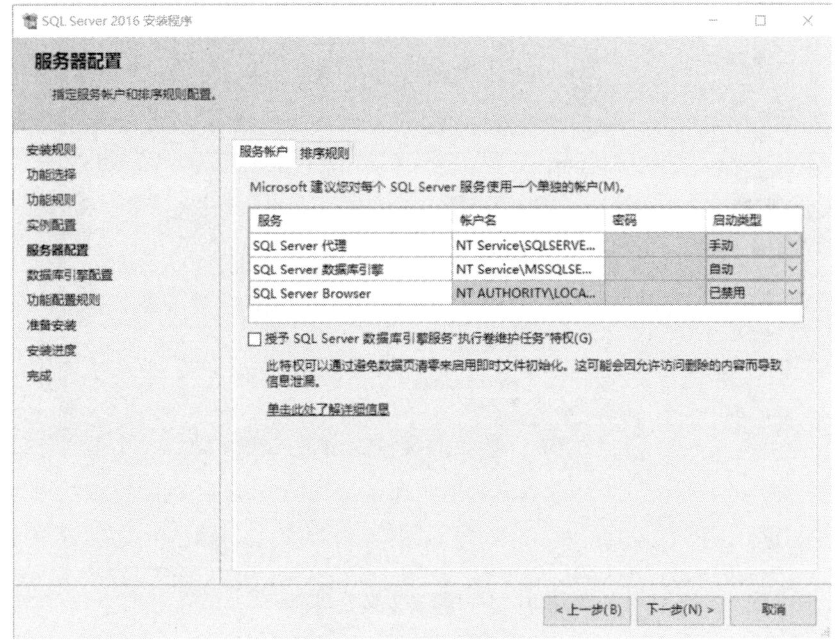

图 1-21　“服务器配置”界面

（11）数据库引擎配置，建议使用混合模式，并记住密码，单击“添加当前用户”按钮，添加当前用户至列表，单击“下一步”按钮，如图 1-22 所示。

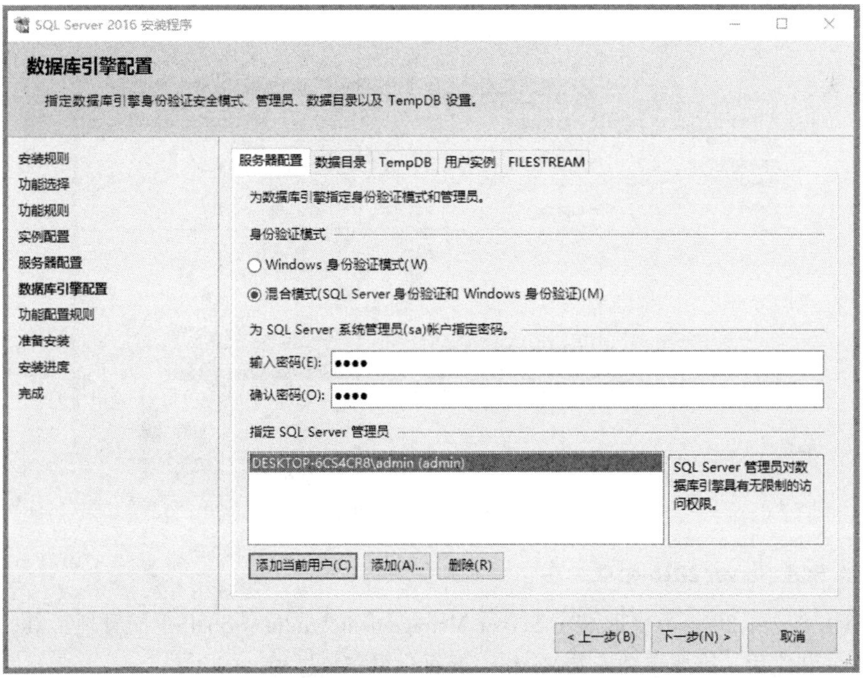

图 1-22　“数据库引擎配置”界面

（12）准备安装，单击“安装”按钮，进入安装过程，如图 1-23 所示。

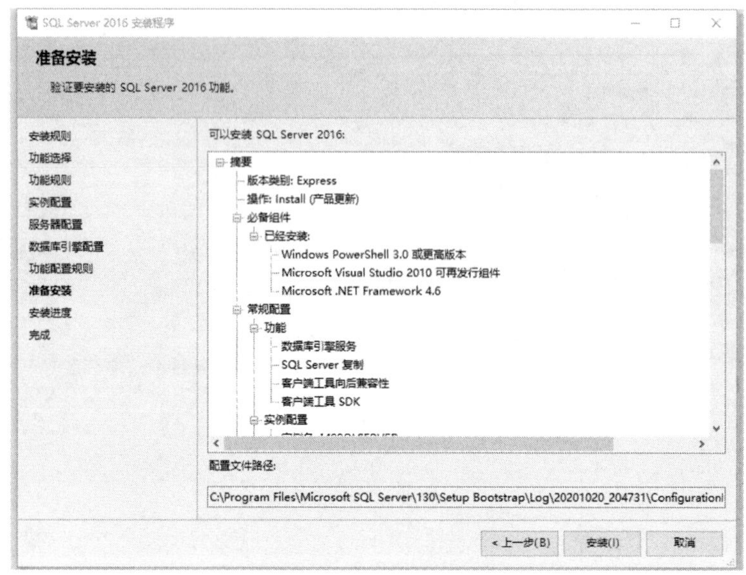

图 1-23 “准备安装”界面

（13）等待安装进度，这一步会等待较长时间，然后进入正常安装完成界面，如图 1-24 所示。

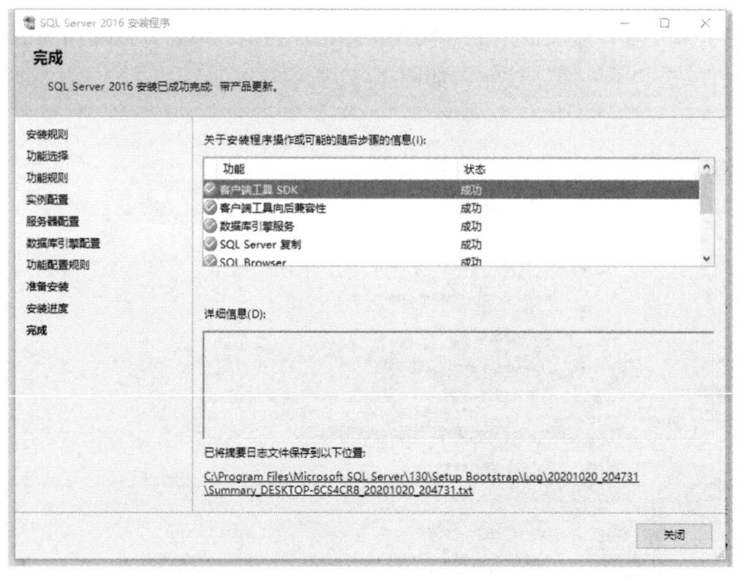

图 1-24 “完成”界面

3. 安装 SQL Server 2016 管理工具

由于 SQL Server 2016 不自带 SQL Server Management Studio（SSMS）的管理工具，所以 SQL Server 2016 安装完后，需要单独安装 SSMS。下面介绍安装过程。

（1）在安装文件夹中选择 SSMS-Setup-CHS.exe 文件，进入安装界面，单击“安装”按钮，如图 1-25 所示。

图 1-25　安装 SSMS

（2）进入安装进度界面，如图 1-26 所示。

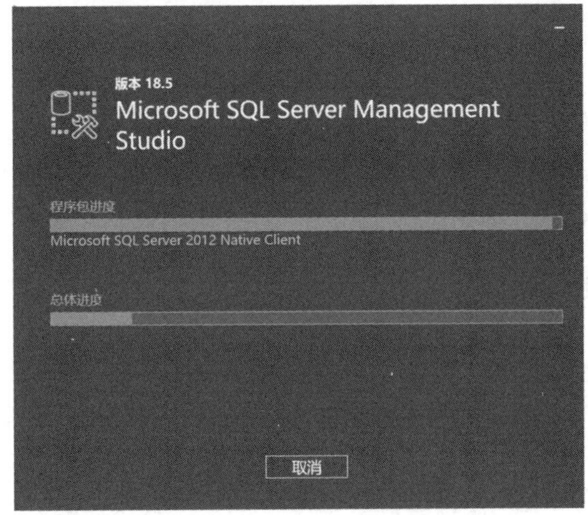

图 1-26　安装 SSMS 进度显示

（3）安装完成，显示重新启动，如图 1-27 所示。

图 1-27　安装 SSMS 完成

三、数据库对象

SQL Server 2016 安装之后，系统自动创建了 4 个数据库。

1. master 数据库

master 数据库用于保存 SQL Server 的所有系统信息，包括登录账户、系统配置、其他数据库和数据库文件的位置。

2. model 数据库

model 数据库是一个模板数据库。在创建数据库的时候，SQL Server 便以 model 数据库为模板，将其全部内容复制到新建的数据库中。

如果在 model 数据库中添加了新的对象，那么在以后创建一个新的数据库时，都把在 model 数据库中新添加的对象包含了进去。

3. msdb 数据库

msdb 数据库是 SQL Server 代理程序的专用数据库，用于保存警报、作业、记录操作，以及相关的调度信息。

4. tempdb 数据库

tempdb 数据库用于保存所有的临时表、临时存储过程和 SQL Server 当前使用的数据表。

tempdb 数据库是全局资源，所有连接到系统的用户的临时表和存储过程都存储在该数据库中。

视频 数据库创建 2

四、数据库文件

Microsoft SQL Server 2016 数据库至少包含两个文件：一个主数据文件（又称数据库主文件）和一个日志文件。

（1）主数据文件：该文件是必需的，而且只能有一个。该文件额外存放了其他文件的位置等信息，其扩展名为.mdf。

（2）次要文件：可以创建任意多个，用于不同目的的存放，其扩展名为.ndf。

（3）日志文件：存放日志，保存用于恢复数据库的日志信息，每个数据库必须至少有一个日志文件，当然也可以有多个，其扩展名为.ldf。

视频 创建数据库

五、创建数据库

在完成 SQL Server 2016 的安装和配置之后，接下来开始创建数据库。本任务将学习创建数据库的两种方法。

第一种方法：在 SQL Server Management Studio 中使用向导创建数据库。（在任务实施中已经讲述）

第二种方法：执行 T-SQL 语句创建数据库。

1. 执行 T-SQL 语句创建数据库的简单格式

```
CREATE  DATABASE <数据库名>
```

这是创建数据库最简单的方法，用该方法创建的数据库的各个属性都是默认的，如数据库文件与日志文件存储目录、数据库大小等。

【例 1-1】利用简单格式创建“天意购物”数据库。

步骤一：选择“开始”→“所有程序”→Microsoft SQL Server 2016→SQL Server Management Studio

命令，使用“Windows 身份验证”建立连接，进入 SSMS 窗口。

步骤二：在 SSMS 窗口的工具栏中，单击 新建查询(N) 按钮，创建一个查询窗口。

步骤三：在查询窗口中输入：

```
CREATE  DATABASE 天意购物
```

步骤四：单击工具栏中的“分析”按钮 ✓，检查是否存在语法和拼写错误，如果通过，将在查询窗口的“结果”栏中显示“命令已成功完成”。

步骤五：单击工具栏中 ! 执行(X) 按钮，完成数据库的创建。这时，“天意购物”数据库出现在“对象资源管理器”窗格中（见图 1-9）。

2. 执行 T-SQL 语句创建数据库的完整格式

```
CREATE DATABASE <数据库文件名>
[ON  ]
([NAME=<逻辑文件名 >,
  FILENAME=<物理文件名>,
  SIZE=<初始值大小>,
  MAXSIZE=<可增长的最大值>,
  FILEGROWTH=<增长比例>]
)
  LOG ON<日志文件>
([NAME=<逻辑文件名 >,
  FILENAME=<物理文件名>,
  SIZE=<初始值大小>,
  MAXSIZE=<可增长的最大值>,
  FILEGROWTH=<增长比例>]
)
```

语句说明：

- “[ ]”：表示可以省略，省略时系统取默认值。
- “<>”：表示必选项，不可以省略。
- ON：表示需根据后面的参数创建该数据库。
- LOG ON：该子句用于根据后面的参数创建该数据库的事务日志文件。

注意：以上命令格式中，一条语句可以分成多行书写，但多条语句不允许写在一行。

【例 1-2】利用完整格式创建“天意购物 1”数据库，数据包含信息参照任务描述。

步骤一：选择“开始”→“所有程序”→Microsoft SQL Server 2016→SQL Server Management Studio 命令，使用“Windows 身份验证”建立连接，进入 SSMS 窗口。

步骤二：在 SSMS 窗口的工具栏中，单击 新建查询(N) 按钮，创建一个查询窗口。

步骤三：在查询窗口中输入：

```
CREATE DATABASE 天意购物 1
ON
(  NAME=天意购物_DATA,
   FILENAME='C:\SQL\ 天意购物_DATA.MDF ',
   SIZE=6MB,
   MAXSIZE=20MB,
   FILEGROWTH=2MB
)
```

```
LOG ON
(  NAME=天意购物_LOG,
   FILENAME='C:\SQL\ 天意购物_LOG.LDF ',
   SIZE=3MB,
   MAXSIZE=10MB,
   FILEGROWTH=10%
)
```

步骤四：单击工具栏中的“分析”按钮✓，检查是否存在语法和拼写错误，如果通过，将在查询窗口的“结果”栏中显示“命令已成功完成”，如图 1-28 所示。

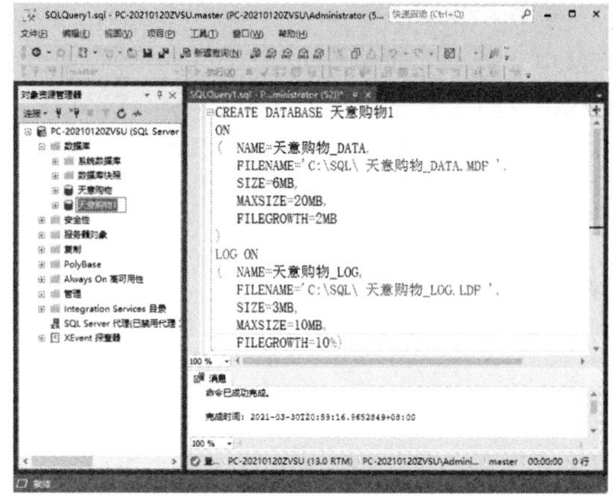

图 1-28　命令创建数据库运行窗口

步骤五：单击工具栏中的 ! 执行(X) 按钮，完成数据库的创建。这时，“天意购物 1”数据库出现在“对象资源管理器”窗格中（见图 1-28）。

动手实践

利用完整格式创建“天意购物 2”数据库，要求数据库有两个数据文件和两个日志文件。具体要求如表 1-8 所示。

表 1-8 “天意购物 2”数据库参数说明

参　　数	参 数 值	参　　数	参 数 值
数据库名称	天意购物 2	日志文件逻辑名	天意购物 2_log1
主数据文件逻辑名	天意购物 2_data1	日志文件物理名	C:\SQL\天意购物 2_LOG1.LDF
主数据文件物理名	C:\SQL\天意购物 2_DATA1.MDF	日志文件初始大小	50 MB
主数据文件初始大小	100 MB	日志文件最大值	100 MB
主数据文件最大值	200 MB	日志文件增长值	10 MB
主数据文件增长值	20 MB	事务日志文件逻辑名	天意购物 2_log2
数据文件逻辑名	天意购物 2_data2	日志文件物理名	C:\SQL\天意购物 2_LOG2.LDF
数据文件物理名	C:\SQL\天意购物 2_DATA2.NDF	日志文件初始大小	50 MB
数据文件初始大小	20 MB	日志文件最大值	100 MB
数据文件最大值	UNLIMITED	日志文件增长值	10 MB
数据文件增长值	10%		

在查询窗口中输入：

```
CREATE DATABASE 天意购物 2
ON
(                                                    --主数据文件属性设置
____________________________________________
____________________________________________
____________________________________________
____________________________________________
____________________________________________
),
(                                                    --次要数据文件属性设置
____________________________________________
____________________________________________
____________________________________________
____________________________________________
____________________________________________
)
LOG ON
(                                                    --日志文件属性设置
____________________________________________
____________________________________________
____________________________________________
____________________________________________
____________________________________________
),
(                                                    --日志文件属性设置
____________________________________________
____________________________________________
____________________________________________
____________________________________________
____________________________________________
)
```

润物无声

工匠准则：创新

数据库的创建，是一个从无到有的过程，就如万丈高楼平地起，也是需要一层一层地盖起来，这是一个渐进的过程，绝非一蹴而就。要求数据库创建人员拥有扎实的基础和精细的技术同时，还要有创新的意识。下面介绍被誉为“中国计算机之母”的夏培肃。

人物：夏培肃

夏培肃，1923 年生于重庆市一个教育世家，电子计算机专家，中国计算机事业的奠基人之一。夏培肃曾说：“一个人在一生中，常常会有一些改变命运的重要转折点；对于我来说，这个重要转折点出现在 1952 年秋天的一个晚上——我第一次谒见华罗庚教授时。”正是这个转折点，使她走上了开拓中国计算技术之路，与中国计算机事业结下了难解的情缘，她也成为我国计算技术的主要开拓者。

1960 年，夏培肃设计试制成功中国第一台自行设计的电子计算机——107 计算机。

2011 年，夏培肃获首届中国计算机学会 CCF 终身成就奖。为了纪念她从事计算机事业

50 周年，首款龙芯处理器芯片被命名为“夏 50”。她一生强调自主创新在科研工作中的重要性，坚持做中国自己的计算机。

知识巩固

1.（单选）SQL Server 安装程序创建 4 个系统数据库，下列不是系统数据库的是（　　）。

A. master　　B. model　　C. pub　　D. msdb

2.（单选）SQL Server 系统中的所有服务器级系统信息存储在（　　）数据库中。

A. master　　B. model　　C. tempdb　　D. msdb

3.（单选）下列不是 SQL 数据库文件扩展名的是（　　）。

A. .mdf　　B. .ldf　　C. .dbf　　D. .ndf

4.（单选）在 SQL Server 中，model 是（　　）。

A. 数据库系统表　　B. 数据库模板

C. 临时数据库　　D. 示例数据库

5.（单选）每个数据库有且只有一个（　　）。

A. 主要数据文件　　B. 次要数据文件

C. 日志文件　　D. 索引文件

任务三　数据库的维护

●视　频

数据库的维护

数据库在创建完成后，根据需要还要进行很多的修改和维护。本任务将介绍创建数据库之后，对数据库进行修改、删除、收缩等操作。

任务情境

小王：李哥，我的数据库已经创建好了，接下来准备创建数据表了。

老李：哎，不急不急。咱们做的项目都是迭代开发的，后期肯定还会新增功能，所以数据库也会面临修改和维护的情况。就像你的仓库盖好之后，难道就一成不变了么？肯定不是的。以后可能还会遇到翻新、拆迁等情况。

小王：哦，数据库修改和维护，我在学校学习过，主要就是删除数据库、修改数据库功能。

老李：是的。咱们的项目用的软件是 SQL Server，所以还有收缩、分离和附加数据库操作。一起试试吧。

任务描述

使用 SSMS 方式修改数据库的方法完成对“天意购物”数据库的修改，在原有基础上添加一个数据文件，具体要求如表 1-9 所示。

表 1-9　添加一个数据文件的要求

参　数	参数值（原始）	参数值（修改）
数据库名称	天意购物	添加一个数据文件
数据文件逻辑名	天意购物_data	天意购物 1_data

续表

参　　数	参数值（原始）	参数值（修改）
数据文件物理名	C:\SQL\ 天意购物.mdf	C:\SQL\ 天意购物 1.ndf
数据文件初始大小	6 MB	5 MB
数据文件最大值	20 MB	10 MB
数据文件增长值	2 MB	1 MB
事务日志文件逻辑名	天意购物_log	
日志文件物理名	C:\SQL\ 天意购物_log.ldf	
日志文件初始大小	3 MB	
日志文件最大值	10 MB	
日志文件增长值	原来的 10%	

任务实施

步骤一：进入 SQL Server Management Studio 窗口，在“对象资源管理器”窗格中找到“天意购物”数据库，右击“天意购物”结点，在弹出的快捷菜单中选择“属性”命令。

步骤二：在“数据库属性”窗口中，选择“文件”选项卡。

步骤三：单击“添加”按钮，在以下选项中输入相关信息，如图 1-29 所示。

- 逻辑名称：输入“天意购物 1_data”。
- 文件类型：为“行数据”。
- 文件组：选择 PRIMARY。
- 初始值大小为：5 MB。
- 路径：C:\SQL\ 天意购物 1.ndf。

图 1-29　添加数据文件的效果图

步骤四：单击“自动增长”栏的省略号按钮，进入更改自动增长对话框，输入相关信息，如图 1-30 所示。

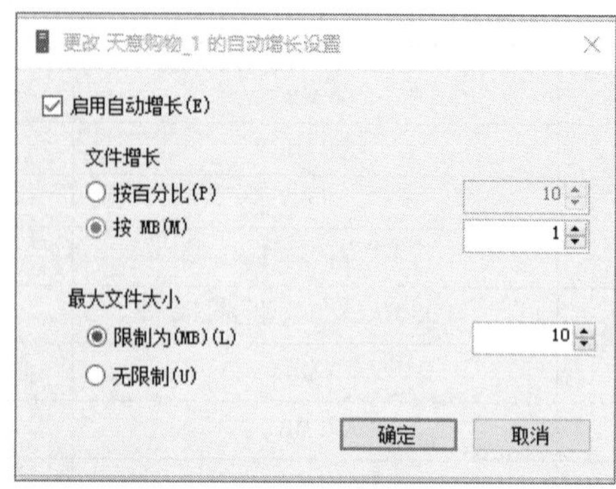

图 1-30 更改自动增长对话框

最大文件大小为：10 MB，数据文件增长值：1 MB。

步骤五：单击“确定”按钮返回，完成对“天意购物”数据库的修改。

知识链接

一、修改数据库

当创建数据库之后，可能需要对原始定义进行修改，修改包括添加、删除数据文件或日志文件，同时，修改数据库文件名称。

1. 使用 T-SQL 语句修改数据库文件容量

语法格式：

```
ALTER  DATABASE <数据库名>
MODIFY FILE
( NAME=<逻辑文件名>,
  SIZE=<初始值大小>
)
```

【例 1-3】使用 T-SQL 语句修改数据库的方法完成对“天意购物”数据库的修改，在原有基础上修改日志文件的大小为 10 MB。

在查询窗口中输入：

```
ALTER  DATABASE 天意购物
MODIFY FILE
( NAME=天意购物_LOG,
  SIZE=10
)
```

运行结果如图 1-31 所示。

2. 使用 T-SQL 语句添加数据库文件

语法格式：

```
ALTER  DATABASE <数据库名>
ADD  FILE <数据文件>  [to filegroup 文件组]
| ADD  LOG  FILE <日志文件>
```

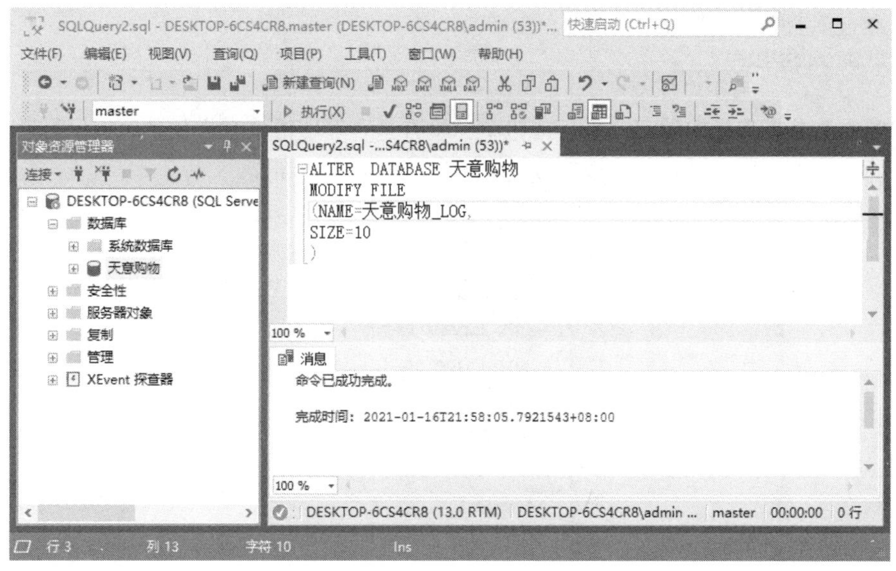

图 1-31　修改文件大小

【例 1-4】使用 T-SQL 语句修改数据库的方法完成对"天意购物"数据库的修改，在原有基础上添加一个日志文件，具体要求如表 1-10 所示。

表 1-10　添加一个日志文件要求

参　　数	参数值（原始）	参数值（修改）
数据库名称	天意购物	添加一个日志文件
数据文件逻辑名	天意购物_dat	
数据文件物理名	C:\SQL 天意购物.mdf	
数据文件初始大小	6 MB	
数据文件最大值	20 MB	
数据文件增长值	2 MB	
事务日志文件逻辑名	天意购物_log	天意购物 1_log
日志文件物理名	C:\SQL 天意购物_log.ldf	C:\SQL 天意购物 1_log.ldf
日志文件初始大小	3 MB	5 MB
日志文件最大值	10 MB	10 MB
日志文件增长值	原来的 10%	1 MB

步骤一：选择"开始"→"所有程序"→Microsoft SQL Server 2016→SQL Server Management Studio 命令，使用"Windows 身份验证"建立连接，进入 SSMS 窗口。

步骤二：在 SSMS 窗口的工具栏中，单击 新建查询(N) 按钮，创建一个查询窗口。

步骤三：在查询窗口中输入：

```
ALTER  DATABASE 天意购物
ADD LOG FILE
( NAME=天意购物 1_LOG,
  FILENAME='C:\SQL\天意购物 1_LOG.LDF',
  SIZE=5,
```

```
  MAXSIZE=10,
  FILEGROWTH=1MB
)
```

步骤四：单击工具栏中的“分析”按钮，检查是否存在语法和拼写错误，如果通过，将在查询窗口的“结果”栏中显示“命令已成功完成”，如图 1-32 所示。

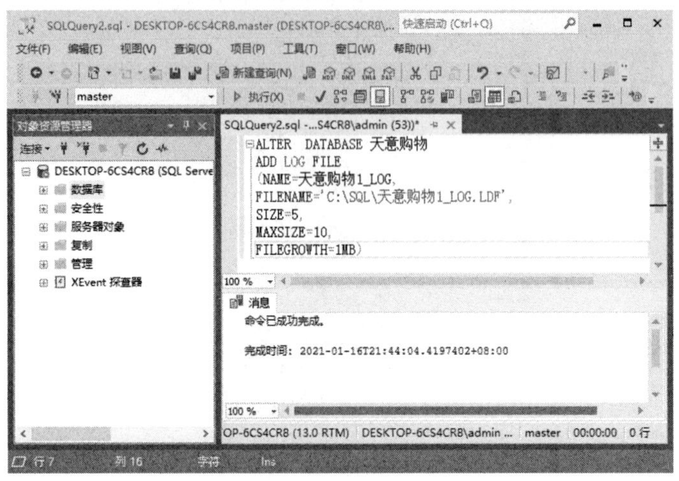

图 1-32　修改数据文件的效果图

步骤五：单击工具栏中的 执行(X) 按钮，完成对“天意购物”数据库的修改，效果如图 1-33 所示。

图 1-33　添加数据文件的效果图

注意：文件大小及最大值的单位是 MB，但可以省略。

3. 使用 T-SQL 语句修改数据库文件名

语法格式：

```
ALTER  DATABASE <原数据库名>  MODIFY  NAME=<新数据库名>
```

【例 1-5】将“天意购物”数据库名改为“天意购物 1”。

```
ALTER  DATABASE 天意购物 MODIFY NAME=天意购物 1
```

执行结果如图 1-34 所示。

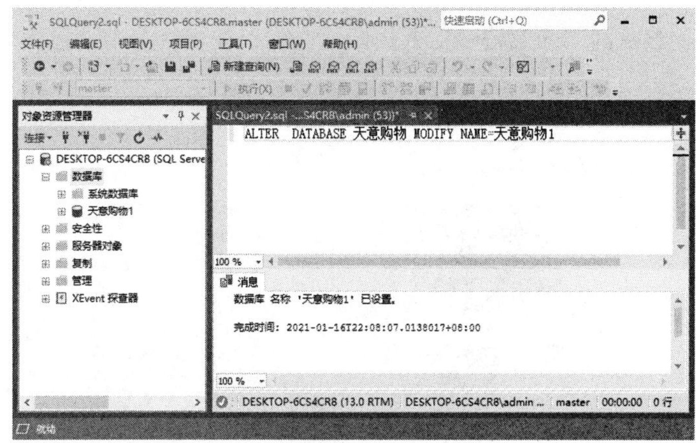

图 1-34　修改数据库名称

4. 使用 T-SQL 语句删除数据库文件

```
ALTER  DATABASE <数据库名>
REMOVE FILE <文件逻辑名>
```

【例 1-6】将“天意购物 1”数据库中名为“天意购物_data1”的数据文件删除。

```
ALTER  DATABASE 天意购物 1
REMOVE FILE 天意购物_data1
```

执行结果如图 1-35 所示。

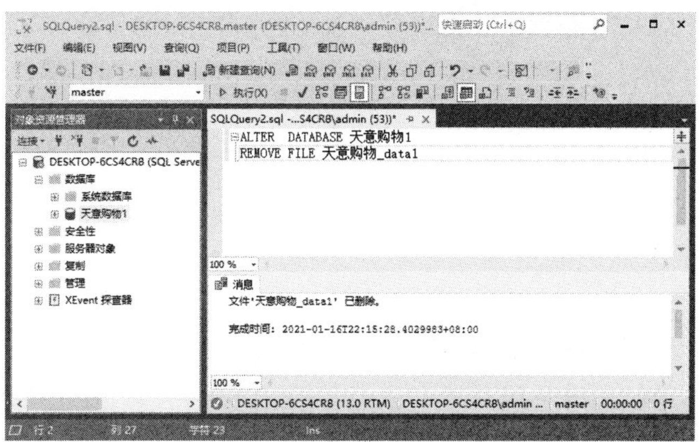

图 1-35　删除数据库文件

二、删除数据库

当不再需要数据库，或它已经被移到另一数据库或服务器时，即可删除该数据库。数据库删除之后，文件及其数据都从服务器的磁盘中删除。一旦删除数据库，它即被永久删除，并且不能进行检索，除非使用以前的备份。删除数据库可以在 SQL Server Management Studio 中完成或者使用 T-SQL 语句完成。

1. 使用 SQL Server Management Studio 删除数据库

【例 1-7】使用 SSMS 方式删除“天意购物”数据库。

步骤一：打开 SQL Server Management Studio。

步骤二：右击要删除的“天意购物”数据库，在弹出的快捷菜单中选择“删除”命令，如图 1-36 所示。

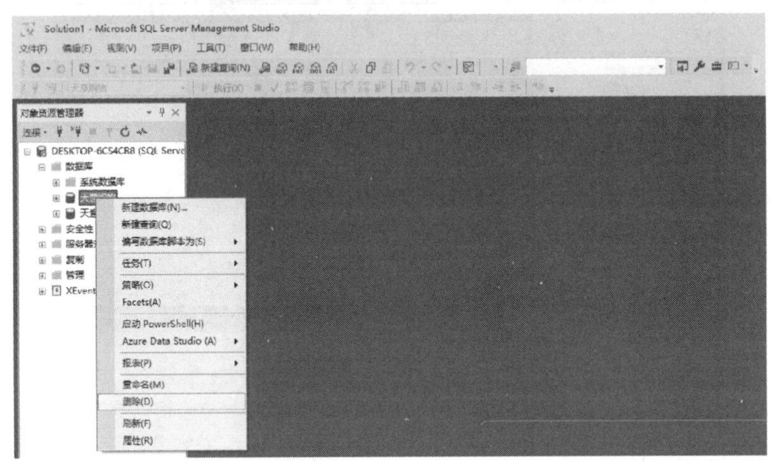

图 1-36 选择“删除”命令

步骤三：弹出的“删除对象”窗口如图 1-37 所示，单击“确定”按钮，完成数据库的删除。

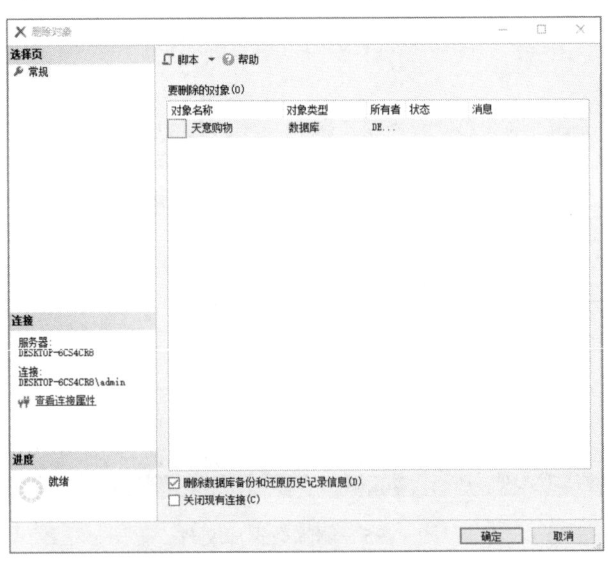

图 1-37 “删除对象”窗口

2. T-SQL 语句

语句格式：

```
DROP DATABASE <数据库名>
```

【例 1-8】使用 T-SQL 语句删除“天意购物 1”数据库。

```
DROP DATABASE 天意购物 1
```

执行结果如图 1-38 所示。

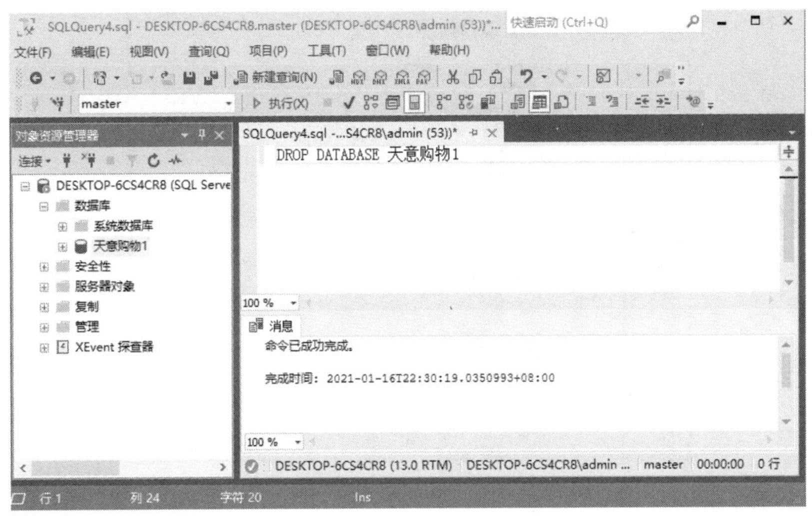

图 1-38　删除对象

三、收缩数据库

视　频

SSMS 收缩数据库

在设计数据库时，如果数据库的容量设计得过大，或者由于删除了大量数据之后，数据库有很多冗余空间，不想占用磁盘空间，这时，可以采用收缩数据库的方式节省磁盘空间。数据和事务日志文件都可以收缩。收缩数据库有 3 种方式，分别为手动收缩、自动收缩、命令收缩。

1. 手动收缩

数据库文件可以作为组或单独文件进行手工收缩。

步骤一：右击要修改的数据库“天意购物”，在弹出的快捷菜单中选择“任务”→“收缩”→“数据库”命令（见图 1-39），打开“收缩数据库”窗口，如图 1-40 所示。

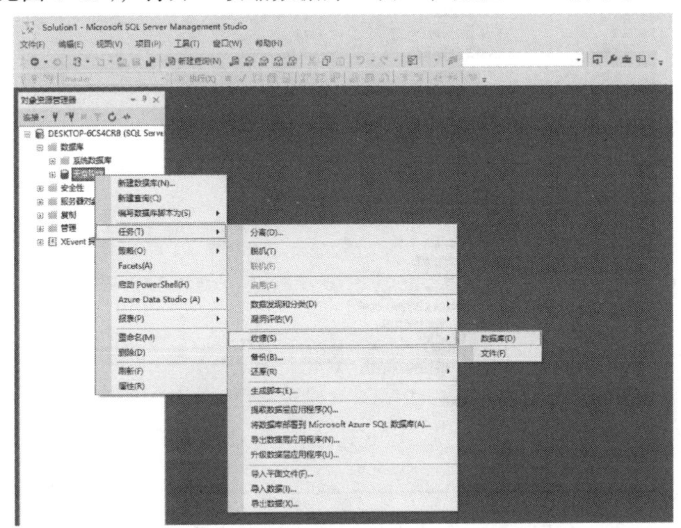

图 1-39　收缩数据库选择命令过程

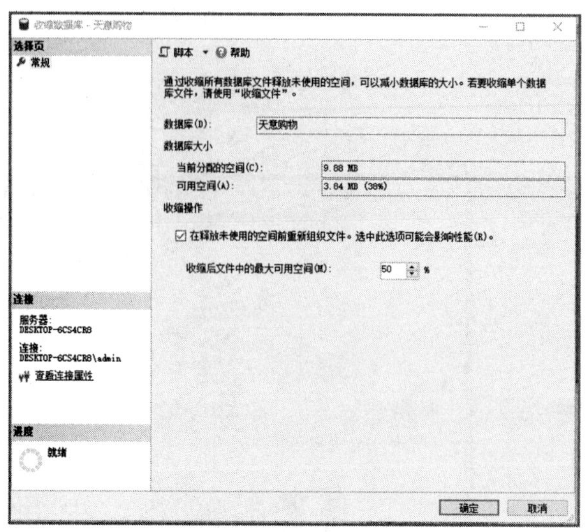

图 1-40 “收缩数据库”窗口

步骤二：选中“收缩操作”区域的复选框，用微调按钮调节“收缩后文件中的最大可用空间”到合适的大小。

步骤三：单击“确定”按钮，完成数据库的收缩操作。

2. 自动收缩

数据库也可设置为按给定的时间间隔自动收缩。该操作在后台进行，不会影响数据库内的用户操作。

在“资源管理器”窗口中右击需要设置的数据库“天意购物”，在弹出的快捷菜单中选择“属性”命令，打开“天意购物”数据库中的“数据库属性-天意购物”窗口，切换到“选项”选项卡，在右边的“自动”列表中找到“自动收缩”选项，并将其值修改为 True，如图 1-41 所示。

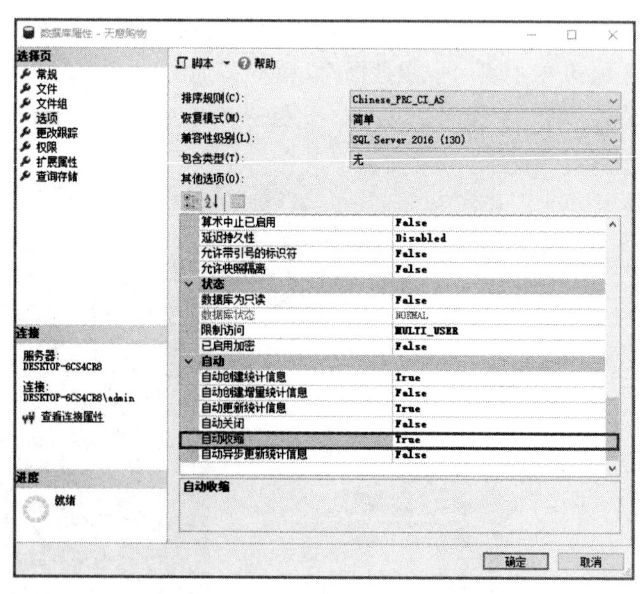

图 1-41 “数据库属性-天意购物”窗口

3. 命令收缩

语句格式：

```
DBCC  SHRINKDATABASE(数据库名 [,目标压缩比])
```

【例 1-9】压缩“天意购物”数据库的未使用空间为数据库大小的 20%。

```
DBCC  SHRINKDATABASE (天意购物, 20)
```

执行结果如图 1-42 所示。

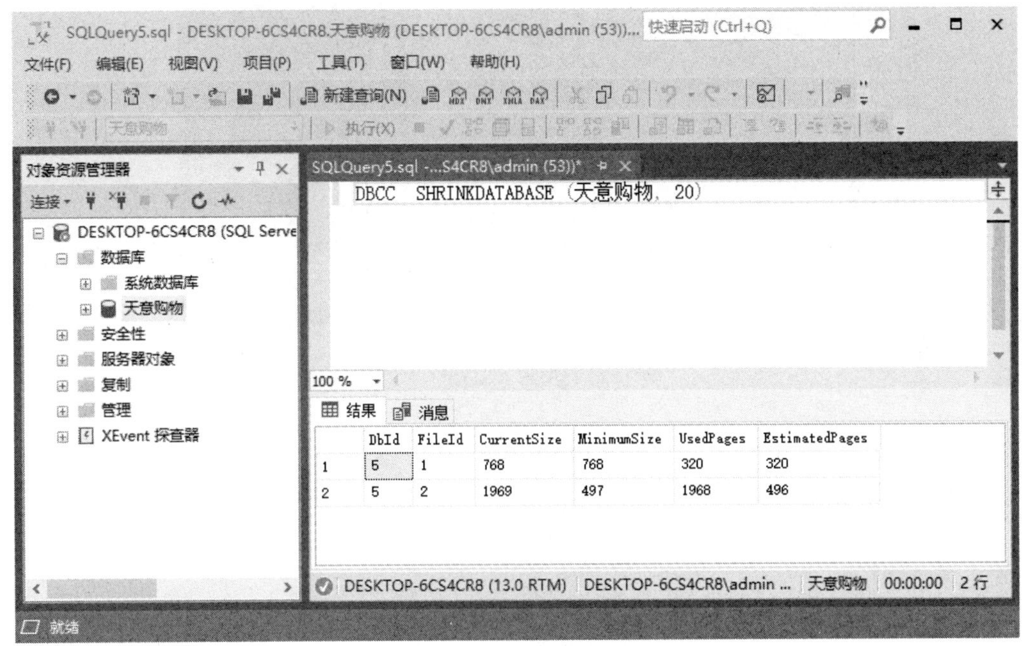

图 1-42　执行结果

四、分离和附加数据库

1. 分离数据库

分离数据库就是将某个数据库（如“天意购物”）从 SQL Server 2016 数据库列表中删除，使其不再被 SQL Server 2016 管理和使用，但该数据库的数据文件（.mdf）和对应的日志文件（.ldf）完好无损。

分离成功后，就可以把该数据库文件（.mdf）和对应的日志文件（.ldf）复制到其他磁盘中作为备份保存。

【例 1-10】将“天意购物”数据库从 SQL Server 2016 数据库列表中删除，使其数据文件和日志文件独立于 SQL Server 2016。

步骤一：右击要分离的数据库“天意购物”，在弹出的快捷菜单中选择“任务”→“分离”命令，如图 1-43 所示。

步骤二：打开“分离数据库”窗口，如图 1-44 所示。

步骤三：在打开的“分离数据库”窗口中单击“确定”按钮，完成数据库的分离操作。

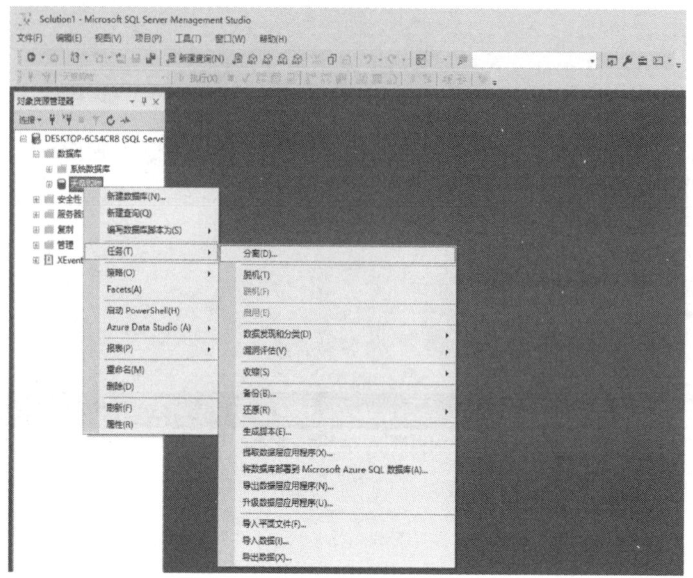

图 1-43 选择“分离”命令

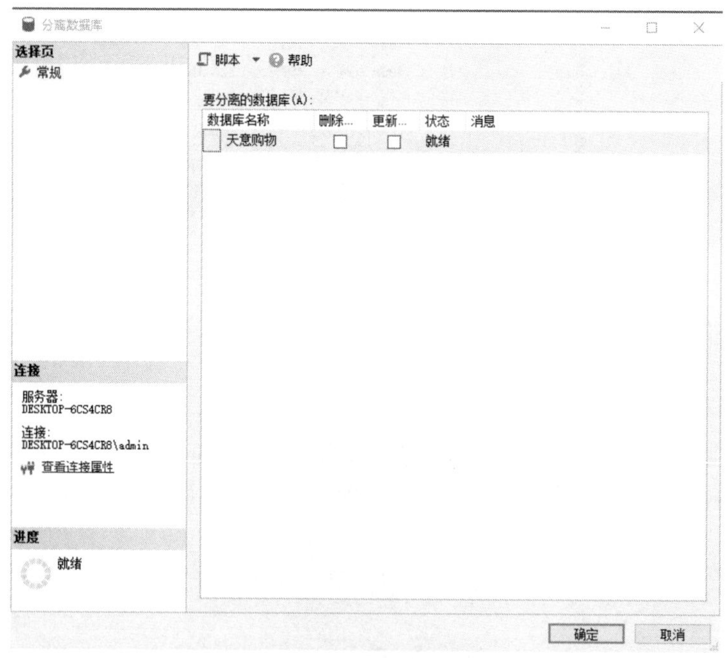

图 1-44 “分离数据库”窗口

2. 附加数据库

附加数据库就是将一个备份磁盘中的数据库文件（.mdf）和对应的日志文件（.ldf）复制到需要的计算机，并将其添加到 SQL Server 数据库服务器中，由该服务器管理和使用该数据库。

【例 1-11】将已经分离的数据库“天意购物”添加到 SQL Server 2016 数据库列表中。

步骤一：在“对象资源管理器”窗口中，右击数据库，在弹出的快捷菜单中选择“附加”命令，如图 1–45 所示。

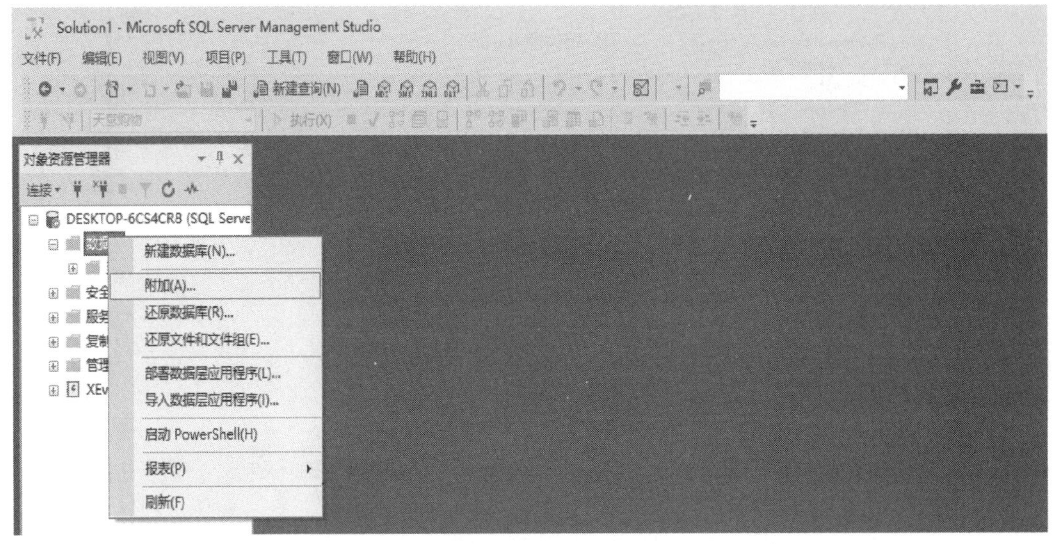

图 1–45　选择“附加”命令

步骤二：在打开的“附加数据库”窗口中单击“添加”按钮，如图 1–46 所示。

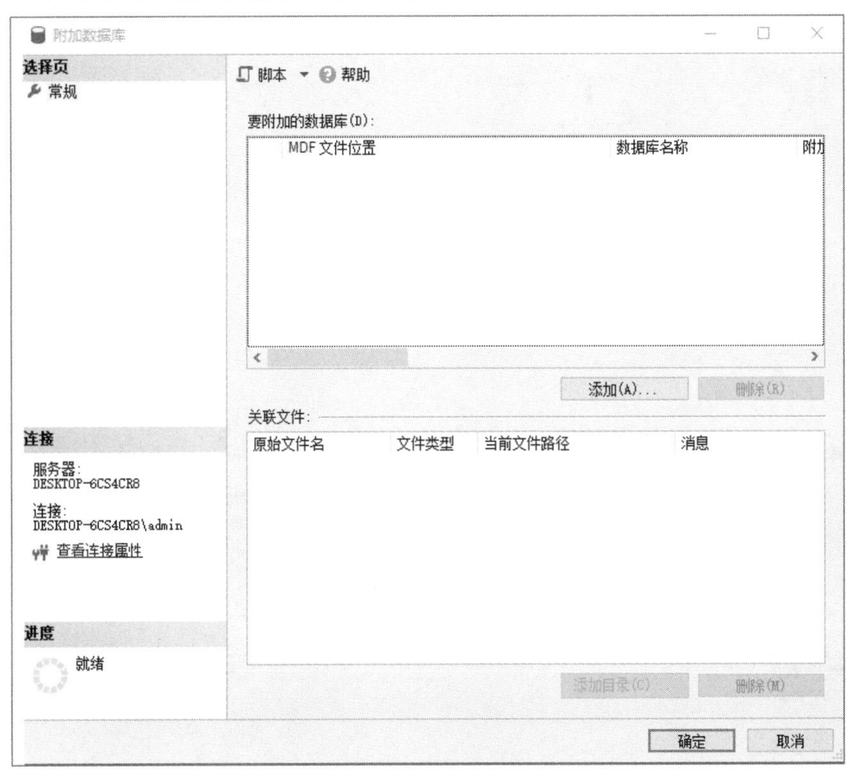

图 1–46　“附加数据库”窗口

步骤三：在打开的“定位数据库文件”窗口中选择“天意购物.mdf”，如图 1-47 所示。

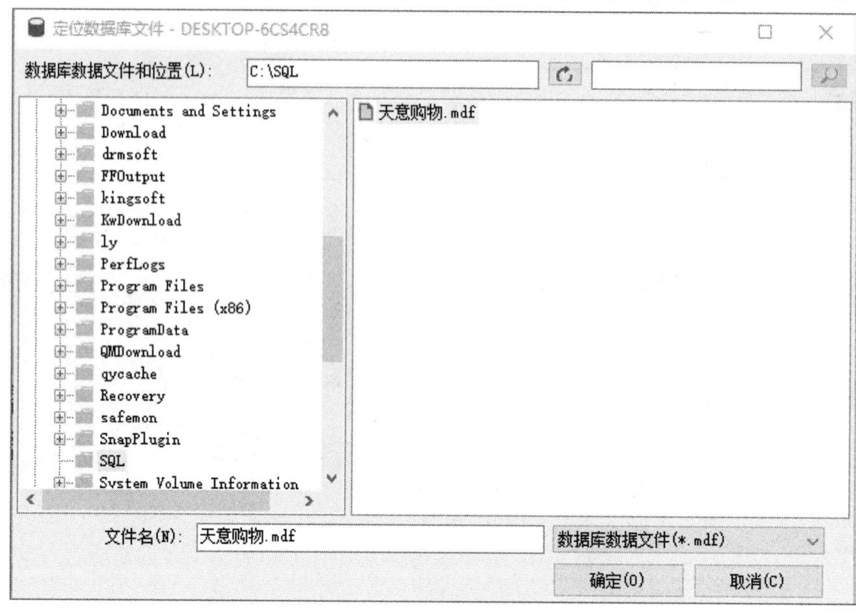

图 1-47 “定位数据库文件”窗口

步骤四：单击“确定”按钮，进入图 1-48 所示窗口。

图 1-48 附加数据库详细信息

步骤五：单击“确定”按钮，完成附加数据库操作，效果如图 1-49 所示。此时，“天意购物”数据库又出现在“对象资源管理器”列表中。

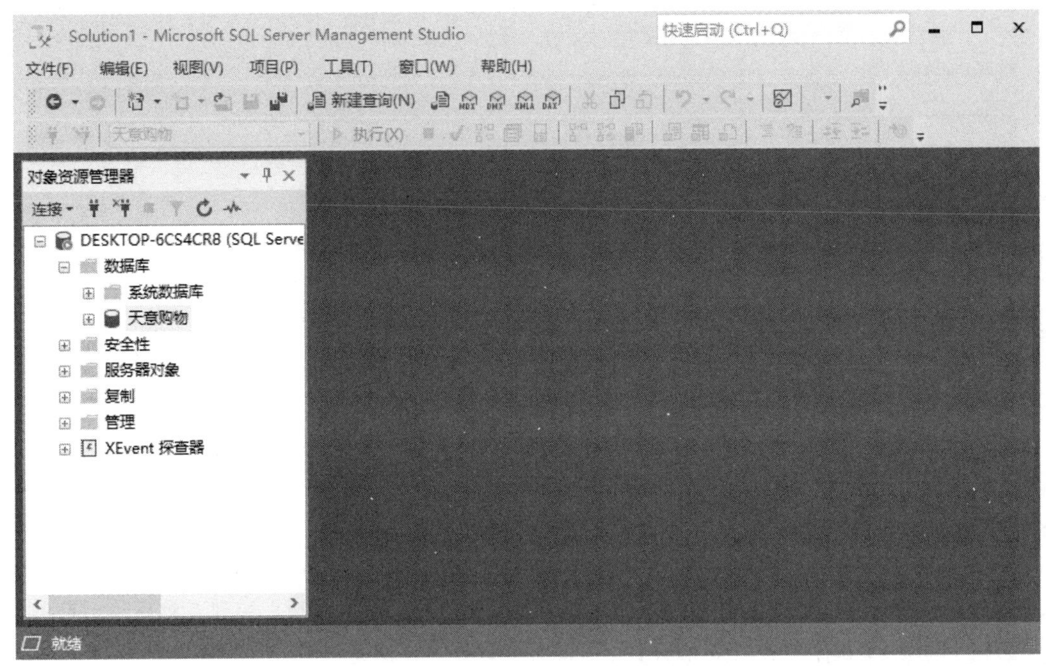

图 1-49　附加数据库成功界面

动手实践

1. 将“天意购物”数据库名称改为 TYGW。

2. 给 TYGW 数据库添加一个日志文件。

名称：TYGW_log 日志文件，存放在 D 盘根目录下，初始大小为 5 MB，文件最大值为无限制，文件增长值为 5%。

3. 修改上面添加的日志文件 TYGW_log，初始大小为 10 MB，文件最大值为 100 MB，文件增长值为 2 MB。

润物无声

立德树人：职业道德

数据库的维护包括对数据库进行修改、删除、收缩等操作。数据库删除操作对程序员来说，通过几行简单的代码即可实现，但这也是打开潘多拉魔盒的钥匙，如果随意删除数据库，则会给公司带来巨大损失，而程序员自己也可能面临牢狱之灾。

2020 年 2 月，国内一则程序员删库的消息传遍了全网。这则消息刷屏的原因很简单——他的几行代码，直接让上市公司的市值一天之内蒸发超 10 亿元，数百万用户受到直接影响。可以说，这是国内 IT 史上最典型的删库跑路案例，而案例中的程序员就是没有守住职业道德底线。当前大学生学习数据库技术，掌握数据库相关技能，同时努力使自己成为有一技之长的人才，但一定懂得，人才虽重要，德字当为先，有才更要有德。

知识巩固

1. （单选）SQL Server 2016 中删除数据库的命令是（　　）。

   A. DELETE　　B. SELECT

   C. UPDATE　　D. DROP

2. （单选）在 T-SQL 语句中，修改数据库文件名时，应使用的命令是（　　）。

   A. UPDATE　　B. INSERT

   C. ALTER　　D. MODIFY

3. （单选）SQL Server 2016 中收缩数据库的命令是（　　）。

   A. ADD　　B. SELECT

   C. UPDATE　　D. DBCC

4. （单选）下列关于 SQL Server 数据库分离和附加的说法，正确的是（　　）。

   A. 分离出来的数据库文件有.mdf 文件和.ldf 文件

   B. 分离出来的数据库文件只有.mdf 文件

   C. 分离出来的数据库文件只有.ldf 文件

   D. 不能对分离出来的数据库文件进行重命名，否则附加不成功

5. （单选）数据库文件的大小及最大值的单位是（　　）。

   A. KB　　B. MB　　C. B　　D. LB

综 合 实 训

1. 创建数据库。使用 T-SQL 语句创建数据库“学生管理系统”，要求实现表 1-11 所示的设置。

表 1-11 学生管理系统参数要求

参　　数	参 数 值
数据库名称	学生管理系统
数据文件逻辑名	学生管理系统_dat
数据文件物理名	D:\ 学生管理系统.mdf
数据文件初始大小	5 MB
数据文件最大值	15 MB
数据文件增长值	3 MB
事务日志文件逻辑名	学生管理系统_log
日志文件物理名	D:\ 学生管理系统_log.ldf
日志文件初始大小	3 MB
日志文件最大值	8 MB
日志文件增长值	原来的 10%

2. 修改数据库：

（1）使用 T-SQL 语句修改数据库“学生管理系统”，向该数据库添加一个日志文件——学生管理系统 1_log，该文件存放在 D:\下，该日志文件初始大小为 5 MB，文件增长量为 5%，文件最大增长上限为 40 MB。

（2）使用 T-SQL 语句修改数据库“学生管理系统”，将主数据库文件的增长上限修改为 30 MB。

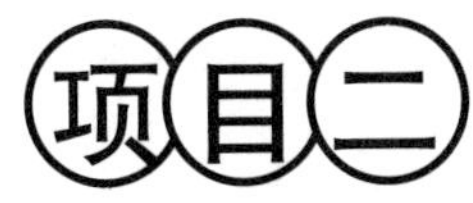

项目二 “天意购物”数据库中数据表的创建与管理

完成数据库的创建工作后，在本项目中将学习创建多个数据表、向表中录入数据并管理表和表中的数据。

项目内容：

- 任务一 创建数据表。
- 任务二 数据表记录的编辑。
- 任务三 数据表的维护。

学习目标：

- 熟练掌握：使用对象资源管理器和 T-SQL 语句创建表、修改表和删除表。
- 掌握：使用对象资源管理器和 T-SQL 语句向表中插入、修改、删除数据。
- 初步了解：数据表结构。

任务一　创建数据表

可以把数据库的设计与创建比作设计房子和建房子的过程。房子建好了，接下来要向房间里放物品（比作数据），但是此时房间中空空的，物品不能直接堆在地上，而是应该先有存放物品的家具（比作数据表结构）。接下来建家具，即创建数据表结构。

视　频

数据表结构创建

数据表是数据库中最基本的数据对象，用于存放数据库中的所有数据。数据库实际上是表的集合。在数据库中，数据表是按照行和列结构存储数据的。

任务情境

小王：李哥，数据库已经建好了，数据库维护也做好了准备，接下来要创建数据表了吧？

老李：对！数据库创建好之后，就像仓库的壳建好了，接下来要往仓库中放货物了，那货物能一股脑都放进去吗？

小王：不能，那样的话，东西胡乱摆放，货物越多，以后想找的时候就费劲了。

老李：你说对了，所以一般仓库中都有货架，各货架有不同的名称或者不同的结构。那你想想，对应数据库应该怎么做？

小王：那就是创建不同的数据表，而且还要给数据表设置不同的表结构。

老李：是的，赶紧行动吧。

任务描述

要求在“天意购物”数据库中利用 SSMS 方式创建 1 张表 Customers（客户信息）表，描述客户个人信息。Customers（客户信息）表结构：CustomerID（客户编号）、Name（姓名）、Password（密码）、Telephone（电话）、Address（地址）。具体信息如表 2-1 所示。

表 2-1 Customers（客户信息）表

字段名	描述	数据类型	是否为空	是否为主键
CustomerID	客户编号	Char（9）	是	
Name	姓名	Varchar(20)	是	
Password	密码	Char(10)	是	
Telephone	电话	Varchar(20)	是	
Address	地址	Varchar(50)	是	

任务实施

步骤一：启动 SQL Server 2016 中的 SQL Server Management Studio 工具，以 Windows 身份验证或 SQL Server 身份验证登录。

步骤二：在“对象资源管理器”窗格中展开“数据库”列表，展开创建的天意购物数据库，右击“表”，在弹出的快捷菜单中选择“新建”→“表”命令，如图 2-1 所示。

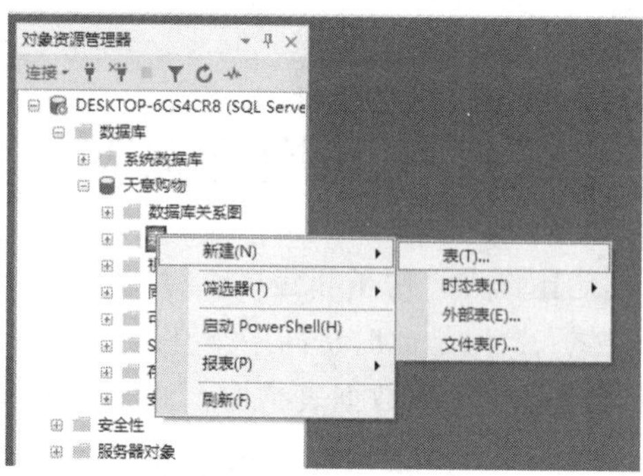

图 2-1 新建表

步骤三：打开“表设计器”窗口，定义表的结构，如图 2-2 所示。显示表基本属性——列名、数据类型和允许 Null 值。输入完毕，如图 2-3 所示。

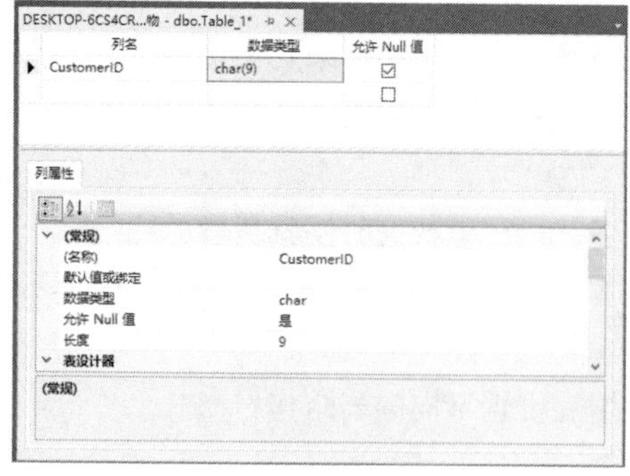

图 2-2 表设计器

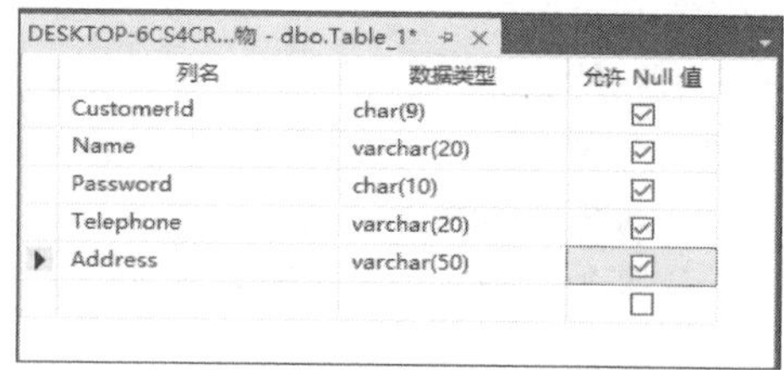

图 2-3 输入字段相关信息

（1）列名：输入设计表的各个字段名称。

（2）数据类型：从下拉列表中选择所需的数据类型及其长度。

（3）允许 Null 值：是否允许为空值的状态，选中说明允许为空值，取消选中说明不允许为空值，默认状态下允许为空值。

步骤四：保存创建的表。单击“保存”按钮，弹出“选择名称”对话框，输入新建的表名称，即完成了数据表的创建，如图 2-4 所示。

图 2-4 输入数据表名称

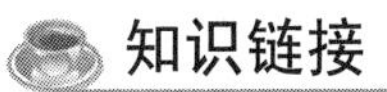

知识链接

一、数据表

1. 表

表（Table）是包含数据库中所有数据的数据库对象。数据在表中的组织方式与在电子表格中相似，都是按行和列的格式组织。每一行代表一条数据信息（称记录），每一列代表记录中的一个字段（又称属性）。例如，一个包含客户信息的数据表，表中每一行代表一个客户的信息，每一列代表客户具有的属性，如客户编号（CustomerID）、客户姓名（Name）、密码（Password）、客户电话（Telephone）、通信地址（Address）等，如图 2-5 所示。

CustomerId	Name	Password	Telephone	Address
100101211	王明	12345678	1310156781	北京
301119782	张春花	26789034	1789012341	天津现代
202000198	李丽	67890123	15107819112	山西太原
578102356	赵红	23456789	18934567890	上海

图 2-5 客户信息表数据

设计数据表时，应该考虑下面因素：每个表中都有哪些列，每一列的数据类型、长度、列是否允许为空值；哪些列是主键、外键；是否使用约束、默认值和规则；是否使用索引等。

2. 字段数据类型

列的数据类型定义了列的取值范围，决定了表中某一列可以存放什么样的数据。

SQL Server 2016 系统中提供了多种数据类型，包括：整型数据类型、浮点型数据类型、字符数据类型、日期和时间数据类型、货币数据类型、二进制数据类型、文本和图形数据类型等，如表 2-2 所示。

表 2-2　SQL Server 所支持的数据类型

类　别	数 据 类 型	说　明
整型	bigint	$-2^{63} \sim 2^{63}-1$ 的整型数据
	int	$-2^{31} \sim 2^{31}-1$ 的整型数据
	smallint	$-2^{15} \sim 2^{15}-1$ 的整型数据
	tinyint	0 ~ 255 的整数数据
	bit	0 或 1 的整型数据（0 表示真，1 表示假）
精确数值型	decimal	$-10^{38}+1 \sim 10^{38}-1$ 的固定精度和小数位的数字数据
	numeric	功能上等同于 decimal
近似数值型	float	-1.79E+308 ~ 1.79E+308 浮点精度的数字
	real	-3.40E+38 ~ 3.40E+38 的浮点精度数字
货币型	money	货币数据值介于$-2^{63} \sim 2^{63}-1$，精确到货币单位的 1%
	smallmoney	货币数值介于-2 147 483 648 ~ 2 147 483 647 之间，精确到货币单位的 1%
时间日期型	datetime	1753 年 1 月 1 日 ~ 9999 年 12 月 31 日的日期，精确到 3% s（或 3.33 ms）
	smalldatetime	1900 年 1 月 1 日 ~ 2079 年 6 月 6 日的日期，精确到分钟
字符型	char	固定长度的非 Unicode 字符数据，最大长度为 8 000 个字符
	varchar	可变长度的非 Unicode 数据，最大长度为 8 000 个字符
	text	可变长度的非 Unicode 数据，最大长度为 $2^{31}-1$ 个字符
Unicode 字符型	nchar	固定长度的 Unicode 数据，其最大长度为 4 000 个字符
	nvarchar	可变长度的 Unicode 数据，其最大长度为 4 000 个字符
	ntext	可变长度的 Unicode 数据，其最大长度为 $2^{30}-1$ 个字符
二进制型	binary	固定长度的二进制数，其最大长度为 8 000 个字节
	varbinary	可变长度的二进制数，其最大长度为 8 000 个字节
	image	可变长度的二进制数据，其最大长度为 $2^{31}-1$ 个字节

常用数据类型说明如下：

（1）字符型：

- 一个英文符号占一个字节，汉字占两个字节。
- 在插入操作时，字符型数据必须用英文半角单引号括起来。

（2）精确数值型：

声明方式：decimal/numerical(p[,s])。

- decimal 和 numeric 使用时，其中参数 s 的取值在 0 ~ p 之间。
- decimal 和 numeric 使用时，如果省略 s，默认小数位为 0。

（3）货币型：

插入操作时，输入货币数据，必须在货币数据前加$。

（4）日期时间型：

- Date 用于存储从 0001 年 1 月 1 日至 9999 年 12 月 31 日的日期数据，精确度为一天。

Datetime 用于存储从 1753 年 1 月 1 日至 9999 年 12 月 31 日的日期和时间数据。精确度为 3%秒。

3. 空值

空值（NULL）不同于 0、空白或长度为 0 的字符串（如""）。NULL 的意思是没有输入。出现 NULL 通常表示值未知或未定义。若一列允许为空值，则向表中输入记录值时，可不为该列给出具体值，而若一个列不允许为空值时，则在输入时，必须给出具体的值。

二、创建数据表

创建数据表的方法主要有两种：一种是使用对象资源管理器创建（SSMS）；另一种是使用 T-SQL 语句创建。

1. 使用对象资源管理器创建表

使用对象资源管理器创建表，也就是图形界面方式。在前面的任务实施中已经详细介绍了设计过程。

2. 使用 T-SQL 语句创建表

使用 CREATE TABLE 命令可以创建表，具体语法格式如下：

```
CREATE TABLE    <表名>
( 字段名 1  数据类型(长度)[其他字段属性 ],
  字段名 2  数据类型(长度)[其他字段属性 ],
  …
  字段名 n  数据类型（长度）[其他字段属性 ]
)
```

【例 2-1】要求在“天意购物”数据库中利用 T-SQL 语句创建商品信息表 Products，描述商品信息：ProductID（商品编号）、Type（商品类型）、ProductName（商品名称）、Price（商品价格）。具体信息如表 2-3 所示。

表 2-3 Products（商品信息）表

字 段 名	描 述	数 据 类 型	是 否 为 空	是否为主键
ProductID	商品编号	Varchar(9)	是	
Type	商品类型	Varchar(15)	是	
ProductName	商品名称	Varchar(50)	是	
Price	商品价格	Decimal(10,2)	是	

在查询编辑器窗口中，输入如下命令：

```
USE 天意购物
  CREATE TABLE Products
  (
     ProductID VARCHAR(9),
     Type VARCHAR(15),
     ProductName VARCHAR(50),
     Price DECIMAL(10,2)
  )
```

执行结果如图 2-6 所示。

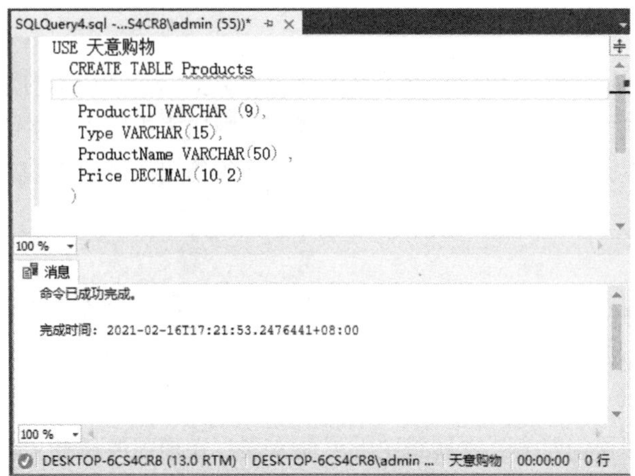

图 2-6　使用 SQL 语句创建数据表

三、修改数据表结构

视　频

数据表结构修改

数据表创建以后，在使用过程中可能需要对原先定义的表结构进行修改。对表的修改包括增加列、删除列、修改已有列的属性、添加主键外键、添加删除约束等。

1. 使用对象资源管理器修改表

【例 2-2】为“天意购物”数据库中 Products 表增加一列“产地（Productplace）”。

步骤一：在“对象资源管理器”窗格中右击表 Products，在弹出的快捷菜单中选择“设计”命令，如图 2-7 所示。

步骤二：在打开的表 Products 设计器窗口中，将光标置于最后的空行格，输入列名 Productplace，选择数据类型为 varchar，并选择允许为空值，如图 2-8 所示。

步骤三：单击“保存”按钮，完成修改。

图 2-7　设计命令

DESKTOP-6CS4CR8...- dbo.Products*

列名	数据类型	允许 Null 值
ProductID	varchar(9)	☑
Type	varchar(15)	☑
ProductName	varchar(50)	☑
Price	decimal(10, 2)	☑
Productplace	varchar(20)	☑

图 2-8　表设计器窗口

【例 2-3】删除 Products 表中“产地（Productplace）”一列。

步骤一：在表 Products 设计器窗口中，右击“产地”列，在弹出的快捷菜单中选择“删除列”命令，如图 2-9 所示。

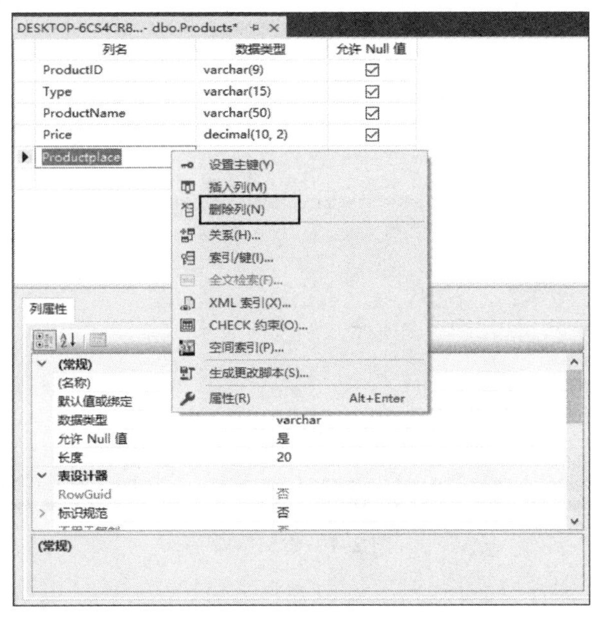

图 2-9 删除列命令

步骤二：单击“保存”按钮，保存操作结果。

在表设计器窗口中，可以修改已有列的属性，包括重新设置列名、数据类型、长度、是否允许空、默认值等。但是当表中已有记录后，不要轻易修改表的结构，特别是修改列的数据类型，以免造成错误。例如，表中某列的数据类型为 decimal 型，如果将它改为 int 型，那么表中原有的记录值将丢掉部分数据，从而引起数值错误。

在表设计器中修改列的属性和设计列的属性操作是一样。

2. 使用 T-SQL 语句修改表结构

基本语法格式如下：

```
ALTER  TABLE  <表名>
[ALTER  COLUMN<列名><,新数据类型>[NULL/NOT NULL]]
[ADD <新列名><数据类型> [完整性约束][NULL/NOT NULL]]
[DROP COLUMN<完整性约束名>]
```

语句说明：

- ALTER TABLE：关键字，表示修改表。
- ALTER/DROP COLUMN：关键字，表示修改、删除表中的列。
- ADD：关键字，表示增加表中的列。
- NULL/NOT NULL：表示修改列为空或不为空。

【例 2-4】向商品信息表（Products）中添加生产地址（ProductionAddress）列，数据类型为 Varchar，长度为 50，并且不允许为空值。

```
ALTER TABLE Products
```

```
ADD ProductionAddress VARCHAR(50) NOT NULL
```

运行结果如图 2-10 所示。

图 2-10 添加字段

【例 2-5】修改商品信息表（Products）中的商品类型（Type）列，数据类型为 Char，长度为 50，并且不允许为空值。

```
ALTER TABLE Products
ALTER COLUMN Type CHAR(50) NOT NULL
```

运行结果如图 2-11 所示。

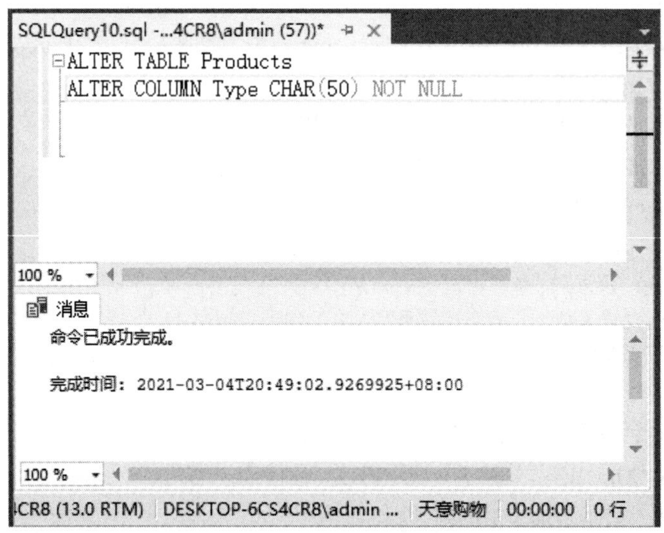

图 2-11 修改字段类型及长度

【例 2-6】删除商品信息表（Products）中的生产地址（ProductionAddress）列。

```
ALTER TABLE Products
DROP COLUMN ProductionAddress
```

运行结果如图 2-12 所示。

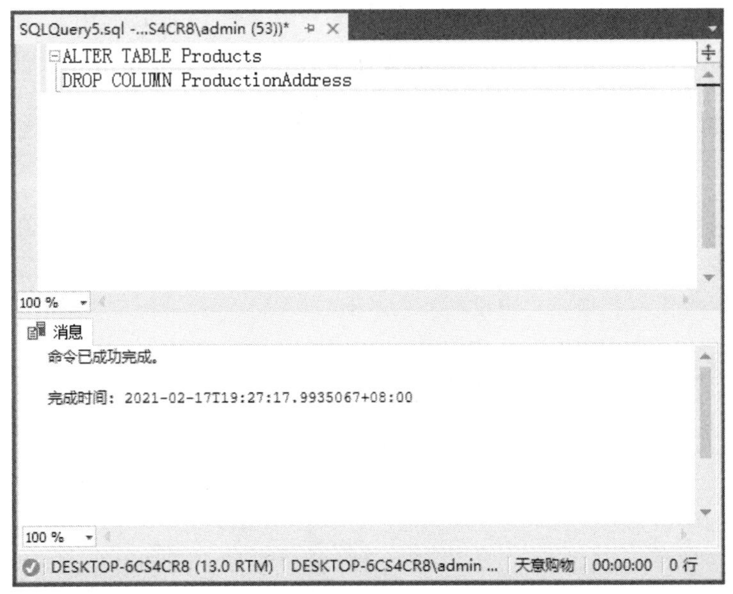

图 2-12 删除字段

四、约束介绍及图形方式设置约束

约束是 SQL Server 强制实行的应用规则。使用约束的目的是限制表中数据的格式和可能值，从而防止列中出现非法数据，从而保证数据库中数据的完整性。当删除表时，约束也随之删除。

SQL Server 2016 中有 5 种约束，包括 PRIMARY KEY 约束、UNIQUE 约束、CHECK 约束、DEFAULT 约束、FOREIGN KEY 约束。

视 频

主键约束

1. 主键（PRIAMRY KEY）约束

（1）介绍：

主键是一个表中能标识唯一行的标志。为了保证数据的完整性，每一个数据表中只能有一个主键约束，它可以唯一确定一个表中的每一条记录。例如，在客户信息表 Customers 中，将客户编号 CustomersID 设置为该表的主键，它能唯一标识一条客户信息的记录，不允许存在主键相同的两条记录，且该列的值不为空值（NULL）。

注意：关系型数据库中的一条记录中有若干个属性，主键是用来唯一标识表中每一行的属性或属性的组合，它的值必须是唯一的并且不允许为空值。

如果主键约束定义在不止一列，则一列中的值可以重复，但主键约束定义中的所有列的组合值必须唯一，因为该组合列称为表的联合主键。

（2）使用图形界面的方法设置主键：

【例 2-7】使用图形界面的方法将客户信息表 Customers 的 CustomerID 定义为主键约束，然后删除该主键约束。

操作过程：

① 添加主键：

步骤一：打开表 Customers 设计器窗口。

步骤二：在表 Customers 设计器窗口中，右击客户编号列（CustomerID），在弹出的快捷菜单中选择“设置主键”命令，如图 2-13 所示。或者选中 CustomerID 列，在“表设计器”工具栏中单击“设置主键”按钮，然后保存即可，这样完成主键设置。

② 删除主键:

步骤一：打开表 Customers 设计器窗口。

步骤二：在表 Customers 设计器窗口中，右击客户编号列（CustomerID），在弹出的快捷菜单中选择“删除主键”命令，如图 2-14 所示。或者选中 CustomerID 列，在“表设计器”工具栏中单击“设置主键”按钮，取消主键设置。

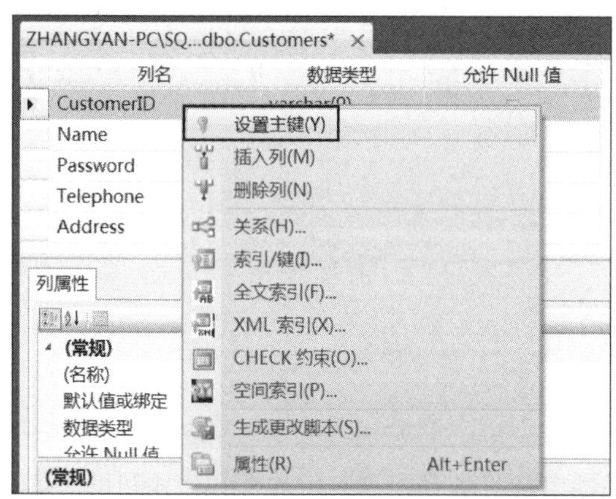

图 2-13 设置主键约束

图 2-14 删除主键

2. 唯一性（UNIQUE）约束

（1）介绍:

UNIQUE 约束应用于表中的非主键列，用于保证表中的两个数据行在非主键列中没有相同的列值。与 PRIMARY KEY 约束类似，UNIQUE 约束也强制唯一性，为表中的一列或多列提供实体完整性。但 UNIQUE 约束用于非主键的一列或多列的组合，且一个表可以定义多个 UNIQUE 约束。另外，UNIQUE 约束可以用于定义允许空值的列，而 PRIMARY KEY 约束只能用在唯一列上且不能为空值。

（2）使用图形界面的方法设置 UNIQUE 约束:

【例 2-8】使用图形界面的方法将客户信息表 Customers 的 Telephone 列创建 UNIQUE 约束并删除该 UNIQUE 约束。

操作过程:

① 添加 UNIQUE 约束:

步骤一：打开 Customers 表设计器窗口，选择 Telephone 列，单击“表设计器”工具栏中的“管理索引和键”按钮，或者右击 Telephone 列，在弹出的快捷菜单中选择“索引/键”命令，如图2-15所示。

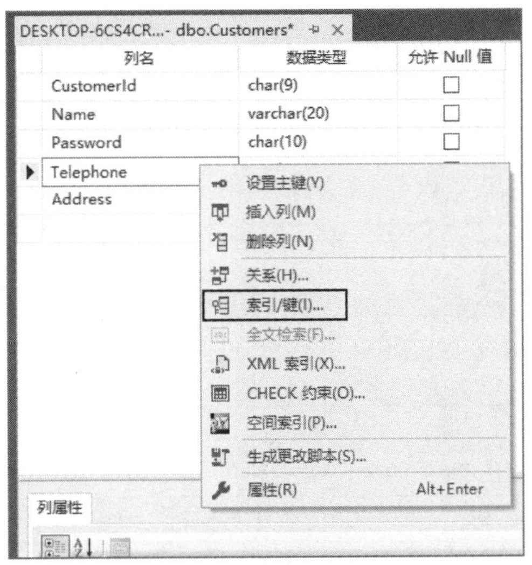

图 2-15　设置唯一性约束

步骤二：打开“索引/键”对话框，单击“添加”按钮，如图 2-16 所示。

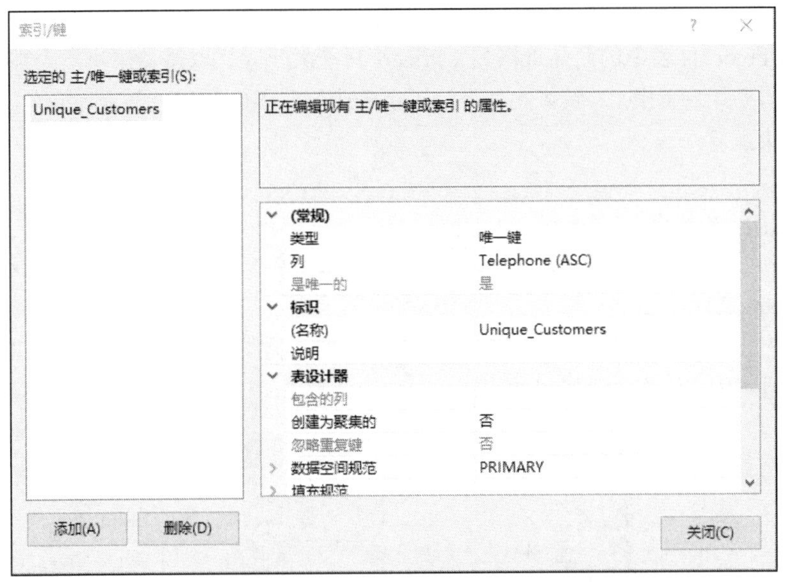

图 2-16　“索引/键”对话框

步骤三：在“常规”列表框中选择“类型”是“唯一键”“列”是 Telephone“名称”是 Unique_Customers。由于表可以拥有多个 UNIQUE 约束，可以重复上述操作。

步骤四：单击“关闭”按钮回到 SSMS 窗口，单击“保存”按钮。

② 删除 UNIQUE 约束：

步骤一：打开 Customers 表设计器窗口，单击“表设计器”工具栏中的“管理索引和键”按钮，或者右击 Telephone 列，在弹出的快捷菜单中选择“索引/键”命令（见图 2-15）。

步骤二：打开“索引/键”对话框，单击“删除”按钮，如图 2-17 所示。删除后的效果如图 2-18 所示。

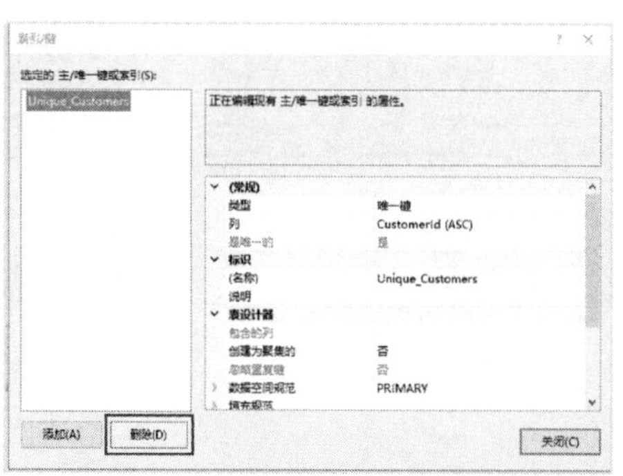

图 2-17 “索引/键”对话框（一）

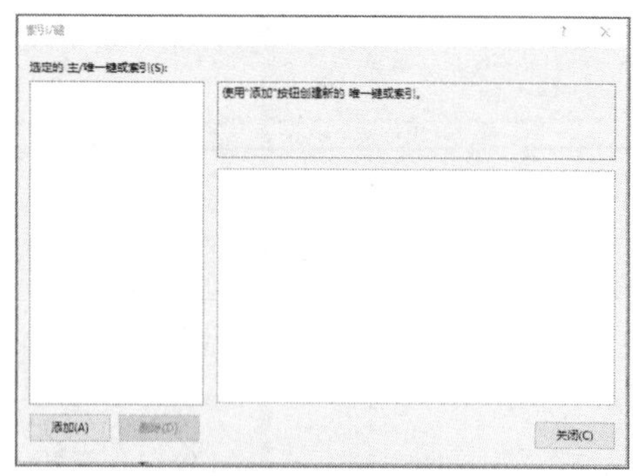

图 2-18 “索引/键”对话框（二）

视 频

检查约束

3. 检查（CHECK）约束

（1）介绍：

用于限制输入一列或多列值的范围，从逻辑表达式判断数据的有效性，也就是一个列的输入内容必须满足 CHECK 约束的条件，否则数据无法正常输入，从而保证数据的完整性。

（2）使用图形界面的方法设置 CHECK 约束：

【例 2-9】Products 表中的商品价格列（Price）只能大于零，以避免用户输入零或者负值。要解决此问题，需要用到 CHECK 约束，如果输入小于或等于零的数据，系统均提示用户输入无效。然后再将此约束删除。

操作过程：

① 添加 CHECK 约束：

步骤一：在“对象资源管理器”窗格中右击表 Products，在弹出的快捷菜单中选择“设计”命令，打开表设计器窗口。

步骤二：右击 Price 列，选择“CHECK 约束”命令（见图 2-19），或者单击“表设计器”工具栏中的“管理 CHECK 约束”按钮 。

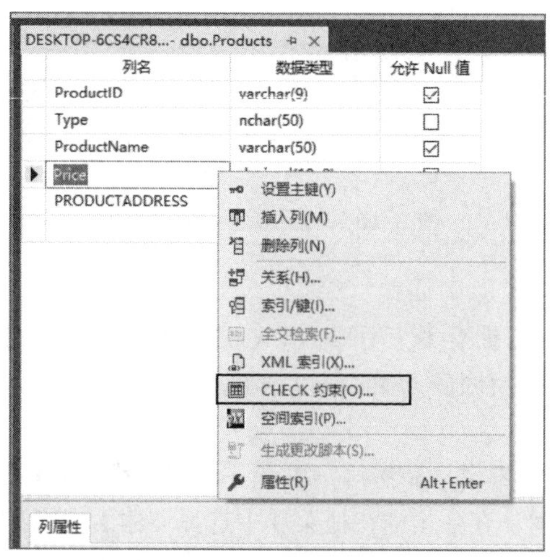

图 2-19 设置检查约束

步骤三：在打开的“检查约束”对话框中（见图 2-20），单击“添加”按钮，开始编辑约束的属性，如图 2-21 所示。

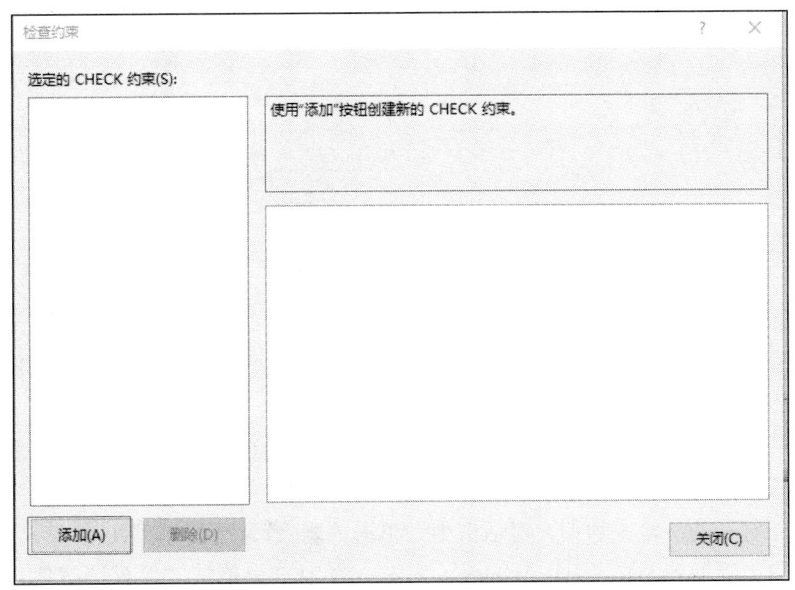

图 2-20 “检查约束”对话框（一）

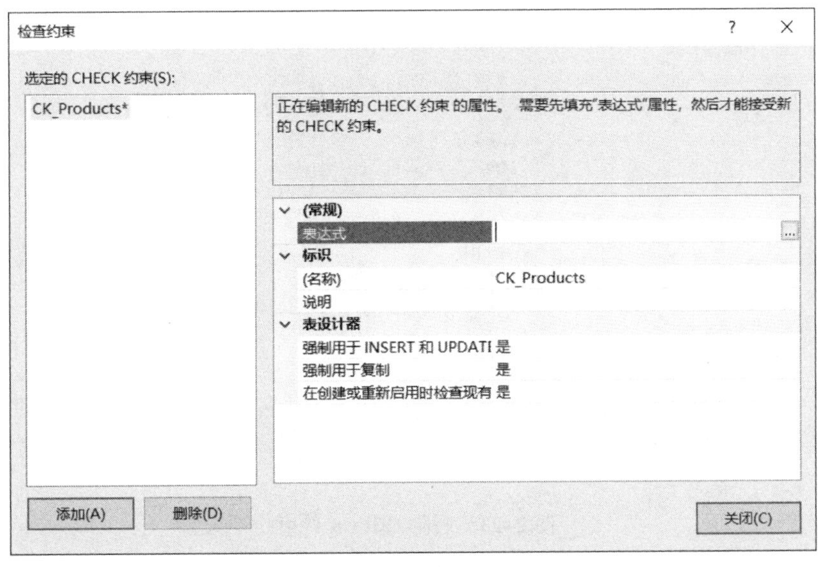

图 2-21 “检查约束”对话框（二）

步骤四：单击“表达式”右侧的...按钮，打开“CHECK 约束表达式”对话框，在其中编辑约束条件，如图 2-22 所示。

步骤五：单击“确定”按钮，返回到“检查约束”对话框，单击“关闭”按钮。返回到 SQL Server Management Studio 窗口，单击“保存”按钮。

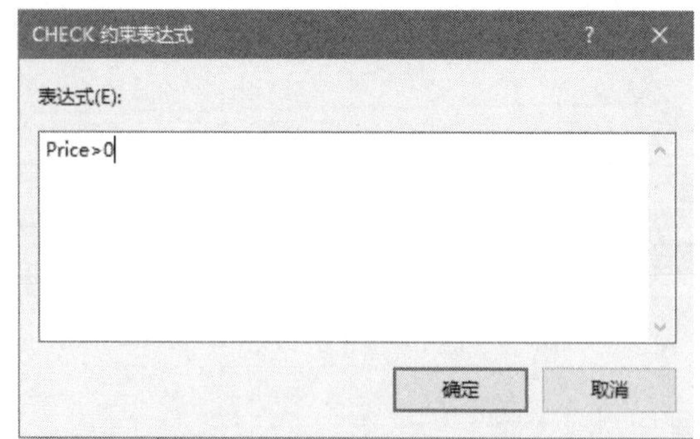

图 2-22 编辑约束条件

② 删除 CHECK 约束：

步骤一：在“对象资源管理器”窗格中右击表 Products，在弹出的快捷菜单中选择“设计”命令，打开表设计器窗口。

步骤二：右击 Price 列，在弹出的快捷菜单中选择“CHECK 约束”命令（见图 2-19），或者单击“表设计器”工具栏中的“管理 CHECK 约束”按钮▦。

步骤三：在打开的“检查约束”对话框中，单击“删除”按钮，删除该约束，如图 2-23 所示。关闭该窗口，返回到 SQL Server Management Studio 窗口，单击“保存”按钮。

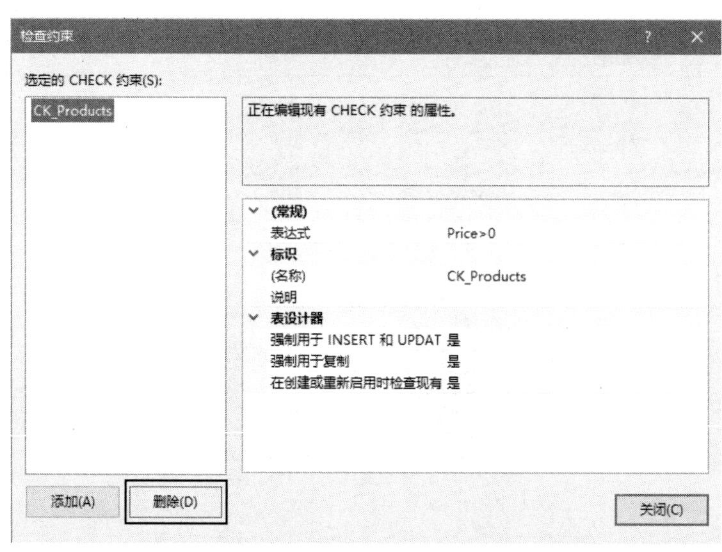

图 2-23 删除 CHECK 约束

视 频

默认约束

4. 默认（DEFAULT）约束

（1）介绍：

若将表中某列定义了 DEFAULT 约束后，用户在插入新的数据行时，如果没有为该列指定数据，那么系统将默认值赋给该列。默认值可以为常量、函数、空值（NULL）等。

（2）使用图形界面的方法设置 DEFAULT 约束：

【例 2-10】为表 Customers 的 Password 列定义 DEFAULT 约束，要求默认值为“111111”。

操作过程：

① 添加 DEFAULT 约束：

步骤一：在“对象资源管理器”窗格中右击表 Customers，在弹出的快捷菜单中选择“设计”命令，打开表设计器窗口。

步骤二：在表设计器窗口中，选择 Password 列，在“列属性”选项卡的“默认值或绑定”文本框中输入：111111，如图 2-24 所示，然后单击“保存”按钮。

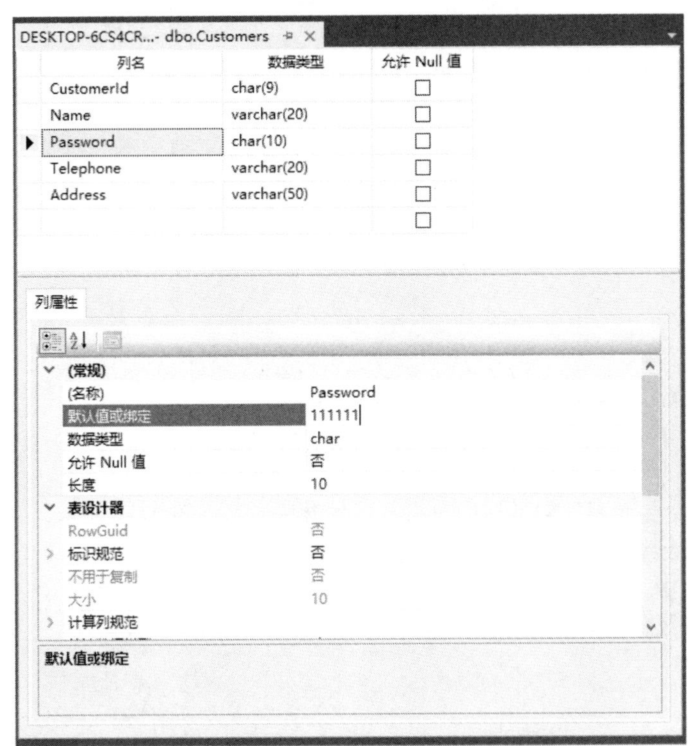

图 2-24　Customers 表设计器窗口

② 删除 DEFAULT 约束：

要想删除已建立的 DEFAULT 约束，只需要将“默认值或绑定”文本框中的默认值清空，然后保存即可。

5. 外键（FOREIGN KEY）约束

外键约束用来维护两个表之间的一致性关系。外键约束的建立是先定义主表的主键约束，再对从表定义外键约束。

FOREIGN KEY 用于建立和加强两个表（主表和从表）的数据之间连接的一列或多列，当数据添加、修改和删除时，通过参照完整性保证它们数据的一致性。

例如，将表 Customers 的 CustomerID 列设置为主键，将表 Orders 的 CustomerID 列设置为其外键，这样通过 CustomerID 列建立两个表之间的外键约束关系。

【例 2-11】使用 SSMS 方法创建客户信息表（Customers）与订购信息表（Orders）之间的外键约束，并删除该外键约束。

（1）添加外键约束：

步骤一：检查客户信息表（Customers）中是否将 CustomerID 设置为主键，如果没有就先设置它为该表的主键。

步骤二：打开订购信息表 Orders 的设计器窗口，单击工具栏中的“关系”按钮，或者右击 CustomerID 列，在弹出的快捷菜单中选择“关系”命令（见图 2-25），打开“外键关系”对话框。

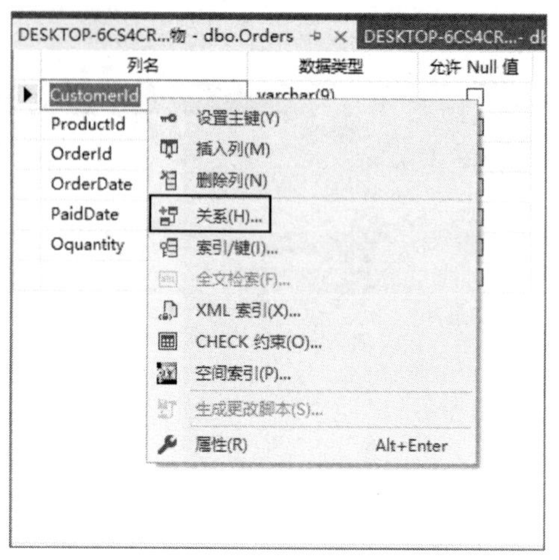

图 2-25　创建外键约束

步骤三：在“外键关系”对话框中单击“添加”按钮，如图 2-26 所示。

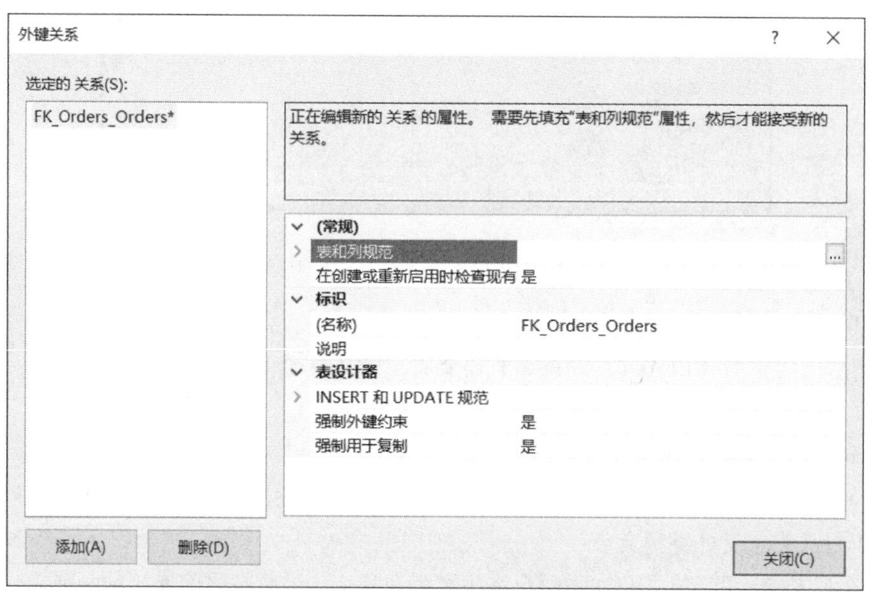

图 2-26　“外键关系”对话框

步骤四：单击“表和列规范”右边的...按钮，弹出“表和列”对话框，在“主键表”下拉列表中选择 Customers，选择列为 CustomerID；在“外键表”下拉列表中选择 Orders，选择列为 CustomerID。此时“关系名”文本框中的名称将随之变化，可以使用默认名称或自己编辑的名称，如图 2–27 所示。

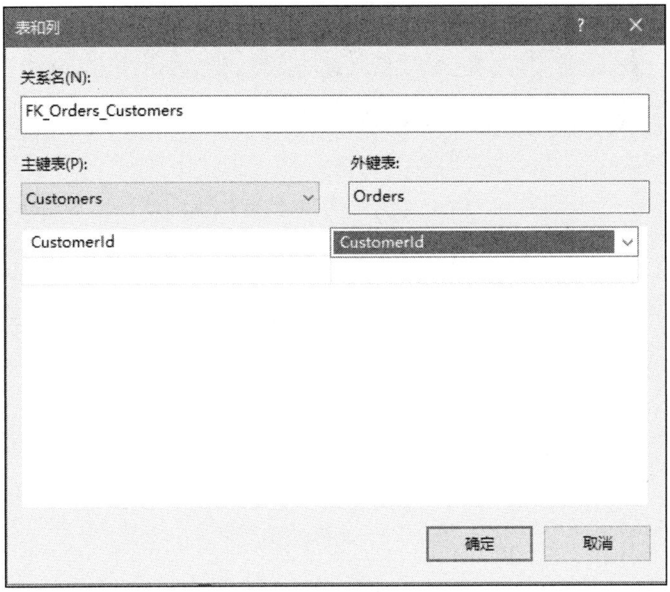

图 2–27 “表和列”对话框

步骤五：单击“确定”按钮，返回到“外键关系”对话框，单击“保存”按钮，提示保存 Customers 和 Orders 之间的关系，如图 2–28 所示。单击“是”按钮，保存对外键的定义。

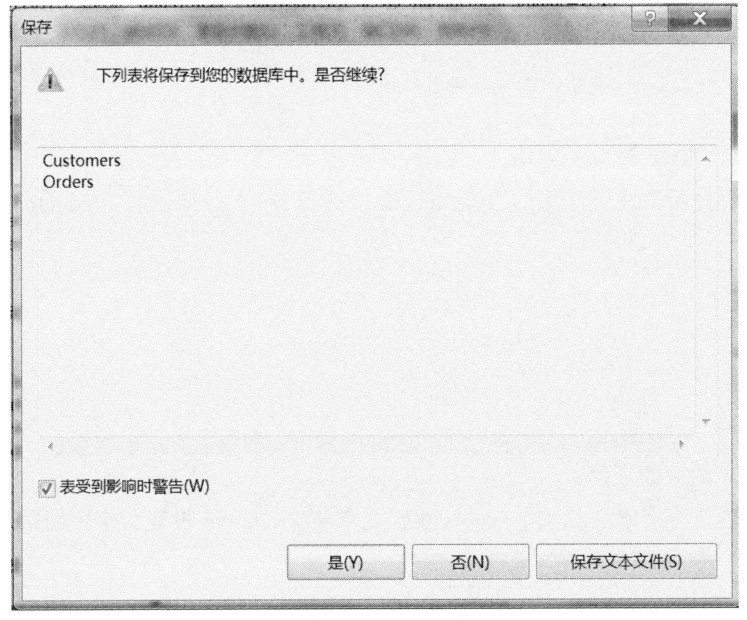

图 2–28 保存表与表之间的关系

（2）删除外键约束：

步骤一：打开订购信息表 Orders 的设计器窗口，单击工具栏中的“关系”按钮，或者右击

CustomerID 列，在弹出的快捷菜单中选择“关系”命令（见图 2-25），弹出“外键关系”对话框。

步骤二：在“外键关系”对话框中单击“删除”按钮，如图 2-29 所示。

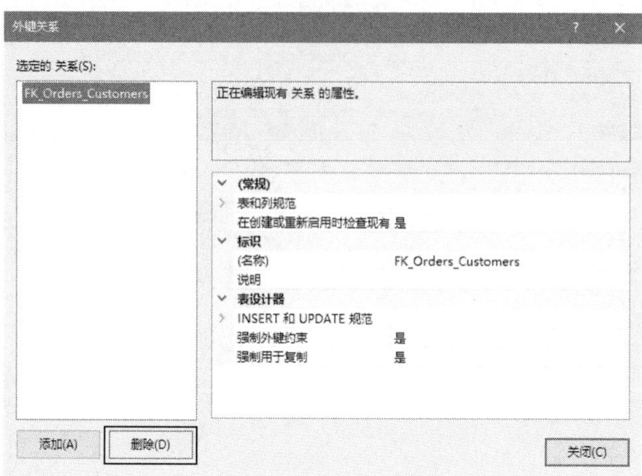

图 2-29　删除外键约束

五、使用 T-SQL 语句设置约束

1. 创建表结构的同时创建约束

```
CREATE TABLE    <表名>
(  字段名 1  数据类型(长度)[ CONSTRAINT 约束名 ] 约束,
   字段名 2  数据类型(长度)[其他字段属性 ],
   …
   字段名 n  数据类型(长度)[其他字段属性 ]
)
```

（1）PRIMARY KEY 约束的创建：

【例 2-12】创建带有主键约束的 Products 表（见表 2-3），要求将 Productid 设置为主键。

```
CREATE TABLE Products
(  Productid VARCHAR(9) CONSTRAINT pk_productid PRIMARY KEY,
   Type VARCHAR(15) ,
   Productname VARCHAR(50) ,
   Price DECIMAL(10,2)
)
```

运行结果如图 2-30 所示。

（2）UNIQUE 约束的创建：

【例 2-13】创建带有唯一约束的 Carts 表，要求将 Productid 设置为唯一约束。

```
CREATE TABLE Carts
(  Customerid VARCHAR(9) PRIMARY KEY,
   Productid VARCHAR(9) CONSTRAINT UK_PRODUCTID UNIQUE,
   Carid VARCHAR(10),
   Quantity INT
)
```

运行结果如图 2-31 所示。

图 2-30 创建主键约束

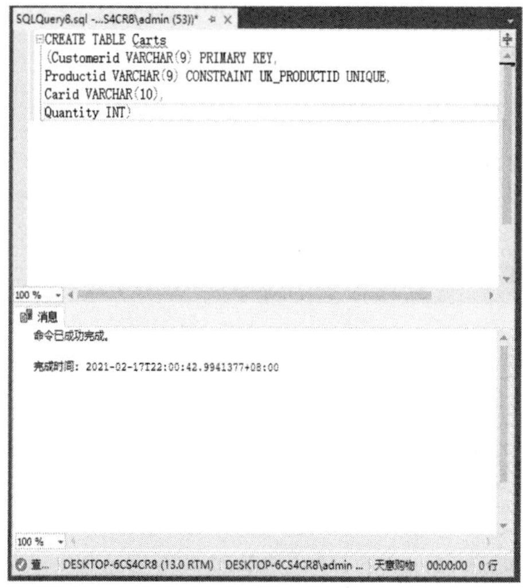

图 2-31 创建 UNIQUE 约束

（3）CHECK 约束的创建：

【例 2-14】创建带有检查约束的 Orders 表，要求将 Oquantity 字段设置为检查约束，约束条件为 Oquantity 要求大于 0。

```
CREATE TABLE Orders
(
  CustomerId VARCHAR(9) NOT NULL,
  ProductId VARCHAR(9) NOT NULL,
  OrderId VARCHAR(10) NOT NULL,
  OrderDate DATETIME NOT NULL,
  PaidDate DATETIME NOT NULL,
  Oquantity INT CONSTRAINT CK_PRICE1 CHECK(Oquantity>0)
)
```

运行结果如图 2-32 所示。

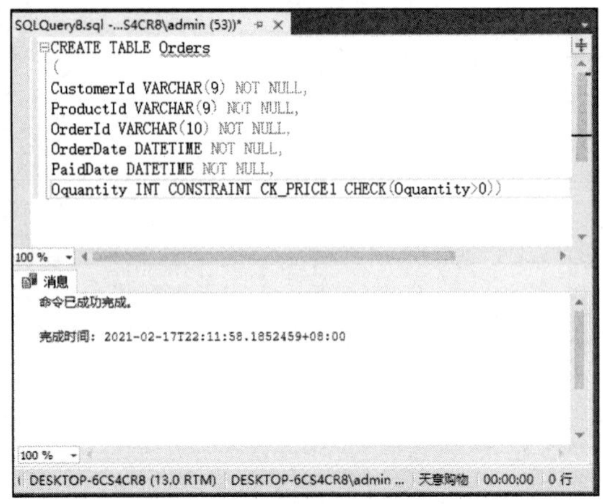

图 2-32 创建 CHECK 约束

（4）DEFAULT 约束的创建：

【例 2-15】创建表 Customers 同时设置 Password 列为 DEFAULT 约束，要求默认值为“111111”。

```
CREATE TABLE Customers
(
  CustomerId  CHAR(9) NOT NULL,
  Name VARCHAR(20) NOT NULL,
  Password  CHAR(10) CONSTRAINT DE_PASSWORD DEFAULT '11111111',
  Telephone VARCHAR(20) NOT NULL,
  Address VARCHAR(50) NOT NULL
)
```

运行结果如图 2-33 所示。

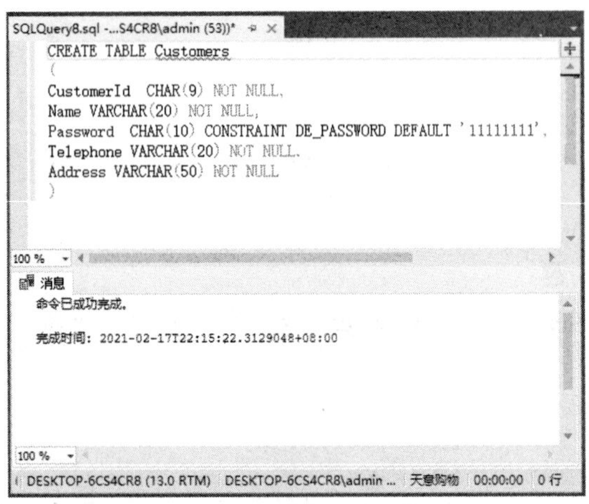

图 2-33 创建 DEFAULT 约束

（5）FOREIGN KEY 约束的创建：

【例 2-16】创建表 Carts 同时设置 Productid 列为其外键，通过 Productid 列与 Products(Productid) 表建立两个表之间的外键约束关系。

```
CREATE TABLE Carts
(  Customerid VARCHAR(9),
   Productid VARCHAR(9),
   Cartid VARCHAR(10),
   CONSTRAINT FK_CARTS_PRODUCTS FOREIGN KEY(Productid)
   REFERENCES Products(Productid)
)
```

运行结果如图 2-34 所示。

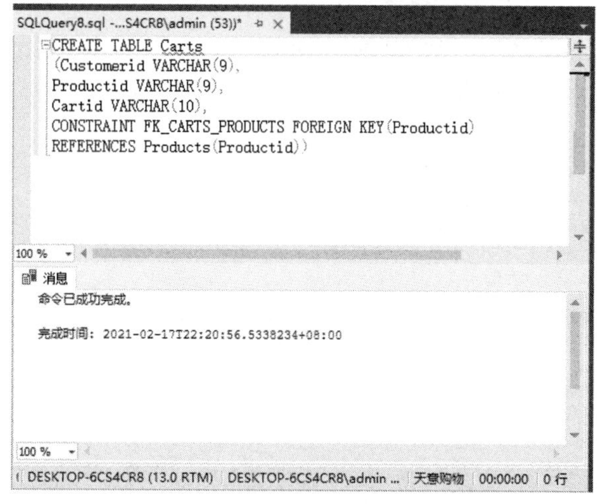

图 2-34　创建 FOREIGN KEY 约束

2. 修改表结构时设置约束

语法格式如下：

```
ALTER TABLE <表名>
ADD CONSTRAINT 约束名
{PRIMARY KEY CLUSTERED (列名[,…])
|UNIQUE (列名)
|DEFAULT 约束表达式
|FOREIGN KEY(列名)
REFERENCES 表名(列名)
|CHECK (逻辑表达式)
| DROP CONSTRAINT 约束名}
```

语句说明：

- PRIMARY KEY：关键字，表示主键约束。
- CLUSTERED：关键字，表示聚集索引，一般主键为聚集索引。
- DEFAULT：关键字，表示默认约束。
- FOREIGN KEY：关键字，表示外键约束。
- REFERENCES：关键字，表示被参照关系。
- CHECK：关键字，表示检查约束。
- DROP CONSTRAINT：关键字，表示删除约束。

（1）PRIMARY KEY 约束的创建、删除：

【例 2-17】使用 T-SQL 语句，为 Customers 表添加主键约束，设置 Customerid 为 PRIMARY KEY

约束。

语句如下：

```
ALTER TABLE Customers
ADD CONSTRAINT PK_CustomerID
PRIMARY KEY CLUSTERED (Customerid)
```

运行结果如图 2-35 所示。

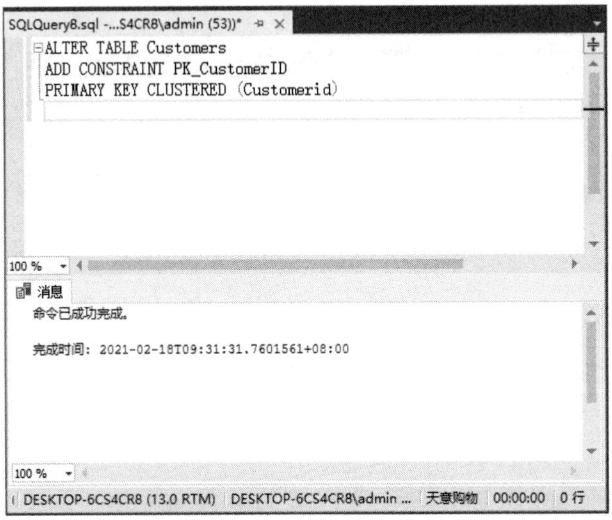

图 2-35　添加 PRIMARY KEY 约束

【例 2-18】删除 Customers 表中的 Customerid 的 PRIMARY KEY 约束。

语句如下：

```
ALTER TABLE Customers
DROP CONSTRAINT PK_CustomerID
```

运行结果如图 2-36 所示。

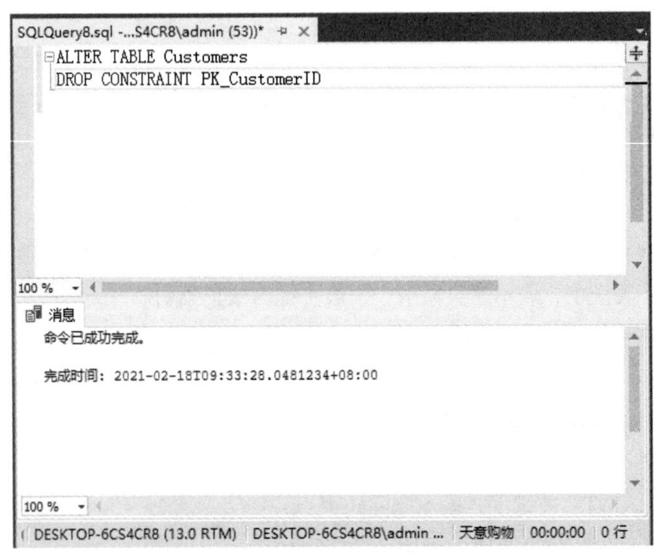

图 2-36　删除 PRIMARY KEY 约束

（2）UNIQUE 约束的创建、删除：

【例 2-19】使用 T-SQL 语句，为客户信息表 Customers 的 Telephone 列创建 UNIQUE 约束。

```
ALTER TABLE Customers
ADD CONSTRAINT  Un_Telephone
UNIQUE (Telephone)
```

运行结果如图 2-37 所示。

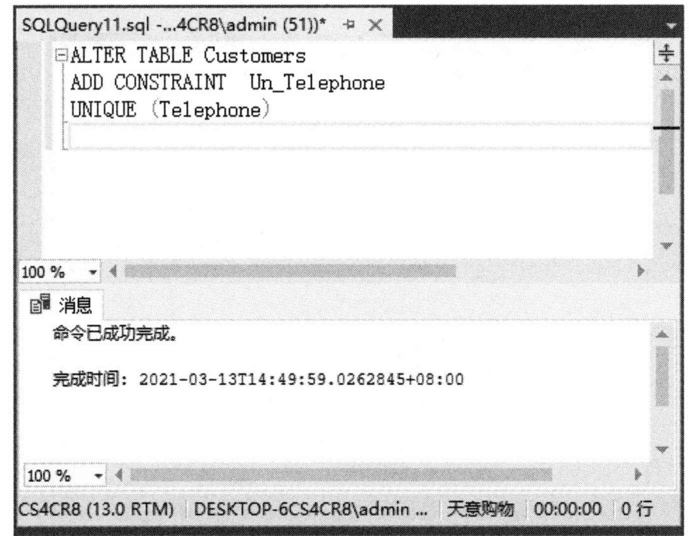

图 2-37　添加 UNIQUE 约束

【例 2-20】使用 T-SQL 语句，删除客户信息表 Customers 的 Telephone 列的 UNIQUE 约束。

```
ALTER TABLE Customers
DROP  CONSTRAINT Un_Telephone
```

运行结果如图 2-38 所示。

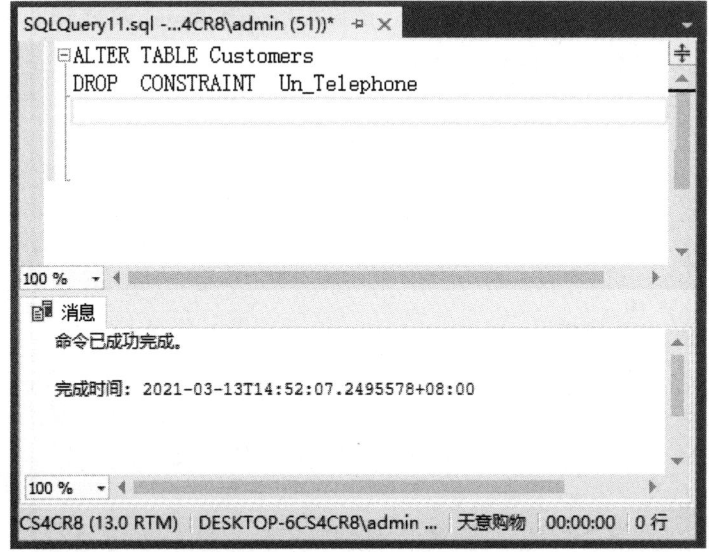

图 2-38　删除 UNIQUE 约束

（3）CHECK 约束的创建、删除：

【例 2-21】使用 T-SQL 语句，为 Products 表中价格字段设置 CHECK 约束，约束条件是价格不能小于或等于零。

```
ALTER  TABLE  Products
ADD  CONSTRAINT  CK_Products
CHECK(price>0)
```

执行结果如图 2-39 所示。

图 2-39　添加 CHECK 约束

【例 2-22】使用 T-SQL 语句，删除 Products 表中价格字段的 CHECK 约束。

```
ALTER  TABLE  Products
DROP  CONSTRAINT  CK_Products
```

执行结果如图 2-40 所示。

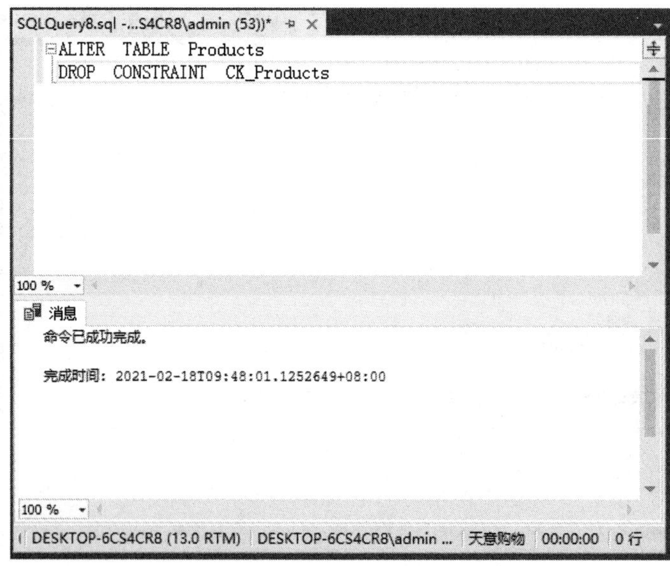

图 2-40　删除 CHECK 约束

（4）DEFAULT 约束的创建、删除：

【例 2-23】为表 Customers 表的 Address 列创建 DEFAULT 约束，要求默认值为“天津现代”。

```
ALTER  TABLE  Customers
ADD  CONSTRAINT  DE_Address  DEFAULT('天津现代')  FOR  Address
```

执行结果如图 2-41 所示。

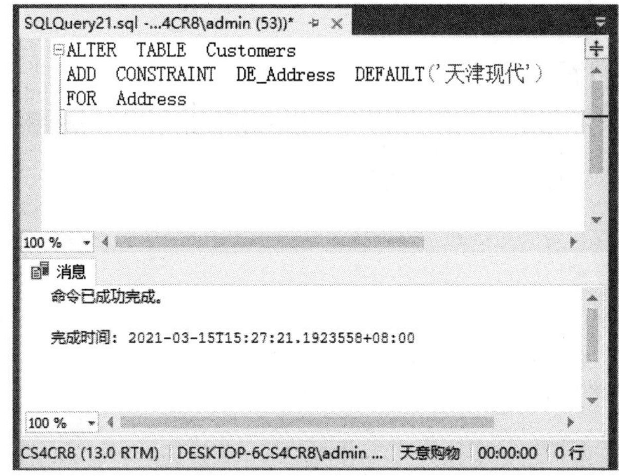

图 2-41　添加 DEFAULT 约束

【例 2-24】删除 Customers 表的 Password 列的 DEFAULT 约束。

```
ALTER  TABLE  Customers
DROP  CONSTRAINT  DE_Password
```

执行结果如图 2-42 所示。

图 2-42　删除 DEFAULT 约束

（5）FOREIGN KEY 约束的创建、删除：

【例 2-25】使用 T-SQL 语句，为 Orders 表中的 CustomerID 列（与 Customers 表中的 CustomerID）建立外键约束。

① 如果 Customers 表中的 CustomerID 列未建立主键约束，则先创建主键约束。

```
ALTER  TABLE  Customers
ADD CONSTRAINT  PK_Customers  PRIMARY  KEY  CLUSTERED(CustomerID)
```

② 为 Orders 表中的 CustomerID 列建立外键约束。

```
ALTER TABLE Orders
ADD CONSTRAINT FK_Orders_Customers FOREIGN KEY (CustomerID)
REFERENCES Customers(CustomerID)
```

执行结果如图 2-43 所示。

图 2-43　添加 FOREIGN KEY 约束

【例 2-26】使用 T-SQL 语句，删除 Orders 表已经建立的 FOREIGN KEY 约束（FK_Orders_ Customers）。

```
ALTER  TABLE Orders
DROP  CONSTRAINT  FK_Orders_Customers
```

执行结果如图 2-44 所示。

图 2-44　删除 FOREIGN KEY 约束

动手实践

使用 SSMS 方式和 T-SQL 方式完成 Orders（订购信息）表、Carts（购物车信息）表的结构创建。表结构信息如表 2-4 和表 2-5 所示。

表 2-4　Orders（订购信息）表

字　段　名	描　　述	数 据 类 型	是 否 为 空	是否为主键
CustomerID	客户编号	Char(9)	否	
ProductID	商品编号	Varchar(9)	否	
OrderID	订单编号	Varchar(10)	否	
OrderDate	订单日期	Datatime	否	
PaidDate	付款日期	Datatime	否	
Oquantity	订购数量	Int	否	

表 2-5　Carts（购物车信息）表

字　段　名	描　　述	数 据 类 型	是 否 为 空	是否为主键
CustomerID	客户编号	Char(9)	否	
ProductID	商品编号	Varchar(9)	否	
CartID	购物车编号	Varchar(10)	否	
Cquantity	商品数量	Int	否	

（1）Orders（订购信息）表结构的创建：

方法一：使用 SSMS 方式：

步骤一：启动 SQL Server 2016 中的 SQL Server Management Studio 工具，________________。

步骤二：在“对象资源管理器”窗格中，____。

步骤三：打开____。

步骤四：保存创建的表：____。

方法二：使用 T-SQL 方式：

```
CREATE________________________________        --创建表命令

( ____________________________________        --输入表字段、类型、属性的设置
  ____________________________________
  ____________________________________
  ____________________________________
)
```

（2）Carts（购物车信息）表结构的创建：

方法一：使用 SSMS 方式：

步骤一：启动 SQL Server 2016 中的 SQL Server Management Studio 工具，________________。

步骤二：在“对象资源管理器”窗格中，____。

步骤三：打开____。

步骤四：保存创建的表：____。

方法二：使用T-SQL方式：

```
CREATE                                    --创建表命令
(
  ________________________________        --输入表字段、类型、属性的设置
  ________________________________
  ________________________________
  ________________________________
  ________________________________
  ________________________________
)
```

润物无声

工匠准则：自律

表结构的创建过程中，数据类型和长度的设置一定要准确，精度高。另外，为了保证后面数据输入正确，设置了五种约束，这样可以减少输入错误，提高工作效率。俗话说“没有规矩，不成方圆”，做任何事都要有一定的规矩、规则和做法，否则做任何事情都无法成功。在生活中处处都有规章制度约束人们的行为，作为未来的程序员，我们不仅在编写程序过程中遵循这样的规则，而且在做人方面要成为一个自律而遵守规则的人。懂规则，更要守规则。下面要介绍的这个人物是高度严谨自律的，他就是信息领域探路人汪成为。

人物：汪成为

汪成为，1933年7月1日生于上海，信息领域专家，于1994年当选为首批中国工程院院士。汪成为在大学期间学习的是物理学，与计算机关系并不很大。从模拟仿真起步，汪成为逐步走入了计算机领域，从此便与计算机结下了不解之缘。

汪成为在计算机领域取得了很多成就，多次受到奖励，这与他的自律是分不开的，他深深地知道，自律是铁杵磨成针的意志。

在汪成为85岁高龄时，他说：“我是在认识、改造客观世界的同时，也认识、改造着自己的主观世界。我体会到，信息技术领域的角逐不会止步，它是科技实力的比拼，更是志气胆识的角逐，永远需要我们敢于迎着风浪前行。”这番话，让我们看到这位科技先锋从没停止对信息领域的探索。

知识巩固

1.（单选）在SQL中，创建表的命令是（　　）。

A. CREATE SCHEMA　　B. CREATE TABLE

C. CREATE VIEW　　D. CREATE INDEX

2.（单选）以下关于主键的描述正确的是（　　）。

A. 标识表中唯一的实体　　B. 创建唯一的索引，允许空值

C. 只允许以表中第一字段建立　　D. 表中允许有多个主键

3.（单选）下列关于主键的说法错误的是（　　）。

A. 一个表只能有一个主键　　B. 主键值不能重复

C. 一个表可以有多个主键　　D. 主键约束是一种重要的实体完整性约束

4.（单选）如果要修改表的结构，应使用的 SQL 命令是（　　）。

A. UPDATE TABLE　　B. MODIFY TABLE

C. ALTER TABLE　　D. CHANGE TABLE

5.（填空）设计数据表时，有 5 种约束，它们是（　　）、（　　）、（　　）、（　　）和（　　）。

任务二　数据表记录的编辑

表创建好以后，只是一个没有数据的空表。因此，通过本任务的学习，掌握对表中的数据进行插入、修改和删除等基本操作。

视频 数据表数据的编辑

任务情境

小王：李哥，数据表已经创建完成了，接下来该填数据了吧？

老李：对，正如仓库里有了货架，就要在上面摆放货物一样，对于数据库，有了数据表结构，就要在数据表中填入数据。

小王：那我马上去插入数据。

老李：等等，我先问你一个问题：你知道插入数据的方法有哪些吗？

小王：我经常使用 SSMS 方式，但我知道还有代码方式。由于我不经常使用代码插入数据，代码方式有些忘记了。

老李：嗯，你回答的添加数据有两种方法，是对的，接下来，边干边学吧！

任务描述

向“天意购物”数据库中的商品信息表（Products）中添加记录。商品信息记录（Products）如表 2-6 所示。

表 2-6　商品信息记录（Products）

商品编号	类型	名称	价格/元
169028554	服装	运动服	378.00
293269110	清洁用品	洗发水	36.00
136415234	家用电器	西门子冰箱	3300.00
121882122	家用电器	海信电视机	5000.00
136415237	家用电器	海尔冰箱	2300.00
121882128	家用电器	华为电视机	6000.00
121882129	家用电器	小米电视机	3000.00
121882120	家用电器	格力空调	5500.00
121882135	家用电器	美的空调	3200.00
173889025	食品	牛奶	90.55
173889123	食品	咖啡	46.50
293268791	洗化用品	牙膏	45.00

续表

商 品 编 号	类　　型	名　　称	价格/元
118041512	图书	网络数据库技术与应用	38.00
169669624	电子产品	笔记本	6880.00
286966166	电子产品	耳机	99.80
195117281	服装	风衣	599.00
183404396	电子产品	音箱	568.00
215964973	图书	图解 Python	69.90
164524525	鞋靴	雪地靴	165.50
262214804	箱包	双肩包	128.30
351174235	家居	四门衣柜	19999.80
156174238	图书	SQL server 2016 数据库项目教程	36.60
156174237	食品	咖啡	68.00

任务实施

步骤一：选择“开始”→“所有程序”→Microsoft SQL Server 2016→SQL Server Management Studio 命令，使用“Windows 身份验证”建立连接，进入 SQL Server Management Studio 窗口。

步骤二：在“对象资源管理器”窗格中依次展开数据库“天意购物”，右击 Products 表，在弹出的快捷菜单中选择“编辑前 200 行”命令，如图 2-45 所示。

步骤三：在相应列分别输入“169028554”“服装”“运动服”“378”，然后按【Enter】键即可，如图 2-46 所示。

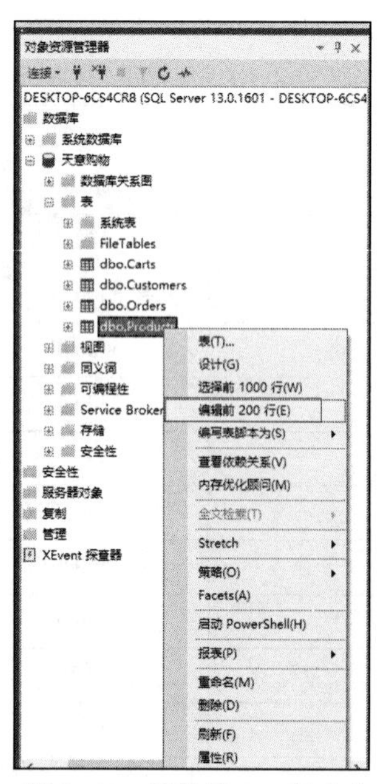

图 2-45　编辑前 200 行命令

DESKTOP-6CS4CR8...- dbo.Products

	Productid	Type	Productname	Price
▶	169028554	服装	运动服	378.00
*	NULL	NULL	NULL	NULL

图 2-46　向 Products 中插入一行数据

步骤四：添加每条记录都重复步骤三。

步骤五：全部数据输入完毕（见图 2-47）后，直接关闭编辑窗口即可。

DESKTOP-6CS4CR8...- dbo.Products

Productid	Type	Productname	Price
118041512	图书	网络数据库技...	38.00
121882120	家用电器	格力空调	5500.00
121882122	家用电器	海信电视机	5000.00
121882128	家用电器	华为电视机	6000.00
121882129	家用电器	小米电视机	3000.00
121882135	家用电器	美的空调	3200.00
136415234	家用电器	西门子冰箱	3300.00
136415237	家用电器	海尔冰箱	2300.00
156174237	食品	咖啡	68.00
156174238	图书	SQL Server 20...	36.60
164524525	鞋靴	雪地靴	165.50
169028554	服装	运动衣	378.00
169669624	电子产品	笔记本	6880.00
173889023	食品	咖啡	46.50
173889025	食品	牛奶	90.55
183404396	电子产品	音箱	568.00
195117281	服装	风衣	599.00
215964973	图书	图解PyThon	69.90
262214804	箱包	双肩包	128.30
286966166	电子产品	耳机	99.80
293268791	洗化用品	牙膏	45.00
293269110	清洁用品	洗发水	36.00
351174235	家居	四门衣柜	19999.80

图 2-47 数据输入完毕

注意：

（1）类型输入不正确，无法进入下一行。

（2）输入的数据超出设计的长度范围，同样无法进入下一行。

知识链接

一、使用 T-SQL 语句向表中插入数据

逐条插入数据的语法格式如下：

```
INSERT  [INTO] <表名>
[(列名 1,列名 2,…)]
VALUES(数据值 1,数据值 2,…)
```

语句说明：

- INSERT [INTO]：关键字，表示插入。
- VALUES：关键字，引入要插入的数据值列表。

注意：

- INSERT…VALUES 语句一次只能向表中插一条记录。

- 当向表中插入一行完整数据时，可以省略列名，VALUES 后面的值列表与前面的字段列表一一对应，且数据类型要一致。
- 当向表中插入数据的顺序与列顺序不同时，必须写列名。
- 当向表中插入部分数据时，必须写列名。

【例 2-27】向“天意购物”数据库的客户信息表（Customers）表中添加记录，如表 2-7 所示。

表 2-7 客户信息表（Customers）

客户编号	姓名	密码	电话	地址
100101211	王明	12345678	1310156789*	北京
301119782	张春花	56789034	1789012349*	天津现代
202000198	李丽	67890123	1510781911*	山西太原
578102356	赵红	23456789	1893456789*	上海
673833825	张天佑	qwe12345	1358760607*	内蒙古呼和浩特
929957069	王一	asd12345	1893456789*	陕西西安
649471323	陈子轩	98765432	1852938339*	重庆
388630932	秦爱红	hh990120	1326342965*	四川成都
367487455	贾健	qwertyui	1354073572*	河北保定
142258847	李慧慧	Hui12345	1373240591*	广东深圳

① 语句中指明列名，部分列可以省略。

方式一：输入第一行数据，按顺序指明列名。

```
INSERT Customers (Customerid,Name,Password,Telephone,Address)
 VALUES('100101211','王明', '12345678','1310156789*','北京')
```

执行结果如图 2-48 所示。

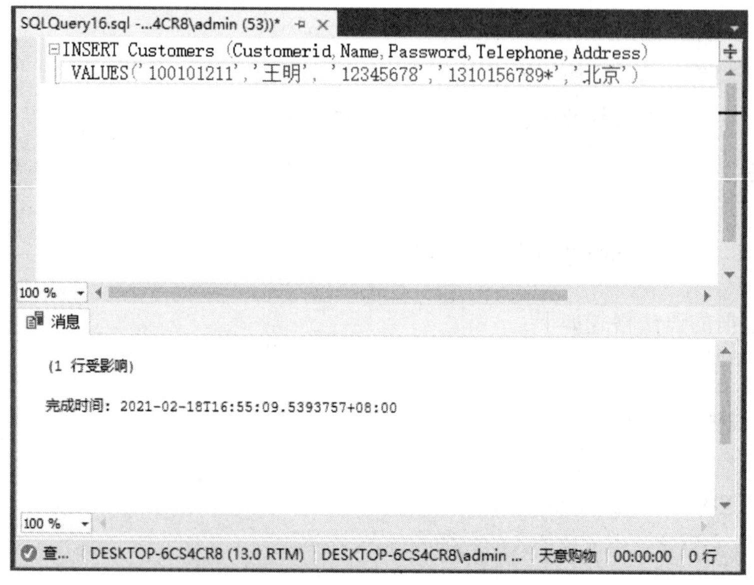

图 2-48 按顺序指明列名输入数据

方式二：输入第二行数据，不按顺序指明列名。

```
INSERT Customers (Customerid,Name,Password,Address,Telephone)
 VALUES('301119782','张春花', '56789034','天津现代','1789012349*')
```

执行结果如图 2-49 所示。

图 2-49　不按顺序指明列名输入数据

方式三：输入第三行数据，省略某列。

```
INSERT Customers(Customerid,Name,Password,Telephone)
VALUES('202000198','李丽', '67890123','1510781911××' )
```

执行结果如图 2-50 所示。

图 2-50　省略某列输入数据

② 输入第四行数据：输入中不指明列明，输入值不能省略。

```
INSERT Customers
VALUES('578102356','赵红', '23456789','1893456789×','上海')
```

执行结果如图 2-51 所示。

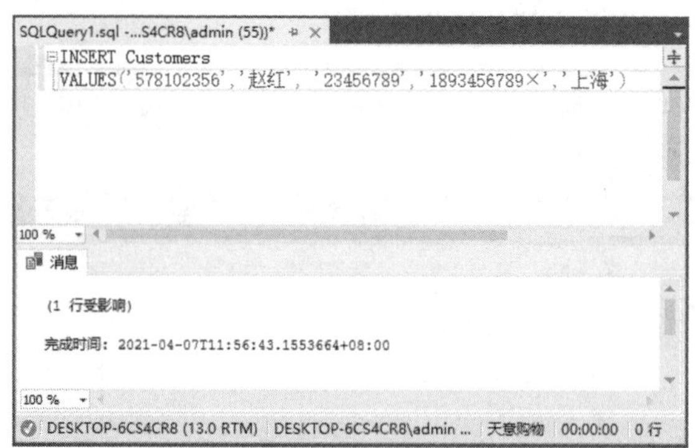

图 2-51　不指明列名输入数据

注意：在上述方法中一次只能录入一条记录，要想实现同时录入多条记录，可以多条语句一起执行。

二、修改数据表中的数据

视　频

数据表数据的修改

修改表中数据的方法：一是使用对象资源管理器直接修改表中数据，具体步骤与使用对象资源管理器直接向表中插入数据相同；另一种是使用 T-SQL 语句修改表中的数据，语法格式如下：

```
UPDATE <表名> SET
列名 1=更改的值 1
[,列名 2=更改的值 2,[,…]]
[WHERE <条件>]
```

1. 修改指定记录的属性值

【例 2-28】对“天意购物”数据库中的“Carts”表进行操作，将客户编号是 202000198 客户的“Cquantity”数量修改为 6。

```
UPDATE  Carts
SET Cquantity=6
WHERE Customerid='202000198'
```

执行结果如图 2-52 所示。

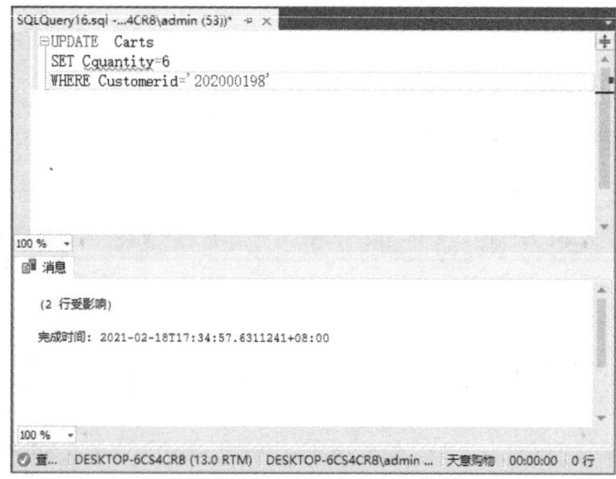

图 2-52　修改指定属性的记录

2. 修改全部记录的某个字段属性值

【例 2-29】对“天意购物”数据库中的“Carts”表进行操作，将所有客户放入购物车中的商品数量加 2 个。

```
UPDATE  Carts
SET Cquantity=Cquantity+2
```

执行结果如图 2-53 所示。

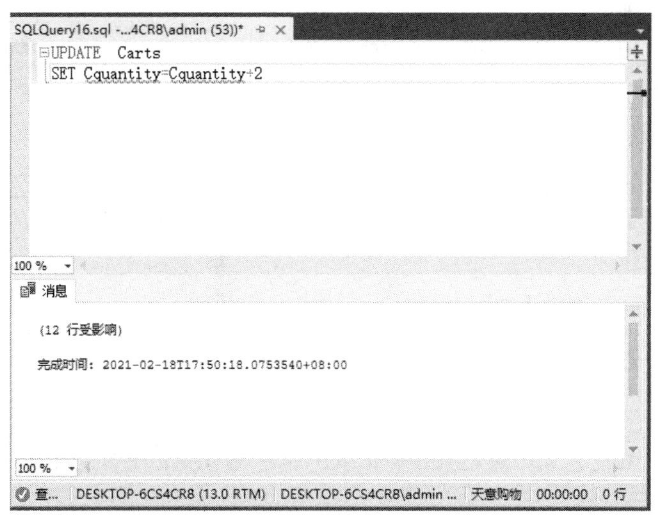

图 2-53　修改全部记录

3. 修改记录的多个字段属性值

【例 2-30】对“天意购物”数据库中的“Customers”表进行操作，将姓名为“王明”的密码修改为“87654321”，并将地址修改为“天津现代”。

```
UPDATE Customers
SET Password='87654321',Address='天津现代' WHERE Name='王明'
```

执行结果如图 2-54 所示。

图 2-54　修改多个属性的记录

三、删除数据表中的数据

视 频

删除数据

1. 使用对象资源管理器（SSMS）删除表中的数据

【例 2-31】删除 Customers 表中客户编号是 100101211 的客户信息。

步骤一：启动 SQL Server Management Studio，在对象资源管理器中找到“天意购物”数据库并展开。

步骤二：右击 Customer 表，在弹出的快捷菜单中选择“编辑前 200 行”命令。

步骤三：右击 100101211 行，在弹出的快捷菜单中选择“删除”命令，如图 2-55 所示。

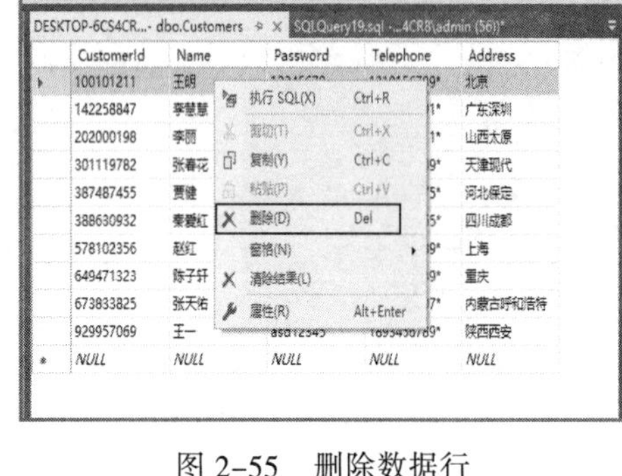

图 2-55 删除数据行

步骤四：在弹出的对话框中单击“是”按钮，即可完成删除操作。

2. 使用 T-SQL 语句删除表中的数据

语法格式如下：

```
DELETE  FROM  <表名>
[WHERE <条件>]
```

注意：该语句的功能是删除满足条件的记录。其中 WHERE 子句是可选的，如果不加条件，则删除表中所有记录。

【例 2-32】在“天意购物”数据库中，因为商品下架，所以取消了 Products 表中商品编号为 293269110 的商品信息。

```
DELETE  FROM  Products
WHERE ProductID='293269110'
```

执行结果如图 2-56 所示。

图 2-56 删除记录

动手实践

1. 要求向“天意购物”数据库中的 Orders（订购信息）表添加记录。数据如表 2-8 所示。（请使用 SSMS 方式完成）

表 2-8 订购信息表（Orders）

客户编号	商品编号	订单编号	订单日期	付款日期	商品数量
202000198	293269110	22567890	2016-1-26	2016-1-30	1
578102356	173889123	33123456	2016-1-28	2016-1-28	1
301119782	121882122	55234562	2016-2-28	2016-3-2	3
678123456	118041512	11659247	2016-1-7	2016-1-8	20
212345678	121882122	47298451	2016-3-2	2016-3-2	5
142258847	169669624	67148061	2019-4-26	2019-4-26	3
387487455	173889123	42822620	2020-6-18	2020-6-18	1
387487455	286966166	12985430	2019-2-25	2019-2-26	2
649471323	195117281	78768801	2018-11-11	2018-11-11	3
212345678	351174235	31789665	2017-9-4	2017-9-8	1

步骤一：________________________________。

步骤二：在“对象资源管理器”窗格中，________________________________。

步骤三：________________________________。

步骤四：________________________________。

步骤五：________________________________。

2. 要求向“天意购物”数据库中的 Carts（购物车）表添加记录。数据如表 2-9 所示。（请使用 T-SQL 方式完成）

表 2-9 购物车信息表（Carts）

客户编号	商品编号	购物车编号	商品数量
202000198	293269110	1000112	2
202000198	173889025	1000112	1
578102356	173889025	2001234	3
301119782	121882122	1234501	5
678123456	118041512	2312348	2
212345678	121882122	1122345	6
673833825	169669624	1456784	8
673833825	164524525	1588272	5
388630932	286966166	2599502	2
142258847	169669624	1393888	9
387487455	215964973	2885070	4
929957069	262214804	1596448	7

INSERT________________________________--插入记录
____
____
____
____
____
____
____
____
____

润物无声

工匠准则：执着专注

经过实际的操作，同学们会发现在数据表数据的添加过程中，要进行大量简单而重复的操作，既单调又枯燥，但是数据输入的准确性对于数据库而言是至关重要的。所以，输入数据需要数据库工程师在工作过程中时刻保持耐心与专注。简单的事情重复做，重复的事情用心做，最终能够保证数据输入准确无误。人们很多时候觉得简单的事情不值得做，总想干大事，却不知道大事都是从简单的小事做起，每走一步都留下扎实的脚印。下面要介绍的这个人是我国分布式程序设计理论研究的先驱者周巢尘。

人物：周巢尘

周巢尘，1937 年 11 月生，我国分布式程序设计理论研究的先驱者和开拓者之一，国际著名计算机理论专家，第三世界科学院院士。长期从事分布式计算、理论计算机科学等方面研究。

1981 年，他与英国科学家合作提出了分布式计算系统正确性的组合式验证方法。1991 年，他与英国及丹麦科学家合作建立了时段演算理论（Duration Calculus），在国际上首次将连续数学概念（积分）引入计算机科学，并基于区间时序逻辑，建立了实时系统形式设计和验证的逻辑方法，开创了实时系统形式设计的新途径。周巢尘院士为中国计算机事业的发展做出了卓越贡献，这些成就的取得离不开他对计算机事业的热爱，更离不开他对科研的执着与专注。

为了表彰他的成就和贡献，CCF 奖励委员会决定将 2018 年“CCF 终身成就奖”授予他。

知识巩固

1.（单选）删除表中数据的 SQL 命令是（　　）。

A. DELETE　　B. DROP

C. CLEAR　　D. REMOVE

2.（单选）在 SQL Server 2016 中，更新表中数据的命令是（　　）。

A. USE　　B. SELECT

C. UPDATE　　D. DROP

3.（单选）在 SQL 中，删除一个表中所有数据，但保留表结构的命令是（　　）。

A. DELETE　　B. DROP

C. CLEAR　　D. REMORE

4.（单选）在 SQL Server 2016 中，向表中插入数据的命令是（　　）。

A. USE　　B. INSERT　　C. UPDATE　　D. ADD

5.（填空）使用 INSERT...VALUES 语句可以一次向表中插入（　　）条数据。

任务三　数据表的维护

表创建好以后，在使用过程中还需要不断维护管理。因此，通过本任务的学习，掌握重命名、查看和删除数据表的方法。

任务情境

小王：李哥，我的数据已经添加完毕。之前您说项目要迭代开发，所以数据库有维护，对于数据表应该也有维护吧？

老李：当然有啦，我正想跟你说这个问题了。从整个工作的需要角度考虑，我们之前创建的数据表有一个现在不需要了，需要删除这个数据表。

小王：好的，我现在就去删除吧！

老李：不急，另外还有一个表的名字需要修改一下，你一起操作吧！

小王：好的。

视　频

数据表的维护

任务描述

将“天意购物”数据库中的商品信息表（Products）更名为 Prod。

任务实施

步骤一：启动 SQL Server Management Studio，在“对象资源管理器”窗格中找到数据库并展开。

步骤二：右击 Products 表，在弹出的快捷菜单中选择“重命名”命令，如图 2-57 所示。

步骤三：输入新的表名 Prod，按【Enter】键确认。

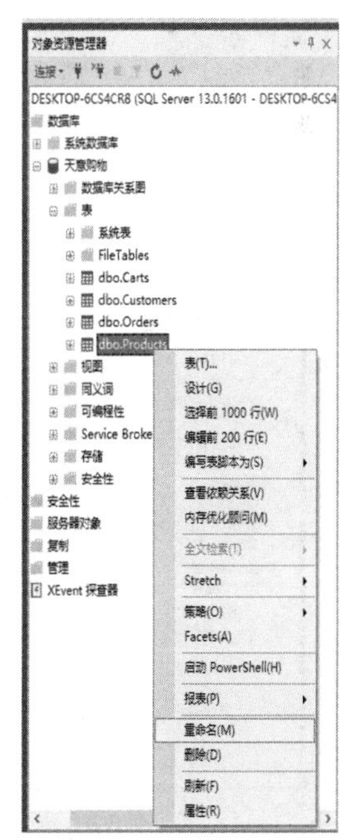

图 2-57　重命名数据表

知识链接

一、使用 T-SQL 语句重命名数据表

语法格式如下：

```
SP_RENAME <原表名>,<新表名>
```

其中，sp_rename 为系统存储过程名称，作用是实现数据表的重命名。

【例 2-33】使用 T-SQL 语句将“天意购物”数据库中的商品信息表（Prod）更名为 Products。命令如下：

```
SP_RENAME Prod,Products
```

执行结果如图 2-58 所示。

图 2-58　重命名数据表

二、查看数据表

在实际工作中，经常遇到所使用的数据库不是自己亲自创建的，所以对数据库中数据表的一些相关信息不太熟悉，这样可能会对后面的工作带来一些不便，这时了解表的相关信息，做到心中有数就尤为重要了。下面介绍数据表的查看方法。

1. SSMS 方式查看数据表

【例 2-34】查看“天意购物”数据库中的商品信息表（Products）的详细信息。

步骤一：启动 SQL Server Management Studio，在“对象资源管理器”窗格中找到数据库并展开。

步骤二：右击 Products 表，在弹出的快捷菜单中选择“属性”命令，如图 2-59 所示。进入表属性对话框，如图 2-60 所示。

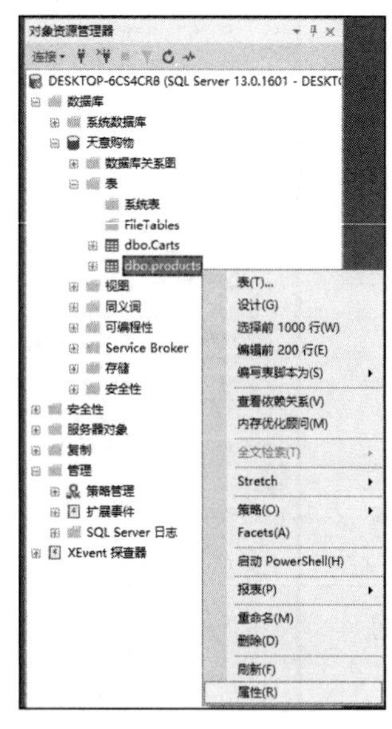

图 2-59　选择“属性”命令

图 2-60　查看表信息

2. 使用 T-SQL 语句查看数据表

语法格式：

```
SP_HELP 表名
```

语句说明：

- SP_HELP：内置的系统存储过程。
- 表名：指要查看表的名称。

【例 2-35】查看“天意购物”数据库中的商品信息表（Products）的详细信息。

```
SP_HELP Products
```

执行结果如图 2-61 所示。

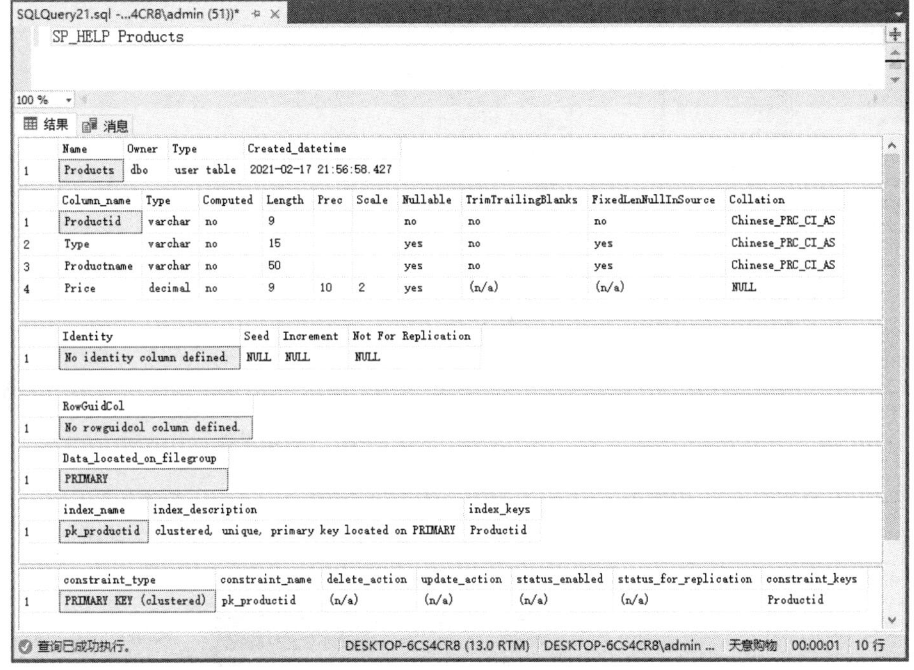

图 2-61 查看表信息

三、删除数据表

1. 使用对象资源管理器删除数据表

【例 2-36】删除“天意购物”数据库中的购物车表（Carts）。

步骤一：启动 SQL Server Management Studio，在“对象资源管理器”窗格中找到数据库并展开。

步骤二：右击 Carts 表，在弹出的快捷菜单中选择“删除”命令（见图 2-62），弹出“删除对象”对话框（见图 2-63）。

步骤三：单击“确定”按钮，完成删除操作。

2. 使用 T-SQL 语句删除数据表

语法格式如下：

```
DROP TABLE <表名>
```

语句说明：

- DROP：删除。
- TABLE：表。
- 表名：要删除的表的名称。

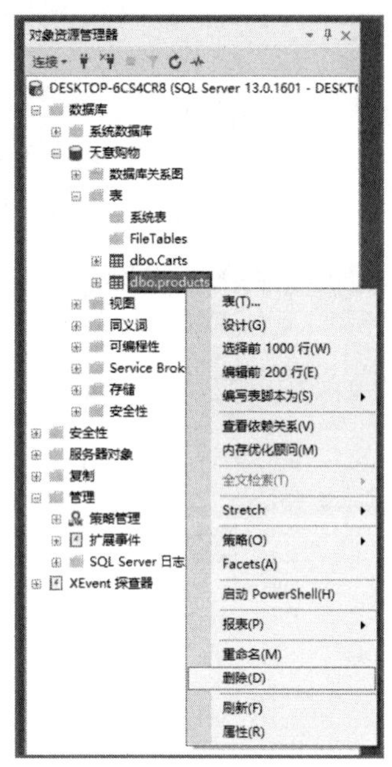

图 2-62 删除数据表

图 2-63 “删除对象”对话框

【例 2-37】使用 T-SQL 语句删除“天意购物”数据库中的 Customers 表。

```
DROP  TABLE  Customers
```

执行结果如图 2-64 所示。

图 2-64 删除语句执行结果

动手实践

1. 将“天意购物”数据库中的客户信息表（Customers）更名为 Cust。（使用 SSMS 方式）

____

____--写出操作步骤

然后将“天意购物”数据库中的客户信息表（Cust）更名为 Customers。（使用 T-SQL 方式）

____--写出 T-SQL 代码

2. 使用 T-SQL 方式查看 Orders 表的信息。

____--写出 T-SQL 代码

3. 使用 T-SQL 方式删除客户信息表（Customers）。

____--写出 T-SQL 代码

润物无声

工匠准则：敬业

数据表的维护工作存在于数据表的整个生命周期，不断地进行重复性的维护工作是保持数据表完整的基础。这便要求我们具备“敬业”的工匠精神，在重复工作中不断提升探究问题、解决问题的能力。从平凡到优秀再到卓越，需要的只是坚持做好一件事。下面要介绍的人物是我国计算机普及和高校计算机基础教育的开拓者之一：谭浩强。

人物：谭浩强

谭浩强被誉为“20 世纪中国计算机普及永远绕不开的一面旗帜”。他所编写的《C 语言程序设计》从 1991 年出版第一版，到 2017 年出版第五版，他在近 30 年的时间里不断改进、不断完善，把教材写成精品，成就了无数的学子。是什么让他开创了计算机书籍贴近大众的新风，把千百万群众带入计算机的大门？这应归功于他的敬业精神和创新精神。他不仅始终坚持全身心投入，精益求精，而且在内容安排、选取和表达等方面都有创新。2000 年 1 月被《计算机世界》报组织的“世纪评选”评为我国“20 世纪最有影响的十个 IT 人物”之一。

知识巩固

1. （单选）在 SQL 中，删除表的命令是（　　）。

A. DELETE　　B. DROP

C. CLEAR　　D. REMOVE

2. （单选）在 SQL 中，对数据表进行重命名的命令是（　　）。

A. SP_RENAME　　B. ALTER

C. CLEAR　　D. UPDATE

3. （单选）在 SQL 中，删除表中数据记录的命令是（　　），删除数据表的命令是（　　）。

A. DROP　　B. DELETE

C. UPDATE　　D. REMOVE

4. （填空）DELETE FROM <表名> [WHERE <条件>]语句中，如果不加 WHERE 语句后的条件，则删除（　　）。

综 合 实 训

1. 创建数据表。学生管理系统数据库包含 3 张数据表：学生信息表（Student）、课程信息表（Course）、学生成绩表（Score）。各表包含的字段、类型、描述信息如表 2-10 ~ 表 2-12 所示。

表 2-10 学生信息表（Student）

字 段	数据类型	允许为空	描 述	主外键
StudentID	Varchar(10)	否	学号	主键
Name	Varchar(20)	是	姓名	
Sex	Varchar(2)	是	性别	
Age	Int	是	年龄	
Password	Varchar(20)	否	密码	
Address	Varchar(50)	是	地址	

表 2-11 课程信息表（Course）

字 段	数据类型	允许为空	描 述	主外键
CourseID	Varchar(10)	否	课程编号	主键
CourseName	Varchar(40)	是	课程名称	
Teacher	Varchar(20)	是	教师	
Kind	Varchar(20)	是	课程类别	
CourseTime	Varchar(20)	是	上课时间	
LimiteNum	Int	否	最低开班人数	
RegisterNum	Int	否	报名人数	

表 2-12 学生成绩表（Score）

字 段	数据类型	允许为空	描 述	主外键
StudentID	Varchar(10)	否	学号	复合主键，外键
CourseID	Varchar(10)	否	课程编号	复合主键，外键
Grade	Float	是	成绩	

3 张数据表中的记录如表 2-13 ~ 表 2-15 所示。

表 2-13 学生信息表（Student）记录

StudentID	Name	Sex	Password	Age	ClassID	Address
2008007	王文波	男	123	19	20080101	宜昌
2008008	邹剑波	男	123	18	20080101	武汉
2008009	汤年华	女	123	18	20080101	武汉
2008010	官勤	男	123	19	20080101	武汉
2008011	张子安	男	123	21	20080101	咸宁
2008014	洪临玲	女	123	17	20080101	黄冈

表 2-14 课程信息表（Course）记录

CourseID	CourseName	Teacher	Kind	CourseTime	LimiteNum	RegisterNum
10101	工程测量	孙瑞晨	工程技术	周一 3-4 节	20	16
10103	桥梁工程	黄金宵	工程技术	周一 1-2 节	15	12
10107	道路建筑材料	陈婷婷	工程技术	周二 3-4 节	20	17
20103	仓储与配送管理	陈科	管理	周二 5-6 节	15	26
20106	物流管理	严丽丽	管理	周一 3-4 节	30	36
30106	计算机应用基础	胡灵	计算机	周三 7-8 节	20	31
30107	计算机组装与维护	盛立	计算机	周三 3-4 节	30	36

表 2-15 学生成绩表（Score）记录

StudentID	CourseID	Grade
2008007	30106	73
2008008	30106	75
2008009	20106	73
2008010	20106	60
2008011	20106	66
2008012	20103	89
2008013	30106	84
2008014	30106	85

2. 修改数据表：

（1）修改 Course 表，添加 CouAddress 列，数据类型为 Varchar，长度为 40，并且不允许为空值。

（2）修改 Student 表，设置 Password 列默认值约束为 123。

（3）修改 Score 表，设置 Grade 列检查约束，条件为 0 ~ 100 之间。

（4）向 Course 表中添加一条记录，信息如表 2-16 所示。

表 2-16 添加的信息

CourseID	CourseName	Teacher	Kind	CourseTime	LimiteNum	RegisterNum
30109	计算机网络基础	张蕾	计算机	周三 7-8 节	20	31
30110	计算机组装与维护	吴小明	计算机	周三 3-4 节	30	36

（5）将 Course 表中 CourseID 为 30110 的课程名称改为“数据库应用技术”。

3. 设置约束:

（1）使用两种方式设置学生信息表（Student）中的 StudentID 为主键。

（2）使用两种方式设置 Course 表中的 CourseID 为唯一约束。

（3）使用两种方式设置学生信息表（Student）中的 Sex 为检查约束。

（4）使用两种方式设置学生信息表（Student）中的 ClassID 为默认约束，默认值为'20080101'

（5）使用两种方式设置学生成绩表（Score）的外键约束，要求：为 Score 表中的 StudentID 设置外键与 Student 表中的 StudentID 关联。

____

____

____

____

____

4. 删除数据表记录:

（1）删除课程信息表（Course）中 kind 为计算机的记录。

（2）删除课程信息表（Course）中所有记录。

____

____

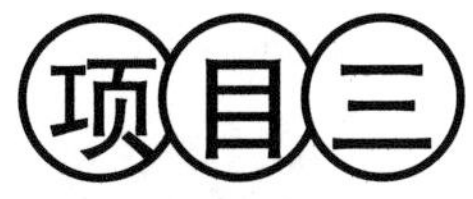

实现“天意购物”数据库中数据的查询

本任务在实际项目应用中非常广泛，在大部分项目中，无一例外地都需要用到查询功能。网上商城系统中表的查询语句可以说无处不在。本任务主要讲解：数据库的单表查询、多表查询和高级查询。

项目内容：

- 任务一　单表查询。
- 任务二　多表查询。
- 任务三　高级查询。

项目目标：

- 熟练掌握：SQL Server 2016 数据库数据查询中的单表查询和多表查询。
- 掌握：SQL Server 数据库子查询的用法。
- 了解：查询语句的实际应用领域。

任务一　单 表 查 询

视　频

表单查询 1

在网站购买物品时，用户可以根据自身的喜好有选择地查找相应的产品信息。这些查询的实现都是通过查询语句完成的。查询分为单表查询、多表查询和子查询等。下面将完成“天意购物”数据库的商品查询。

任务情境

老李：咱们的数据库基本完工了，就像仓库里已经按规则摆好了货物，现在有人想从仓库里拿东西，那怎么把它拿出来？

小王：按照他的要求条件找就好了。先找到对应的货架，然后从货架上找符合条件的货物。就像您之前说的仓库，想拿酱油就去调料的货架上找就行。

老李：你说的太对了，其实对应到数据库，也是同样的道理，比如有用户想从购物平台上搜索价格在 200 以下的男鞋时，咱们后台就根据他的条件，在数据库的商品表里给他查找，然后把价格在 200 以下的男鞋数据拿出来展示。这是所谓的单表查询。

小王：单表查询比较简单，我应该没问题的，而且我会多种单表查询方式呢。

任务描述

利用 SSMS 方式，从“天意购物”数据库的 Products 表中查询出所有商品的名称（ProductName）、类型（Type）、价格（Price）。

任务实施

步骤一：启动 SQL Server 2016 中的 SQL Server Management Studio 工具，以 Windows 身份验证或 SQL Server 身份验证登录。

步骤二：在 SSMS 窗口的工具栏中，单击 新建查询(N) 按钮，创建一个查询窗口，如图 3-1 所示。

步骤三：在该窗口中输入：

```
USE 天意购物
SELECT ProductId '商品编号', Type '商品类型', ProductName '商品名称',
Price '商品价格'
FROM Products ORDER BY ProductId ASC
```

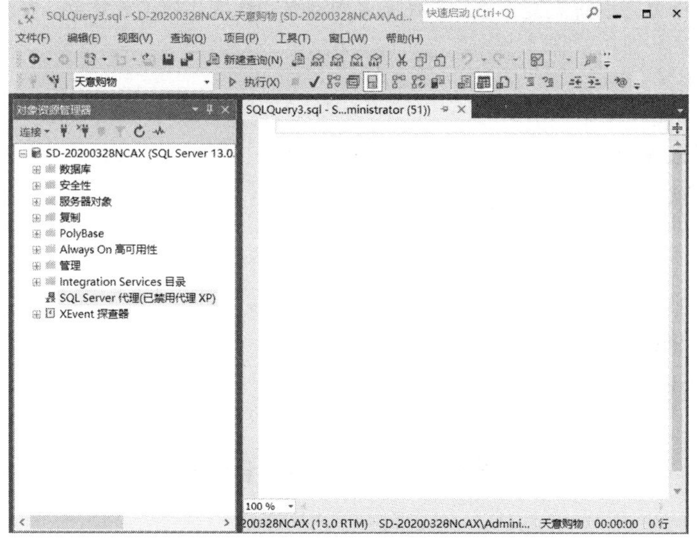

图 3-1　查询编辑器

步骤四：单击工具栏中的“执行”按钮 ▷ 执行(X)，执行结果如图 3-2 所示。

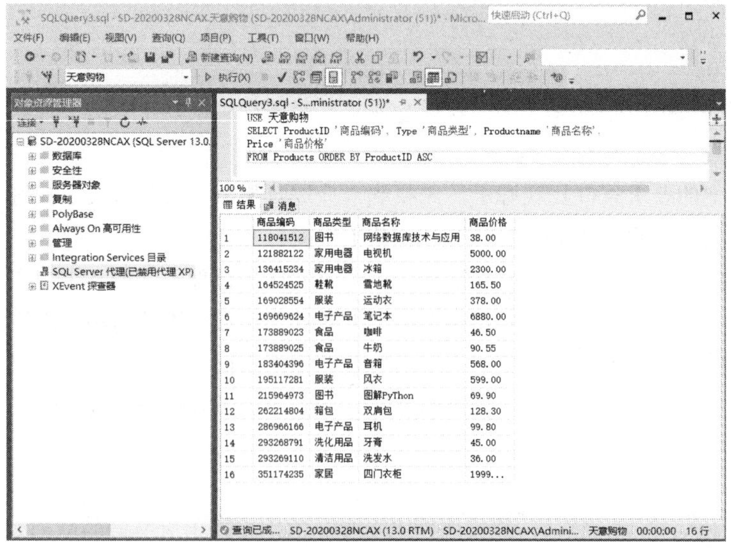

图 3-2　查询结果

知识链接

数据查询是数据库的核心内容之一。数据查询是在数据集中查找到满足给定条件的数据。数据库中的数据查询是通过 SQL 中的查询语句 SELECT 实现的。

一、SELECT 语句

查询操作是数据库中最频繁的操作，也是最重要的操作，在 SQL 中提供了 SELECT 数据的查询。

SELECT 语句的简单查询语法格式如下：

```
SELECT [ ALL | DISTINCT ] 字段列表 FROM  <表名>
[ WHERE  条件 ] [ GROUP BY  分组条件 ]
[ HAVING 搜索条件] [ ORDER BY 排序字段 [ ASC | DESC ]
```

语句说明：

- 语法格式中用“[ ]”括起来的部分表示可选，即在语句中根据实际需要选择使用。
- ALL | DISTINCT：用来表示查询结果中是否显示相同记录。
- [ASC | DESC]：用来指定查询结果的排序方式。

注意：在输入 SELECT 语句时，每个单词使用空格隔开，如用“□”表示空格，则查询语句可以表示为 SELECT□*□FROM□Products。

1．查询所有列属性

```
SELECT * FROM 表名
```

注意：在 SELECT 子句中可以使用星号*，显示表中所有的列。

【例 3-1】在商品信息表 Products 中搜索商品的所有信息。语句如下：

```
USE 天意购物
SELECT  *  FROM  Products
```

执行结果如图 3-3 所示。

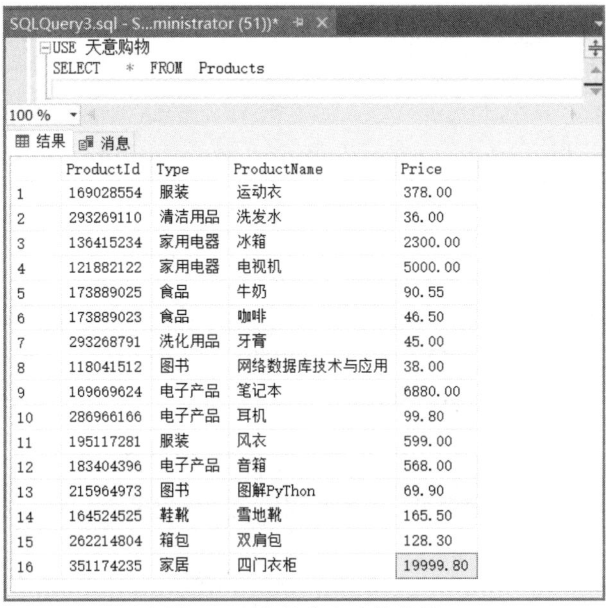

	ProductId	Type	ProductName	Price
1	169028554	服装	运动衣	378.00
2	293269110	清洁用品	洗发水	36.00
3	136415234	家用电器	冰箱	2300.00
4	121882122	家用电器	电视机	5000.00
5	173889025	食品	牛奶	90.55
6	173889023	食品	咖啡	46.50
7	293268791	洗化用品	牙膏	45.00
8	118041512	图书	网络数据库技术与应用	38.00
9	169669624	电子产品	笔记本	6880.00
10	286966166	电子产品	耳机	99.80
11	195117281	服装	风衣	599.00
12	183404396	电子产品	音箱	568.00
13	215964973	图书	图解PyThon	69.90
14	164524525	鞋靴	雪地靴	165.50
15	262214804	箱包	双肩包	128.30
16	351174235	家居	四门衣柜	19999.80

图 3-3　商品信息查询结果

2. 查询指定列的属性

```
SELECT 列1,列2,……列n  FROM 表名
```

注意： 在SELECT语句中每个字段名都要用逗号隔开。

【例3-2】在商品信息表Products中搜索商品的类型和名称信息。语句如下：

```
USE 天意购物
SELECT  Type,ProductName FROM  Products
```

执行结果如图3-4所示。

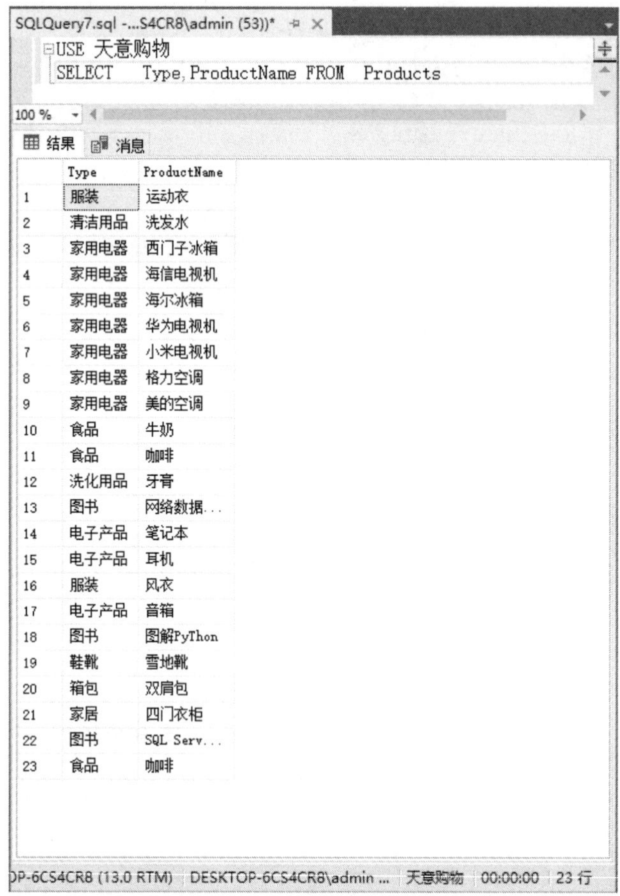

	Type	ProductName
1	服装	运动衣
2	清洁用品	洗发水
3	家用电器	西门子冰箱
4	家用电器	海信电视机
5	家用电器	海尔冰箱
6	家用电器	华为电视机
7	家用电器	小米电视机
8	家用电器	格力空调
9	家用电器	美的空调
10	食品	牛奶
11	食品	咖啡
12	洗化用品	牙膏
13	图书	网络数据...
14	电子产品	笔记本
15	电子产品	耳机
16	服装	风衣
17	电子产品	音箱
18	图书	图解PyThon
19	鞋靴	雪地靴
20	箱包	双肩包
21	家居	四门衣柜
22	图书	SQL Serv...
23	食品	咖啡

图3-4 商品信息查询结果

3. 使用DISTINCT消除重复值

在搜索的结果中会有很多重复结果，在进行一些统计时，实际上会忽略重复项，这时，可以在SELECT之后使用DISTINCT，将搜索结果中列值相同的行清除掉。

【例3-3】在商品信息表Products中搜索商品的类型信息。语句如下：

```
USE 天意购物
SELECT  Type  FROM  Products
```

执行结果如图3-5所示，从图中可以看到相同的记录出现多次，使用DISTINCT可以取消结果集中的重复值。语句如下：

```
USE 天意购物
SELECT  DISTINCT  Type  FROM  Products
```

执行后结果如图 3-6 所示。

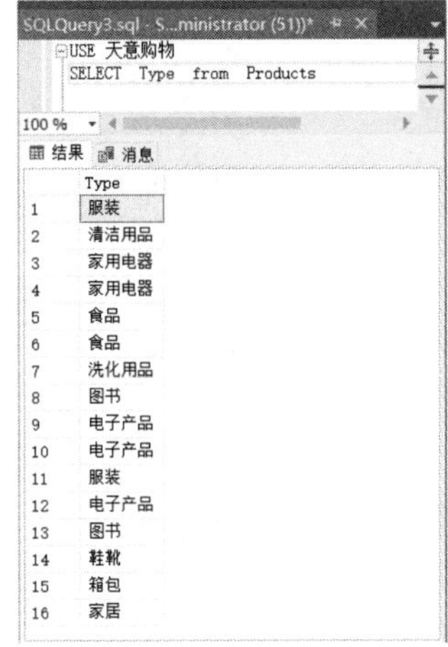

图 3-5　商品类型信息

图 3-6　商品类型信息（DISTINCT 关键字）

二、TOP 返回指定行数

TOP 关键字用来实现只显示查询结果指定的行数的数据。语法格式如下：

```
SELECT  TOP  n [ * | column ] FROM <表名>
```

其含义为查询表中的前 n 行数据，其中“*”代表所有列值，column 代表指定列值。

【例 3-4】查询商品信息表 Products 中的前 4 行数据。语句如下：

```
USE 天意购物
SELECT  TOP  4  * FROM Products
```

执行后的结果如图 3-7 所示。

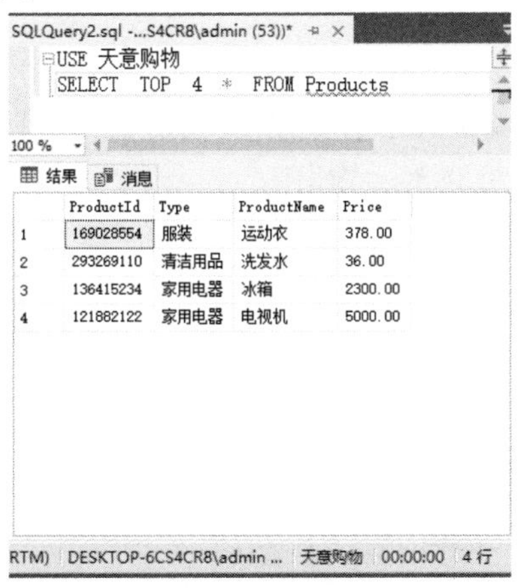

图 3-7　查询商品信息表的前 4 行数据

视　频

单表查询 2

三、修改查询结果中列的标题

将查询结果的列标题以另外一个名称显示，这个名称称为别名。使用别名的目的是在查询结果中隐藏表中字段名称，从而增加查询结果的可读性。

以别名修改查询结果中列的标题可以采用 3 种方法实现，具体如下所示：

1. 采用空格方法

将别名写在列名的后面用空格分隔。格式：

<表达式> 空格 <别名>

【例 3-5】使用空格方式修改字段 ProductId 为'商品编号'，Type 为 '商品类型'，ProductName 为 '商品名称'，Price 为'商品价格'的显示输出。

```
USE 天意购物
SELECT ProductId '商品编号', Type '商品类型', ProductName '商品名称',
Price '商品价格' FROM Products
```

执行结果如图 3-8 所示。

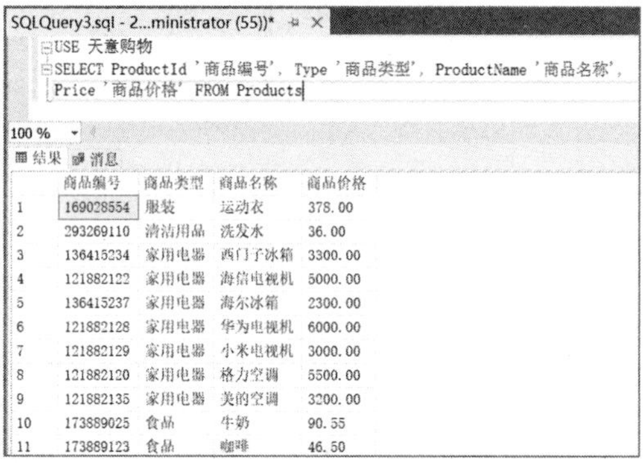

SQLQuery3.sql - 2...ministrator (55))*

```
USE 天意购物
SELECT ProductId '商品编号', Type '商品类型', ProductName '商品名称',
Price '商品价格' FROM Products
```

100 %

结果 消息

	商品编号	商品类型	商品名称	商品价格
1	169028554	服装	运动衣	378.00
2	293269110	清洁用品	洗发水	36.00
3	136415234	家用电器	西门子冰箱	3300.00
4	121882122	家用电器	海信电视机	5000.00
5	136415237	家用电器	海尔冰箱	2300.00
6	121882128	家用电器	华为电视机	6000.00
7	121882129	家用电器	小米电视机	3000.00
8	121882120	家用电器	格力空调	5500.00
9	121882135	家用电器	美的空调	3200.00
10	173889025	食品	牛奶	90.55
11	173889123	食品	咖啡	46.50

图 3-8 空格方法修改列标题名称

2. 使用“=”符号连接表达式

将别名用单引号（英文半角字符）括起来，写在等号的前面，再将查询的列名写在等号的后面。格式：

<别名>=<表达式>

【例 3-6】使用“=”方式修改字段 ProductId 为'商品编号'，Type 为 '商品类型'，ProductName 为 '商品名称'，Price 为'商品价格'的显示输出。

```
USE 天意购物
SELECT '商品编号'=ProductId, '商品类型'=Type ,
'商品名称'= ProductName, '商品价格'=Price
FROM Products
```

执行结果如图 3-9 所示。

3. 使用 AS 连接表达式和别名

格式：

<表达式> AS <别名>

【例 3-7】使用 AS 方式修改字段 ProductId 为'商品编号'，Type 为 '商品类型'，ProductName 为 '商品名称'，Price 为'商品价格'的显示输出。

```
USE 天意购物
SELECT ProductId AS '商品编号', Type AS '商品类型',
ProductName AS '商品名称', Price AS '商品价格'
FROM Products
```

执行结果如图 3-10 所示。

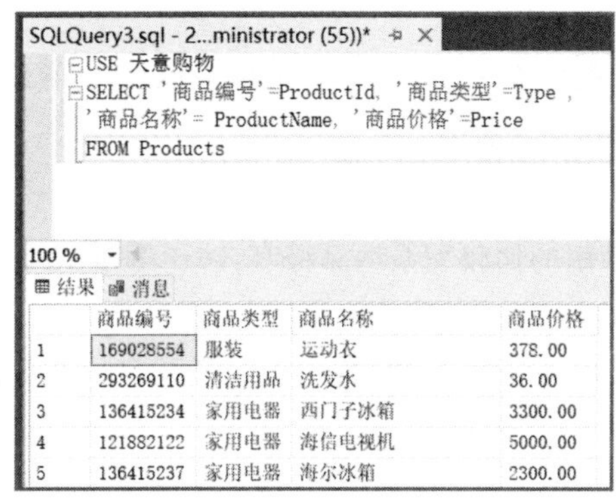

图 3-9 =符号修改列标题名称

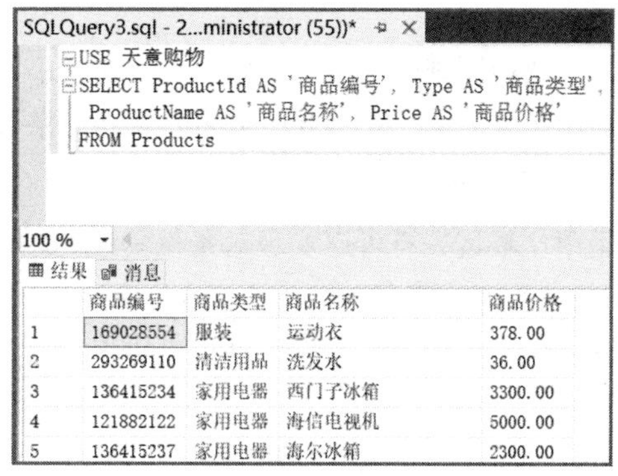

图 3-10 AS 方法修改列标题名称

注意：

- 在 SQL Server 2016（2008 及其以后版本）中，当引用别名时，可以不加引号，但是当加引号时，一定是英文半角字符，否则会出错。
- 这 3 种方法可以在一条命令中同时使用，运行结果相同。

四、在查询结果中显示字符串

在一些查询结果中，如果需要增加一些字符串，可以将要添加的字符串用单引号括起来，和列名放在一起，用空格隔开使用。

【例 3-8】查询商品信息表 Products，要得到如下查询结果：

```
商品名称          商品价格
羽绒服      人民币 1000.00
...
```

则可在查询窗口中输入如下命令：

```
USE 天意购物
SELECT ProductName AS '商品名称', '人民币', Price AS '商品价格'
FROM Products
```

执行结果如图 3-11 所示。

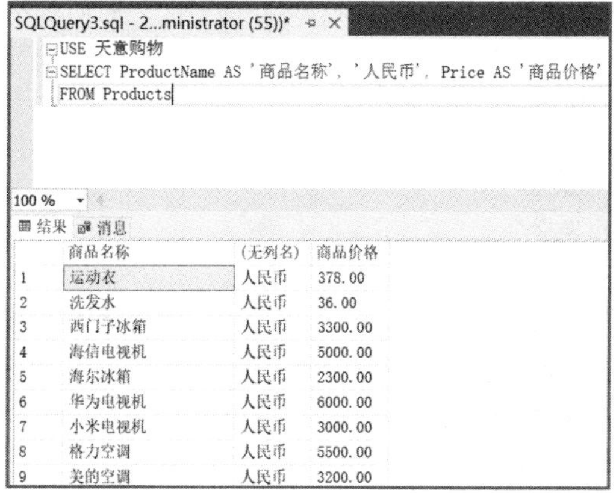

图 3-11 查询结果中显示字符串“人民币”的数据结果

五、使用 WHERE 子句限制查询条件

在对数据库进行查询时，用户只需要显示满足某些条件关系的数据，此时可以使用 WHERE 子句指定条件关系。WHERE 子句的条件关系可以为以下几种。

1. 比较关系

运用比较运算符可以实现对条件关系的限定。常用的比较关系运算符有：=（等于）、>（大于）、>=（大于或等于）、<（小于）、<=（小于或等于）、<>（不等于）和！=（不等于）。

【例 3-9】 查询数据库天意购物的商品信息表 Products 中商品价格小于或等于 500 的商品名称和价格。

在查询窗口中输入命令如下：

```
USE 天意购物
SELECT ProductName  '商品名称', Price '价格'
FROM Products WHERE Price<=500
```

执行结果如图 3-12 所示。

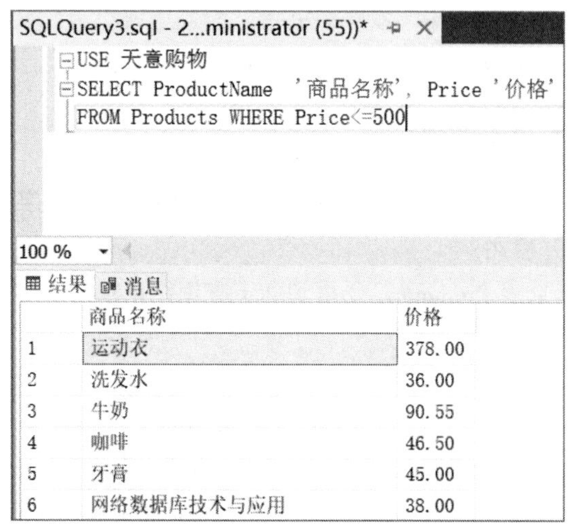

图 3-12 购买商品信息表中商品价格小于或等于 500 的商品名称和价格

【例 3-10】 查询数据库天意购物的商品信息表 Products 中商品类别不是“家用电器”的商品信息。

在查询窗口中输入命令如下：

```
USE 天意购物
SELECT * FROM Products
WHERE Type != '家用电器'
```

执行结果如图 3-13 所示。

提示： 在 SQL Server 2016 中，比较运算符几乎可以连接所有的数据类型，但要求运算符两侧的数据类型必须一致。如果数据类型不作为数字类型处理时，一定要将运算符后面的文字用单引号括起来。例如，例 3-10 中的商品类别是 varchar 类型，所以在等号后输入带有引号“'”的家用电器。

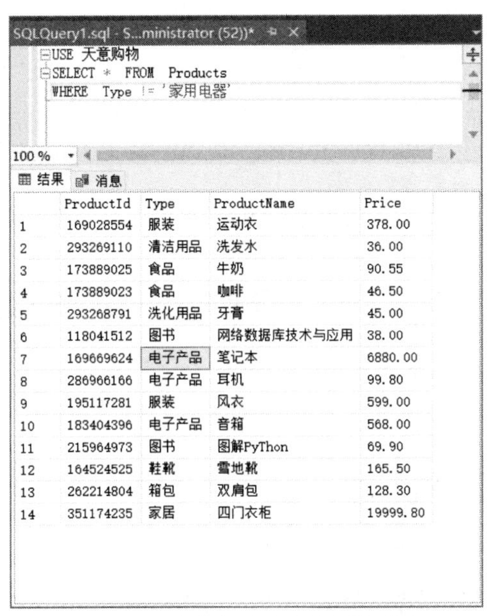

	ProductId	Type	ProductName	Price
1	169028554	服装	运动衣	378.00
2	293269110	清洁用品	洗发水	36.00
3	173889025	食品	牛奶	90.55
4	173889023	食品	咖啡	46.50
5	293268791	洗化用品	牙膏	45.00
6	118041512	图书	网络数据库技术与应用	38.00
7	169669624	电子产品	笔记本	6880.00
8	286966166	电子产品	耳机	99.80
9	195117281	服装	风衣	599.00
10	183404396	电子产品	音箱	568.00
11	215964973	图书	图解PyThon	69.90
12	164524525	鞋靴	雪地靴	165.50
13	262214804	箱包	双肩包	128.30
14	351174235	家居	四门衣柜	19999.80

图 3-13　查询指定商品类别的信息

2. 逻辑关系

逻辑运算符一般用于连接多个查询条件。常用的逻辑运算符有 AND（与）、OR（或）和 NOT（非）。具体含义如下：

（1）AND：连接的所有条件均成立时，返回结果集。

（2）OR：连接的条件中任意一个成立时，返回结果集。

（3）NOT：条件不成立时，返回结果集。

【例 3-11】在数据库天意购物的商品信息表 Products 中查找'家用电器'类中价格在 3000 元以下的商品信息。

在查询窗口中输入命令如下：

```
USE 天意购物
SELECT * FROM Products
WHERE Type='家用电器' AND Price<3000
```

执行结果如图 3-14 所示。

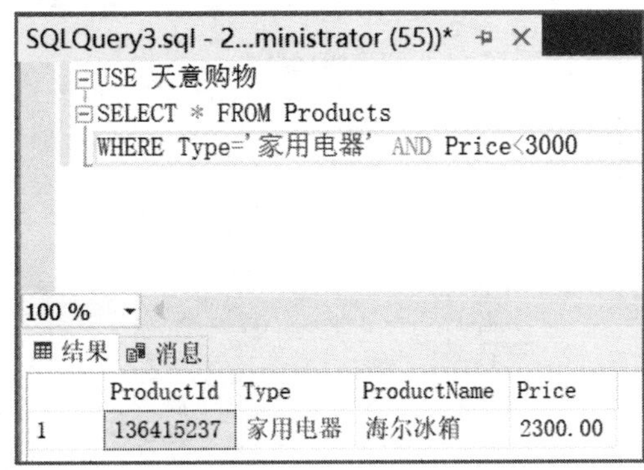

	ProductId	Type	ProductName	Price
1	136415237	家用电器	海尔冰箱	2300.00

图 3-14　使用 AND 运算符查询商品信息结果

【例 3-12】在数据库天意购物的商品信息表 Products 中查找'食品'类或'服装'类中价格不在 500 元以上的商品信息。

在查询窗口中输入命令如下：

```
USE 天意购物
SELECT * FROM Products
WHERE (Type='食品' OR Type='服装') AND  NOT Price>500
```

执行结果如图 3-15 所示。

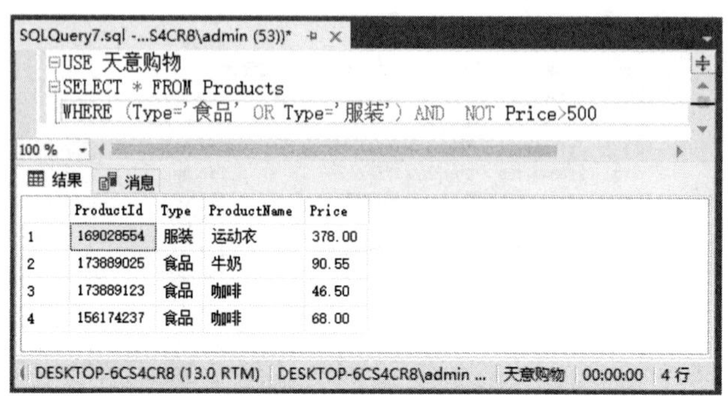

图 3-15　使用 NOT 运算符查询商品信息

3. 区域范围

区域范围运算符主要用于获得在指定范围内的数据信息，主要的区域运算符包括 BETWEEN...AND 和 NOT BETWEEN...AND。

（1）BETWEEN...AND：在指定范围内时，返回结果集。

（2）NOT BETWEEN...AND：不在指定范围内时，返回结果集。

【例 3-13】在数据库天意购物的商品信息表 Products 中查找'食品'类中价格在 100 元以内的商品信息。

在查询窗口中输入命令如下：

```
USE 天意购物
SELECT * FROM Products
WHERE Type='食品' AND  Price BETWEEN 0 AND 100
```

执行结果如图 3-16 所示。

视　频

WHERE 子句

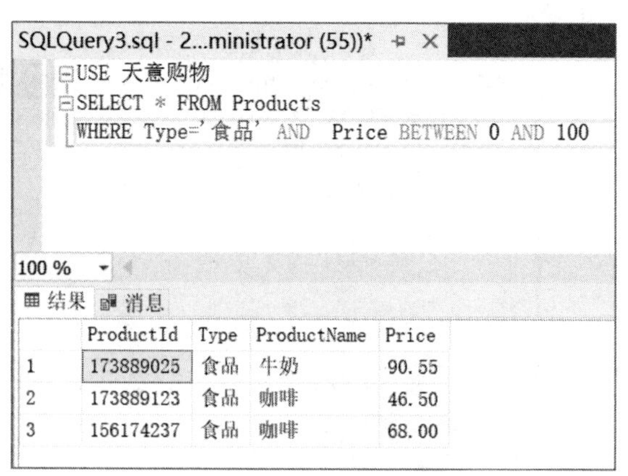

图 3-16　多个条件进行查询

4. 列表

列表运算符主要用于获得在指定集合的列表值范围内的数据信息，主要的运算符包括 IN 和 NOT IN。

（1）IN：在指定集合的列表值范围内时，返回结果集。

（2）NOT IN：不在指定集合的列表值范围内时，返回结果集。

其中，在列表值的集合中，多个列表值之间使用逗号（英文半角字符）隔开。

【例 3-14】查询数据库天意购物的订单信息表 Orders 中商品编号 ProductId 是 173889123 和 121882122 的商品编号和订购日期信息。

方式一：以往的表达方式。

```
USE 天意购物
SELECT  ProductId '商品编号', OrderDate '订购日期'
FROM  Orders
WHERE  ProductId=173889123 OR ProductId= 121882122
```

执行结果如图 3-17 所示。

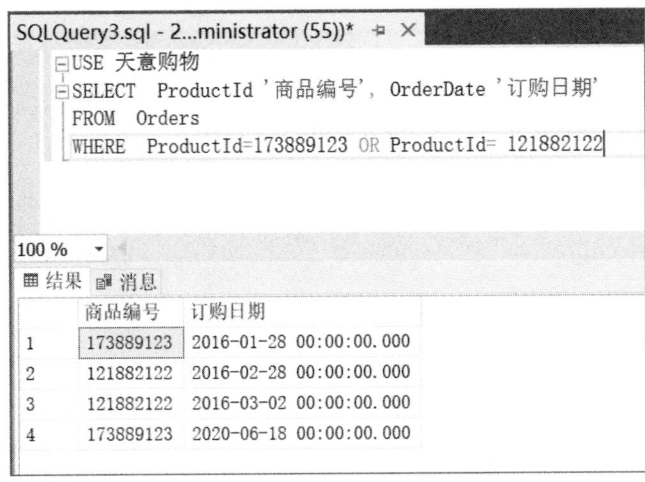

	商品编号	订购日期
1	173889123	2016-01-28 00:00:00.000
2	121882122	2016-02-28 00:00:00.000
3	121882122	2016-03-02 00:00:00.000
4	173889123	2020-06-18 00:00:00.000

图 3-17　使用 OR 语句完成信息查询

方式二：利用 IN 的表达方式。

```
USE 天意购物
SELECT  ProductId '商品编号', OrderDate '订购日期'
FROM  Orders
WHERE ProductId IN(173889123, 121882122)
```

执行结果如图 3-18 所示。

【例 3-15】查询数据库天意购物的订单信息表 Orders 中商品编号不是 293269110、173889123 的客户编号和订购日期信息。

在查询窗口中输入命令如下：

```
USE 天意购物
SELECT CustomerId '客户编号', OrderDate '订购日期'  FROM Orders
WHERE ProductId NOT IN( 293269110, 173889123)
```

执行结果如图 3-19 所示。

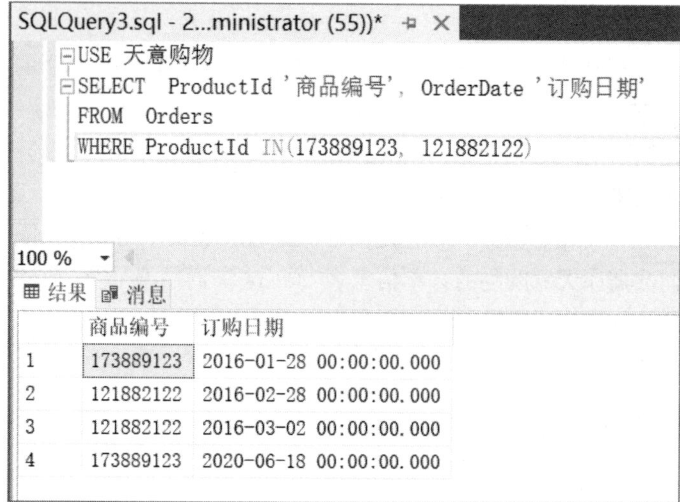

图 3-18 使用 IN 运算符查询商品信息结果

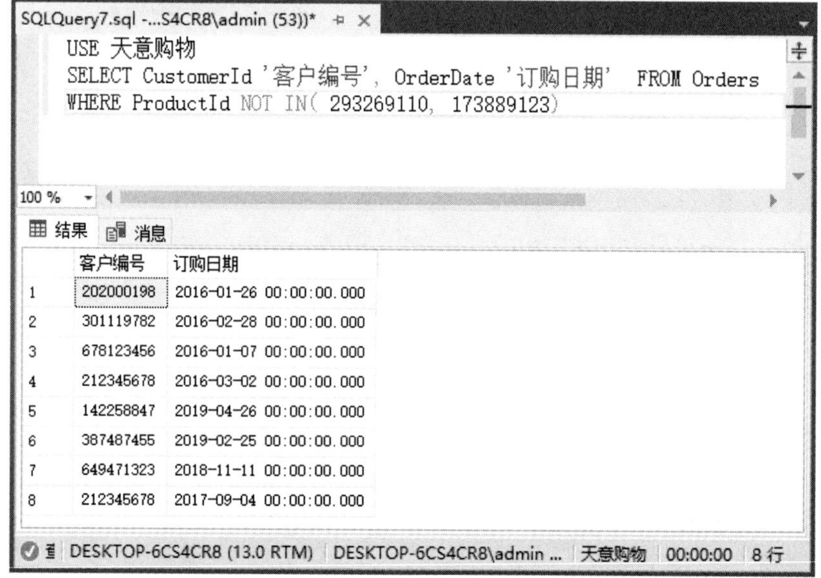

图 3-19 使用 NOT IN 运算符查询用户信息结果

视 频

查询结果计算

六、查询结果计算

在对数据库进行查询时，经常需要对查询到的数据进行再次计算。下面介绍两种计算数据的方式：一种是列计算；另一种是聚合函数。

1. 列计算

（1）在对数据库进行查询时，经常遇到一些数据不在原始表中，这时可以根据实际需要对某些列的数据进行计算。

【例 3-16】 在商场打折时，查询商品信息表 Products，显示：商品编号（ProductId）、商品名称（ProductName）、原价格（Price）、折扣价格，其中折扣价格是在原价格基础上进行八五折促销的价格。

在查询窗口中输入命令如下：

```
USE 天意购物
SELECT ProductId '商品编号',
商品名称= ProductName ,Price AS 原价格,折扣价格=Price*0.85
FROM  Products
```

执行结果如图 3-20 所示。

图 3-20　在查询结果中进行列计算

（2）在上面例题中，发现折扣价格显示保留四位小数，在实际使用中四位小数对于价格是没有实际意义的，在查询显示中可以借助转换函数显示两位小数。

CAST 函数用于将某种数据类型的表达式显式转换为另一种数据类型。CAST()函数的参数是一个表达式，它包括用 AS 关键字分隔的源值和目标数据类型。

语法格式：

```
CAST (源值  AS 目标数据类型)
```

【例 3-17】在商场打折时，查询商品信息表 Products，显示：商品编号（ProductId）、商品名称（ProductName）、原价格（Price）、折扣价格，其中折扣价格是在原价格基础上进行八五折促销的价格，折扣价格保留两位小数

在查询窗口中输入命令如下：

```
USE 天意购物
SELECT ProductId '商品编号',
商品名称= ProductName ,Price AS 原价格,
折扣价格=CAST(Price*0.85 AS DECIMAL(18,2))
FROM  Products
```

执行结果如图 3-21 所示。

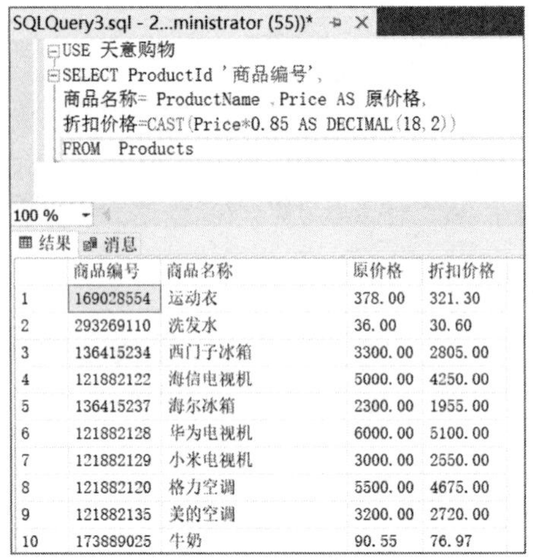

图 3-21 保留查询结果中列计算的小数位

2. 聚合函数

聚合函数可以对一组值计算后返回单个值。所有的聚合函数均为确定性函数，无二义性。 常用的聚合函数包括 SUM()、AVG()、COUNT()、MAX()和 MIN()等。

（1）SUM 函数：用于计算精确型或近似型数据类型的和值，忽略 NULL 值，但不能用于 bit 列。

语法格式：

```
SELECT SUM([ALL|DISTINCT] expression)
```

其中，ALL 和 DISTINCT 同 SELECT 查询语句中的含义；表达式 expression 的内部不允许使用子查询和其他聚合函数。

【例 3-18】查询数据库天意购物的商品信息表 Products 中所有商品的总价格。

在查询窗口中输入命令如下：

```
USE 天意购物
SELECT SUM(Price) AS '价格总和'
FROM Products
```

执行结果如图 3-22 所示。

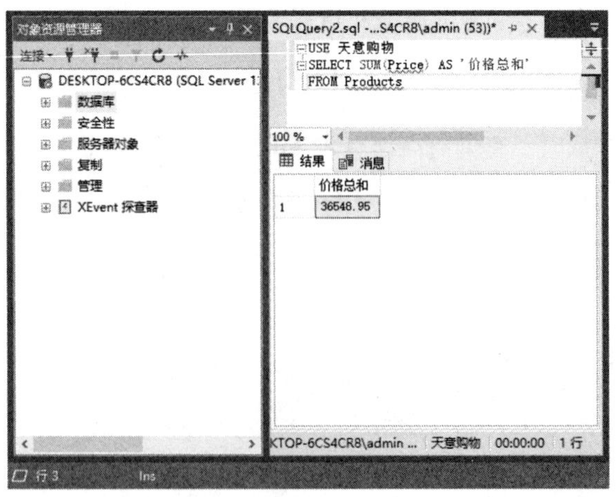

图 3-22 使用 SUM()函数得到所有商品的价格总和

（2）平均值函数（AVG）：用于计算精确型或近似型数据类型的平均值。除 bit 类型外，忽略 NULL 值。

语法格式：

```
SELECT AVG([ALL|DISTINCT] expression)
```

其中的参数要求同 SUM()函数。

【例 3-19】查询数据库天意购物的商品信息表 Products 中图书类商品的平均价格。

在查询窗口中输入命令如下：

```
USE 天意购物
SELECT AVG(Price) AS '平均价格'
FROM Products
WHERE Type='图书'
```

执行结果如图 3-23 所示。

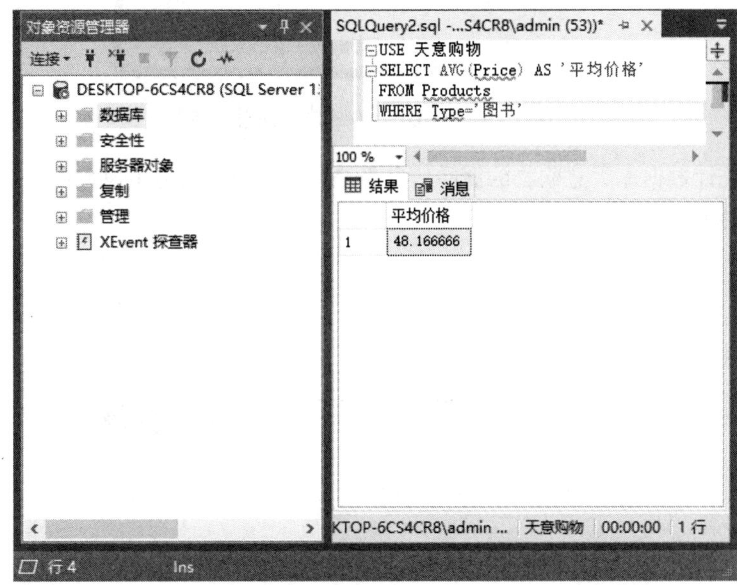

图 3-23 使用 AVG()函数得到所有商品的平均价格

（3）统计项函数 COUNT()：用于计算满足条件的数据项数，返回 int 数据类型的值。

语法格式：

```
SELECT COUNT([[ALL|DISTINCT] expression]|*)
```

语句说明：

- COUNT(*)：表示返回所有的项数，包括 NULL 值和重复项。
- COUNT(ALL expression)：表示返回非空的项数，包括重复项。
- COUNT(DISTINCT expression)：表示返回唯一非空的项数，即不包括重复项。

下面通过例题，具体学习 COUNT 的使用方法。

【例 3-20】查询数据库天意购物的订单表 Orders 表中的总订单数。

在查询窗口中输入命令如下：

```
USE 天意购物
SELECT COUNT(*)  AS '订单总数'
FROM Orders
```

执行结果如图 3-24 所示。

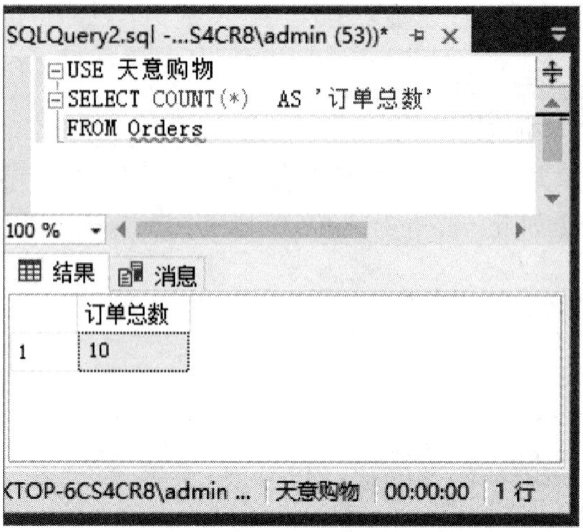

图 3-24　使用 COUNT()函数得到总订单数

【例 3-21】统计数据库天意购物的商品信息表 Products 中的类型字段数量。

在查询窗口中输入命令如下：

```
USE 天意购物
SELECT COUNT(Type)
FROM Products
```

执行结果如图 3-25 所示。

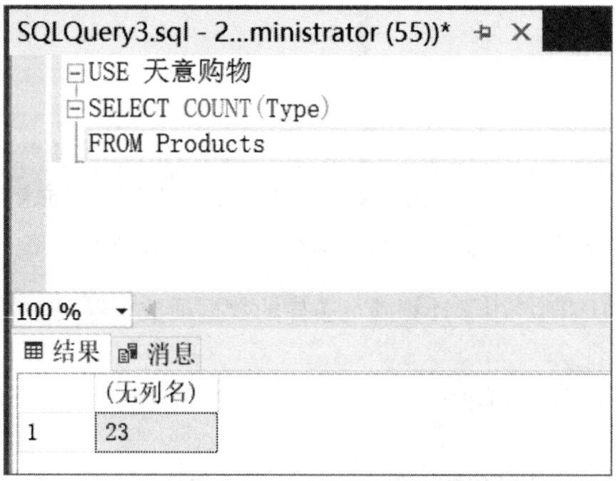

图 3-25　使用 COUNT()函数统计类型字段数量

【例 3-22】统计数据库天意购物的商品信息表 Products 中的商品类型个数。

在查询窗口中输入命令如下：

```
USE 天意购物
SELECT COUNT(DISTINCT Type)
FROM Products
```

执行结果如图 3-26 所示。

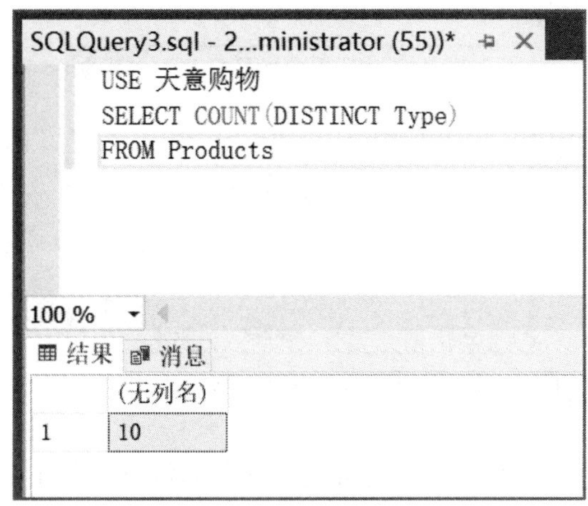

图 3-26　使用 COUNT()函数统计商品类型个数

（4）MAX()函数和 MIN()函数：MAX()函数用于计算最大值、MIN()函数用于计算最小值。这两个函数都忽略 NULL 值，都可以用于 numeric、char、varchar、money、smallmoney 或 datetime 列，但不能用于 bit 列。 MAX()和 MIN()函数的语法格式分别为：

```
SELECT MAX([ALL|DISTINCT] expression)
SELECT MIN([ALL|DISTINCT] expression)
```

其中的参数要求同 SUM()或 AVG()函数。

【例 3-23】查询数据库天意购物的商品信息表 Products 中所有商品的最高价格。

在查询窗口中输入命令如下：

```
USE 天意购物
SELECT MAX(Price) AS '最高价格'
FROM Products
```

执行结果如图 3-27 所示。

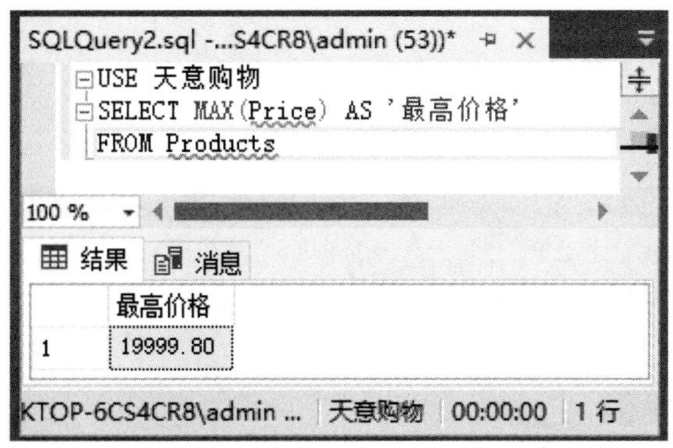

图 3-27　使用 MAX()函数得到商品的最高价格

【例 3-24】查询数据库天意购物的商品信息表 Products 中所有商品的最低价格。

在查询窗口中输入命令如下：

```
USE 天意购物
SELECT MIN(Price) AS '最低价格'
FROM Products
```

执行结果如图 3-28 所示。

图 3-28 使用 MIN()函数得到商品的最低价格

七、使用 LIKE 查询与给定某些字符串匹配的数据

在获得数据信息时，有时不是确定的值，而是某类模糊的值，如查询用户账户信息中包括部分字符串为"ang"的信息，用上面介绍的方法不能解决这样的问题，这里采用 LIKE 实现该查询。

在 WHERE 子句中使用 LIKE 对数据库中数据进行模糊查询。在 SQL Server 2016 中通常采用通配符连同字符或字符串一起用单引号（英文半角字符）括起来使用，常用的通配符包括两种：

（1）%：表示任意长度的字符串。

（2）_：表示任意单个字符，该符号为英文半角字符的下画线。

这两种通配符可以单独使用，也可以结合使用。

【例 3-25】查询数据库天意购物的商品信息表 Products 中商品信息中包括字符串“用”的商品信息。

在查询窗口中输入命令如下：

```
USE 天意购物
SELECT * FROM Products
WHERE Type LIKE '%用%'
```

执行结果如图 3-29 所示。

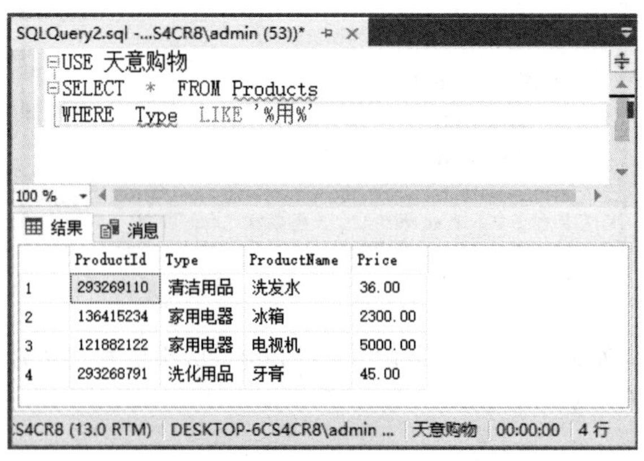

图 3-29 通配符%模糊查询商品信息

【例 3-26】查询数据库天意购物的商品信息表 Products 中商品以任意两个字符开头，且包括“用”的商品信息。

在查询窗口中输入命令如下：

```
USE 天意购物
SELECT  *  FROM  Products
WHERE  Type  LIKE  '_ _用%'
```

执行结果如图 3-30 所示。

SQLQuery2.sql -...S4CR8\admin (53))*

```
USE 天意购物
SELECT  *  FROM  Products
WHERE  Type  LIKE '__用%'
```

100 %

结果 消息

	ProductId	Type	ProductName	Price
1	293269110	清洁用品	洗发水	36.00
2	293268791	洗化用品	牙膏	45.00

S4CR8 (13.0 RTM) | DESKTOP-6CS4CR8\admin ... | 天意购物 | 00:00:00 | 2 行

图 3-30 通配符_和%模糊查询商品信息

八、ORDER BY 对查询结果排序

视频

ORDER BY 子句

用户在使用数据库对数据查询时，数据所呈现的结果顺序往往不能完全满足用户的需求。SQL Server 数据库的 SELECT 语句为用户提供了 ORDER BY 子句，用户可以根据需要对查询结果进行某种排序。

语法格式：

```
SELECT <列名>
FROM <表名>
WHERE <查询条件表达式>
ORDER BY <字段名表达式>[ASC][DESC]
```

说明：ORDER BY 子句可以实现对数据的排序，通常在使用时与 ASC 和 DESC 一起使用。

ASC：表示升序。

DESC：表示降序。

省略可选项，默认为升序。

【例 3-27】查询数据库天意购物的商品信息表 Products 中食品的价格，并按价格降序显示信息。

在查询窗口中输入命令如下：

```
USE 天意购物
SELECT * FROM Products
WHERE Type='食品'
ORDER BY Price DESC
```

执行结果如图 3-31 所示。

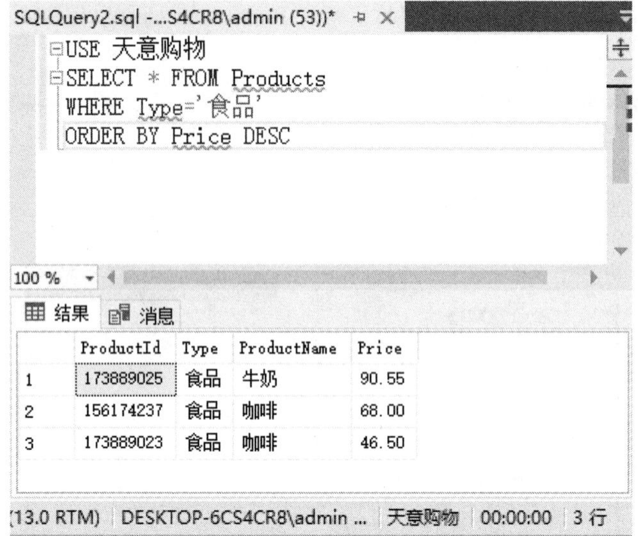

图 3-31 使用 ORDER BY 子句查询

注意：在代码书写时注意 WHERE 和 ORDER BY 子句的顺序。

另外，运用 ORDER BY 也可以实现同时对多个属性列进行排序。当一个属性列排序有相同项时，这时第二个属性列起作用。

【例 3-28】查询数据库天意购物的商品信息表 Products 中食品的价格，并按 ProductName 进行升序排序，同名商品按价格降序显示信息。

在查询窗口中输入命令如下：

```
USE 天意购物
SELECT * FROM Products
WHERE Type='食品'
ORDER BY ProductName ASC,Price DESC
```

执行结果如图 3-32 所示。

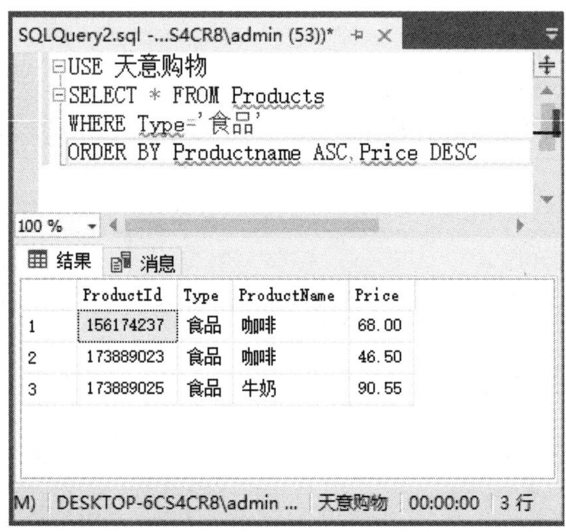

图 3-32 使用 ORDER BY 子句查询多列用户信息

九、HAVING 限定组

视　频
HAVING 子句

HAVING 子句是实现限定组的查询，类似于 WHERE 子句查询。

HAVING 子句与 WHERE 子句的区别：

（1）WHERE 子句查询限定于行的查询，而 HAVING 子句查询实现统计组的查询。

（2）HAVING 子句通常和 GROUP BY 一起使用，后面可以跟统计函数，而 WHERE 子句不可以。

语法格式：

```
SELECT <列名>
FROM <表名>
GROUP BY <字段名>
HAVING <查询条件表达式>
```

【例 3-29】 从 Products 表中查询统计出 Type 为'食品和服装'商品的个数。

在查询窗口中输入命令如下：

```
USE 天意购物
SELECT Type,
COUNT(ProductId) AS 商品个数
FROM Products
GROUP BY Type
HAVING Type='食品' OR Type='服装'
```

执行结果如图 3-33 所示。

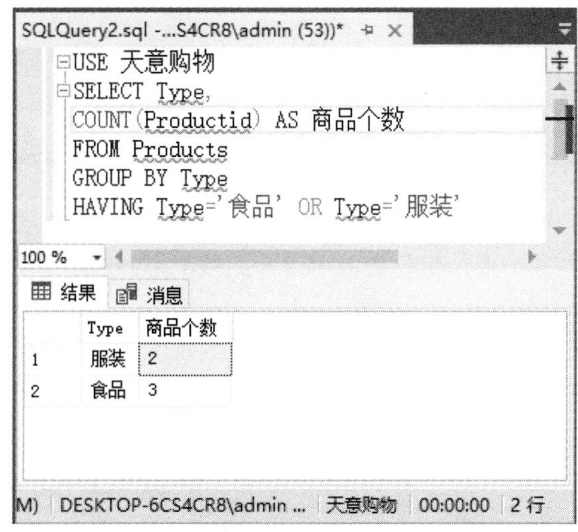

图 3-33　使用 HAVING 子句查询订单信息

动手实践

1. 使用三种修改列标题的方式显示 Products 表中的 ProductId、Type、ProductName 的信息。

```
USE ______________
SELECT ProductId '商品编号',______________________,____________________
FROM ______________
```

执行结果如图 3-34 所示。

100 %

结果 消息

	商品编号	类型	商品名称
1	169028554	服装	运动衣
2	293269110	清洁用品	洗发水
3	136415234	家用电器	西门子冰箱
4	121882122	家用电器	海信电视机
5	136415237	家用电器	海尔冰箱
6	121882128	家用电器	华为电视机

图 3-34　列标题名称的修改

2. 在数据库天意购物的商品信息表 Products 中查找'食品'类中价格在 100 元以内的商品信息。

在查询窗口中输入命令如下：

```
USE ___________
SELECT * FROM_____________
WHERE Type=_________AND _________ AND Price<100
```

执行结果如图 3-35 所示。

100 %

结果 消息

	ProductId	Type	ProductName	Price
1	173889025	食品	牛奶	90.55
2	173889023	食品	咖啡	46.50

(13.0 RTM) | DESKTOP-6CS4CR8\admin ... | 天意购物 | 00:00:00 | 2 行

图 3-35　多个条件进行查询

3. 查询数据库天意购物的商品信息表 Products 中图书价格在 10 ~ 50 元的商品信息。

在查询窗口中输入命令如下：

方法一：

```
______________________________________   --打开天意购物数据库
______________________________________   --显示所有列
FROM ________________________________
WHERE _______________________________   --图书价格在 10 ~ 50 元
```

执行结果如图 3-36 所示。

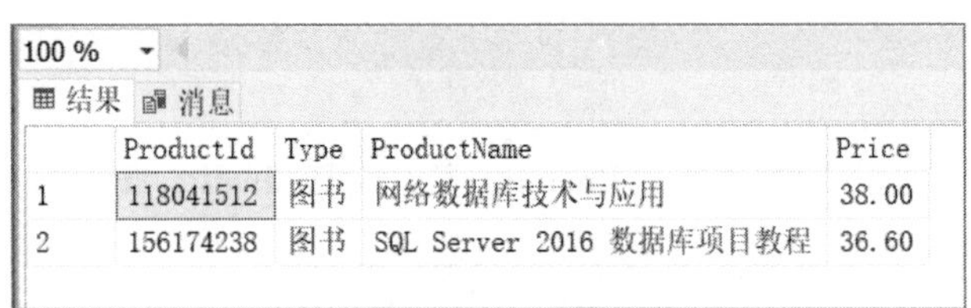

100 %

结果 消息

	ProductId	Type	ProductName	Price
1	118041512	图书	网络数据库技术与应用	38.00
2	156174238	图书	SQL Server 2016 数据库项目教程	36.60

图 3-36　AND 运算符查询商品信息

方法二:

____

____

____

______________________________　--使用 BETWEEN…AND

执行结果如图 3-37 所示。

100 %

结果　消息

	ProductId	Type	ProductName	Price
1	118041512	图书	网络数据库技术与应用	38.00
2	156174238	图书	SQL Server 2016 数据库项目教程	36.60

图 3-37　BETWEEN…AND 运算符查询商品信息

4. 查询数据库天意购物的商品信息表 Products 中咖啡价格不在 100 ~ 200 元的商品信息。

在查询窗口中输入命令如下:

____

____

____

______________________________　--使用 BETWEEN…AND

执行结果如图 3-38 所示。

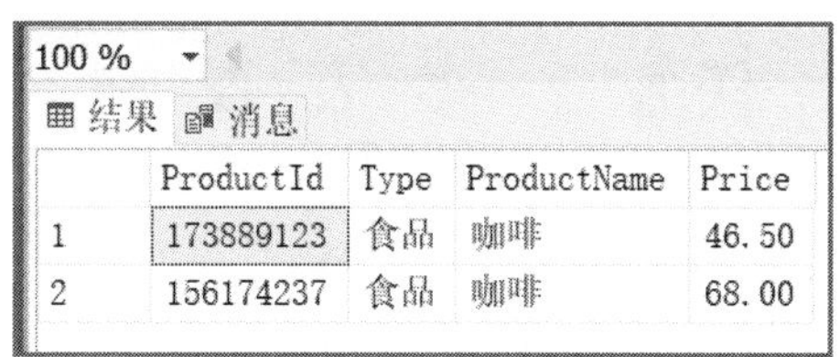

100 %

结果　消息

	ProductId	Type	ProductName	Price
1	173889123	食品	咖啡	46.50
2	156174237	食品	咖啡	68.00

图 3-38　NOT BETWEEN…AND 运算符查询商品信息

润物无声

工匠准则：严谨

在某一数据表中找到自己想要的信息，可以通过查询功能完成。查询精确度越高，就越能快速找到想要的数据，越能提高工作效率。今天是一个瞬息万变、信息量非常大的时代，我们只有快速而准确地查找自己想要的信息，才能高效地完成任务。巧妙而严谨的设置各种查询条件，灵活运用高效查询功能，都源于计算机软件的出现。下面介绍的人物是我国计算机科学和软件工程研究的先驱和开拓者之一：唐稚松。

人物：唐稚松

唐稚松（1925—2008）先生是中国科学院院士、著名的计算机科学家、中国科学院软件研究所研究员。

唐稚松将时序逻辑理论与软件工程技术有机结合起来，以提高软件开发自动化的水平，从而提高其生产率。其中时序逻辑语言 XYZ / E 是世界上第一个可执行的时序逻辑语言。在追求速度和效率的同时必须遵循严谨的原则，唐稚松就是靠着严谨的工作精神，开辟了我国软件工程领域一条康庄大道。他不断地改进技术，提高软件开发的水平，1991 年当选为中国科学院院士。

知识巩固

1.（单选）在 SQL 中，条件年龄 BETWEEN 15 AND 35 表示年龄在 15 ~ 35 岁，且（　　）。

A. 包括 15 岁和 35 岁　　B. 不包括 15 岁和 35 岁

C. 包括 15 岁但不包括 35 岁　　D. 包括 35 岁但不包括 15 岁

2.（单选）在 SQL Server 2016 中，表查询的命令是（　　）。

A. USE　　B. SELECT　　C. UPDATE　　D. DROP

3.（单选）模糊查找 LIKE '_a%'，下面可能的输出结果是（　　）。

A. aili　　B. bai　　C. bba　　D. cca

4.（单选）在 SQL 中，表示年龄在 40 ~ 50 岁的表达式为（　　）。

A. IN (40, 50)　　B. BETWEEN 40 AND 50

C. BETWEEN 40 OR 50　　D. BETWEEN 40 ,50

5.（单选）表示职称为副教授同时性别为女的表达式为（　　）。

A. 职称='副教授' OR 性别='女'　　B. 职称='副教授' AND 性别='女'

C. BETWEEN '副教授' AND '女'　　D. IN ('副教授','女')

6.（单选）查询员工工资信息时，结果按工资降序排列，正确的是（　　）。

A. ORDER BY 工资　　B. ORDER BY 工资 DESC

C. ORDER BY 工资 ASC　　D. ORDER BY 工资 DICTINCT

任务二　多 表 查 询

视频

多表查询

在"天意购物"网上商城中，主要角色可以分为卖家和买家。如果卖家想查询购买其商品的用户信息，或者卖家想查询商品的订单信息，可以根据需要输入用户信息获得相关数据。

任务情境

老李：小王，咱们的"天意购物"平台上有卖家也有买家，如果卖家想查询其商品的用户信息，从商品表中只能查询商品信息，从用户表中只能查询用户信息，所以单表查询拿不到想要的结果，怎么办？

小王：这我知道，可以使用多表查询。就是从两张或者多张表中，各拿出一部分数据进行拼接，最后得到想要的结果。

老李：你说的不错，而且多表查询的时候，这几张表之间其实是有联系的。通过某种关系连接起来之后，再各拿一部分得出结果。还是以仓库举例，想吃饺子的话，就从调料货架拿醋，并且从冷冻货架拿饺子，那饺子和醋之间就是一种关系。

小王：嗯，我明白了，我来试试多表查询的效果吧。

任务描述

利用 SSMS 方式，从"天意购物"数据库的 Products、Customers、Orders 表中查询客户购买的商品信息，要求包括客户姓名（Name），所购商品的名称（ProductName）、价格（Price）及订购日期（OrderDate）。

任务实施

步骤一：启动 SQL Server 2016 中的 SQL Server Management Studio 工具，以 Windows 身份验证或 SQL Server 身份验证登录。

步骤二：在 SSMS 窗口的工具栏中，单击“新建查询(N)”按钮，创建一个查询窗口，如图 3-39 所示。

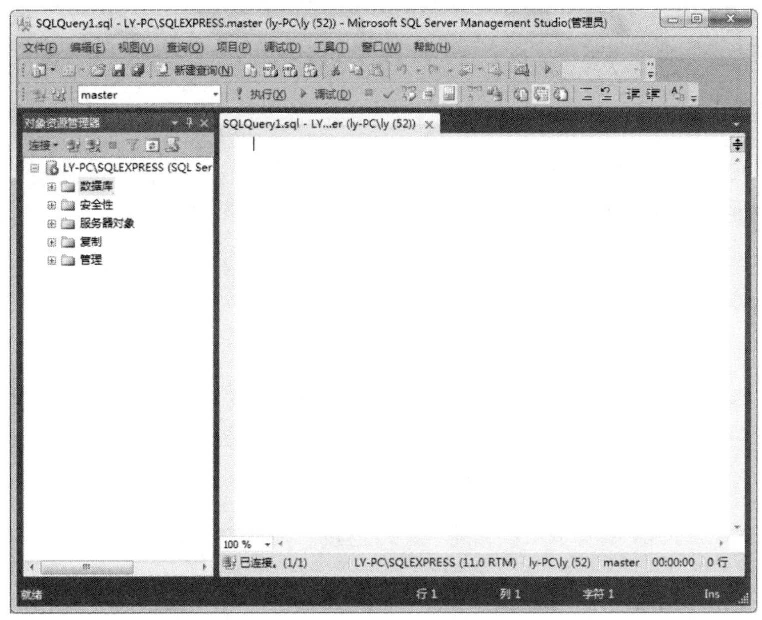

图 3-39　查询编辑器

步骤三：在该窗口中输入下列代码，完成多表查询。

```
USE 天意购物
SELECT C.Name '客户姓名', P.ProductName '商品名称', P.Price '商品价格',
O.OrderDate '订购日期'
FROM Products P INNER JOIN Orders O ON P.ProductId = O.ProductId
 INNER JOIN Customers C ON C.CustomerId=O.CustomerId
```

步骤四：单击工具栏中的“执行(X)”按钮，执行结果如图 3-40 所示。

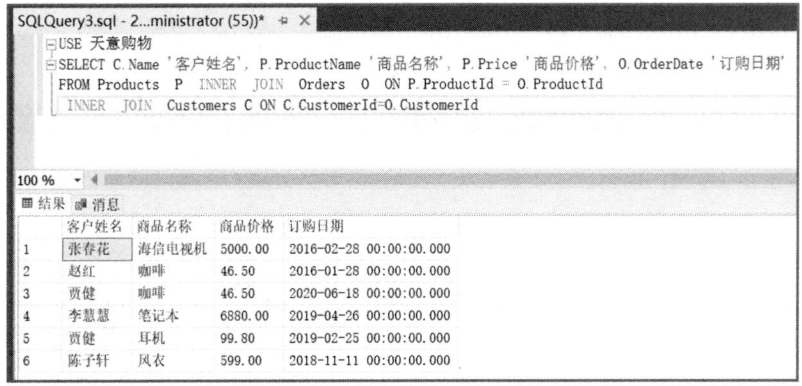

图 3-40　多表查询结果

知识链接

在数据库中，各个表都存在着直接或间接的联系，为方便数据的存储和管理，同时考虑到数据库中表的操作效率等问题，往往采用外键关联各个数据表。当用户对数据库中的数据进行查询时，往往一张数据表的信息不够，此时需要两张甚至更多的数据表信息，因此多表查询在数据库的查询操作中普遍存在。

在数据库中，多表查询包括内连接查询、外连接查询、交叉连接查询、自连接查询和联合查询。

一、内连接查询

内连接查询通常使用比较运算符对各个表中的数据进行比较操作，并列出各个表中与条件相匹配的所有数据行。内连接只显示两个表中所有匹配数据的行，如图 3-41 所示。

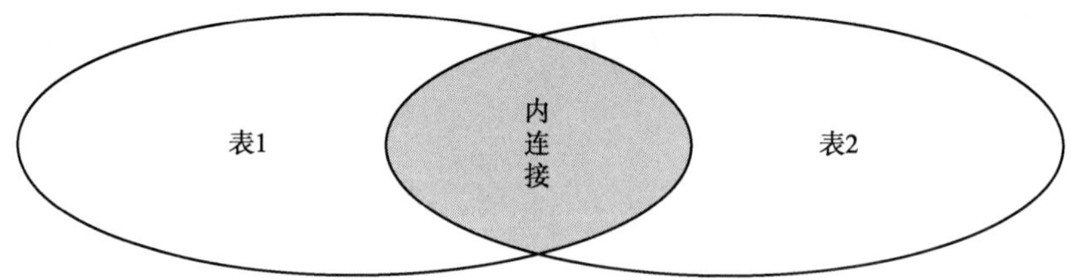

图 3-41　内连接查询关系图

一般使用 INNER JOIN 或者 JOIN 关键字进行连接。语法格式如下：

```
SELECT 字段列表
FROM 表1 [INNER] JOIN 表2 [ON 连接条件]
[WHERE 搜索条件]
[ORDER BY 排序表达式 [ASC|DESC]]
```

内连接通常分为等值连接、非等值连接和自然连接。

1. 等值连接

等值连接使用比较运算符“=”连接比较的列，将列值相等的所有数据显示出来，包括重复列。

【例 3-30】查询数据库天意购物的 Customers 表和 Orders 表中地址是'天津'的所有数据信息。

采用等值连接的方法，在查询窗口中输入如下命令：

```
SELECT *  FROM Customers  A INNER JOIN Orders B
ON A.CustomerId=B.CustomerId
WHERE Address LIKE '天津%'
```

执行结果如图 3-42 所示。

	CustomerId	Name	Password	Telephone	Address	CustomerId	ProductId	OrderId	OrderDate	PaidDate	Oquantity
1	301119782	张春花	26789034	1789012341	天津现代	301119782	121882122	55234562	2018-02-28 00:00:00.000	2016-03-02 00:00:00.000	3
2	578102356	赵红	23456789	18934567890	天津	578102356	173889123	33123456	2021-01-28 00:00:00.000	2016-01-29 00:00:00.000	1

图 3-42　使用等值连接查询信息

上述命令中“A”为客户表 Customers 的别名，这样便于后面指明字段 CustomerId 属于哪张表。

2. 非等值连接

非等值连接使用除等号以外的比较运算符，如“>”“>=”“<”“<=”“<>”，或者使用 BETWEEN 连接列值。

【例 3-31】查询数据库天意购物的客户表 Customers 和订单表 Orders 中的所有 “客户编号”不相同的数据信息。

采用非等值的连接方法，在查询窗口中输入如下命令：

```
USE 天意购物
SELECT * FROM Customers C INNER JOIN Orders O
ON C.CustomerId <> O.CustomerId
```

执行结果如图 3-43 所示。

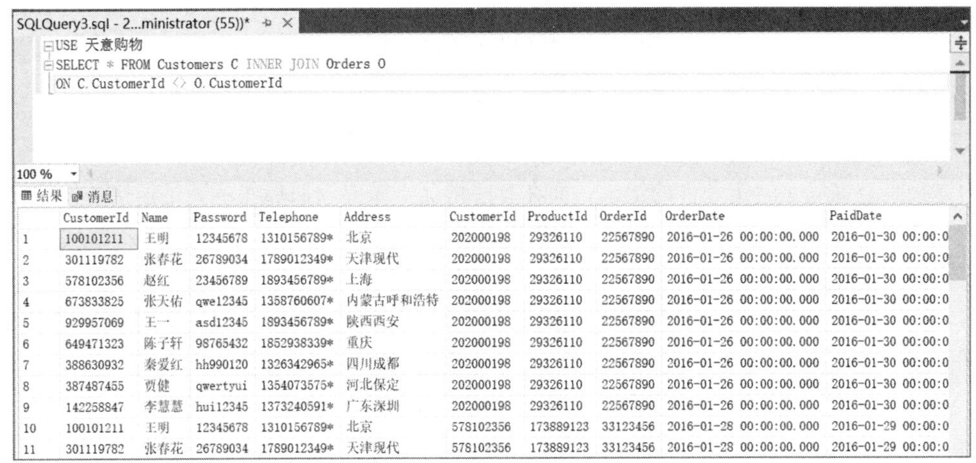

	CustomerId	Name	Password	Telephone	Address	CustomerId	ProductId	OrderId	OrderDate	PaidDate
1	100101211	王明	12345678	1310156789*	北京	202000198	29326110	22567890	2016-01-26 00:00:00.000	2016-01-30 00:00:0
2	301119782	张春花	26789034	1789012349*	天津现代	202000198	29326110	22567890	2016-01-26 00:00:00.000	2016-01-30 00:00:0
3	578102356	赵红	23456789	1893456789*	上海	202000198	29326110	22567890	2016-01-26 00:00:00.000	2016-01-30 00:00:0
4	673833825	张天佑	qwe12345	1358760607*	内蒙古呼和浩特	202000198	29326110	22567890	2016-01-26 00:00:00.000	2016-01-30 00:00:0
5	929957069	王一	asd12345	1893456789*	陕西西安	202000198	29326110	22567890	2016-01-26 00:00:00.000	2016-01-30 00:00:0
6	649471323	陈子轩	98765432	1852938339*	重庆	202000198	29326110	22567890	2016-01-26 00:00:00.000	2016-01-30 00:00:0
7	388630932	秦爱红	hh990120	1326342965*	四川成都	202000198	29326110	22567890	2016-01-26 00:00:00.000	2016-01-30 00:00:0
8	387487455	贾健	qwertyui	1354073575*	河北保定	202000198	29326110	22567890	2016-01-26 00:00:00.000	2016-01-30 00:00:0
9	142258847	李慧慧	hui12345	1373240591*	广东深圳	202000198	29326110	22567890	2016-01-26 00:00:00.000	2016-01-30 00:00:0
10	100101211	王明	12345678	1310156789*	北京	578102356	173889123	33123456	2016-01-28 00:00:00.000	2016-01-29 00:00:0
11	301119782	张春花	26789034	1789012349*	天津现代	578102356	173889123	33123456	2016-01-28 00:00:00.000	2016-01-29 00:00:0

图 3-43 使用非等值连接查询信息

注意：在多张表中使用同名字段，必须指明这个同名字段属于哪张表，如 C.CustomerId 代表 CustomerId 字段属于 Customers 表。

3. 自然连接

自然连接查询是在连接条件中使用比较运算符来比较连接列的列值，它使用选择列表指出查询结果集中所包括的列，并删除连接表中的重复列。在使用自然连接查询时，它为具有相同名称的列自动进行记录匹配。

消除掉等值连接中的重复列即为自然连接。

【例 3-32】查询数据库天意购物的客户表 Customers 和订单表 Orders 中的“客户编号”“客户姓名”“商品编号”等数据信息。

采用自然连接的方法，在查询窗口中输入如下命令：

```
USE 天意购物
SELECT C.CustomerId '客户编号', C.Name '客户姓名',
O.ProductId '商品编号', O.OrderDate '订购日期'
FROM Customers C INNER JOIN Orders O
ON C.CustomerId = O.CustomerId
```

执行结果如图 3-44 所示。

提示：在数据表的内连接查询时，通常自然连接应用广泛。

```
SQLQuery3.sql - 2...ministrator (55))*
USE 天意购物
SELECT C.CustomerId '客户编号', C.Name '客户姓名',
O.ProductId '商品编号', O.OrderDate '订购日期'
FROM Customers C INNER JOIN Orders O
ON C.CustomerId = O.CustomerId
```

100 %

结果 消息

	客户编号	客户姓名	商品编号	订购日期
1	202000198	李丽	29326110	2016-01-26 00:00:00.000
2	578102356	赵红	173889123	2016-01-28 00:00:00.000
3	301119782	张春花	121882122	2016-02-28 00:00:00.000
4	142258847	李慧慧	169669624	2019-04-26 00:00:00.000
5	387487455	贾健	173889123	2020-06-18 00:00:00.000
6	387487455	贾健	286966166	2019-02-25 00:00:00.000
7	649471323	陈子轩	195117281	2018-11-11 00:00:00.000

图 3-44　使用自然连接查询信息

二、外连接查询

内连接是查询满足给定条件的记录，而在有些情况下需要返回那些不满足连接条件的记录，这时需要使用外连接。根据查询语句中的关键字及表的位置关系，可以将外连接分为：左外连接、右外连接和完全外连接 3 种。

（1）左外连接（LEFT OUTER JOIN）：指返回两个表中所有匹配的行，以及关键字 LEFT OUTER JOIN 左侧表中不匹配的行，不匹配的行用 NULL 填充，如图 3-45 所示。

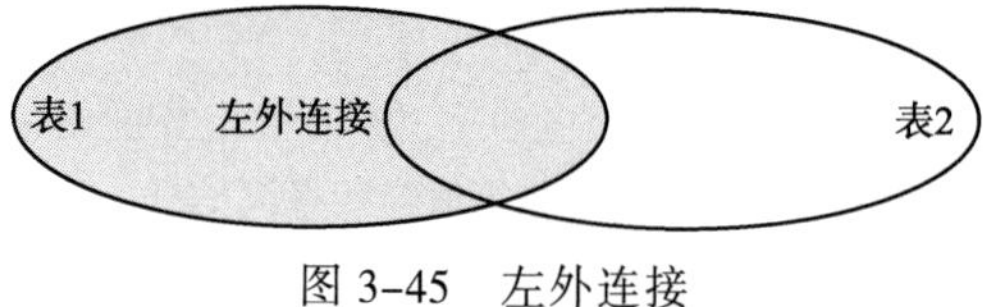

图 3-45　左外连接

（2）右外连接（RIGHT OUTER JOIN）：指返回两个表中所有匹配的行，以及关键字 RIGHT OUTER JOIN 右侧表中不匹配的行，不匹配的行用 NULL 填充，如图 3-46 所示。

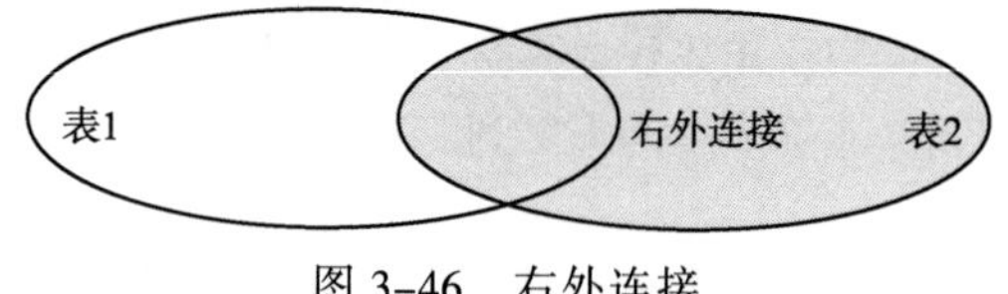

图 3-46　右外连接

（3）完全外连接（FULL OUTER JOIN）：指返回两个表中所有匹配的行和不匹配的行，不匹配的行用 NULL 填充，如图 3-47 所示。

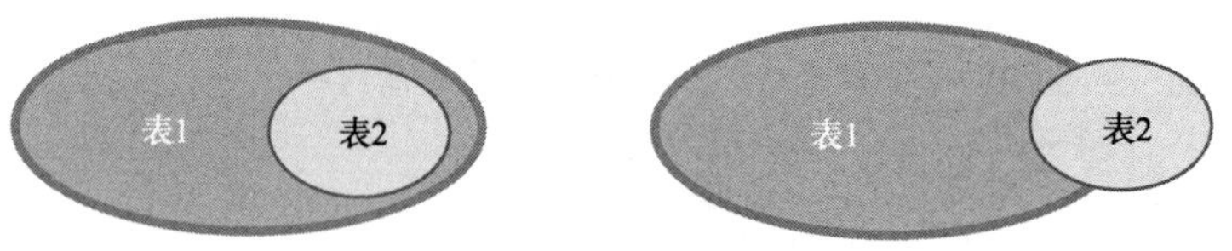

图 3-47　完全外连接

1. 左外连接

【例 3-33】采用左外连接的方法，查询数据库天意购物的客户表 Customers 和订单表 Orders 中的“客户编号”“客户姓名”“商品编号”等数据信息。

在查询窗口中输入命令如下：

```
USE 天意购物
SELECT C.CustomerId '客户编号', C.Name '客户姓名',
O.ProductId '商品编号', O.OrderDate '订购日期'
FROM Customers C LEFT OUTER JOIN Orders O
ON C.CustomerId= O.CustomerId
```

执行结果如图 3-48 所示。

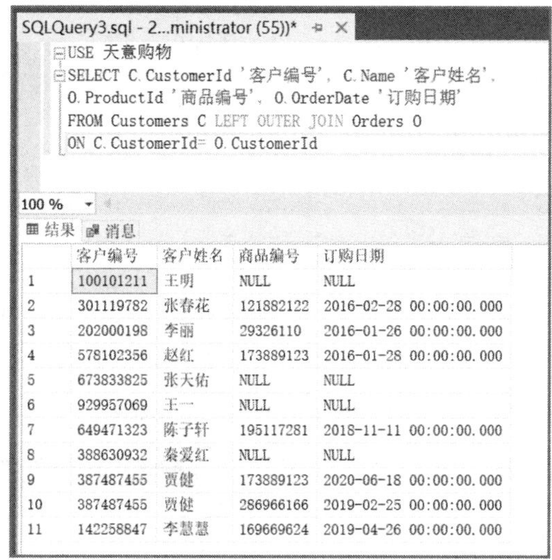

图 3-48　使用左外连接查询信息

在左外连接时，左侧客户表 Customers 存在客户编号为 100101211，客户名为“王明”的行数据，但在订单表 Orders 中没有匹配的行数据，因此该行数据填充为 NULL。

2. 右外连接

【例 3-34】采用右外连接的方法，查询数据库天意购物的客户表 Customers 和订单表 Orders 中的“客户编号”“客户姓名”“商品编号”等数据信息。

在查询窗口中输入如下命令：

```
USE 天意购物
SELECT C.CustomerId '客户编号', C.Name '客户姓名',
O.ProductId '商品编号', O.OrderDate '订购日期'
FROM Customers C RIGHT OUTER JOIN Orders O
ON C.CustomerId = O.CustomerId
```

执行结果如图 3-49 所示。

3. 完全外连接

【例 3-35】采用完全外连接的方法，查询数据库天意购物的客户表 Customers 和订单表 Orders 中的“客户编号”“客户姓名”“商品编号”等数据信息。

在查询窗口中输入如下命令：

```
USE 天意购物
SELECT C.CustomerId '客户编号', C.Name '客户姓名',
O.ProductId'商品编号', O.OrderDate '订购日期'
FROM Customers C FULL OUTER JOIN Orders O
ON C.CustomerId = O.CustomerId
```

执行结果如图 3-50 所示。

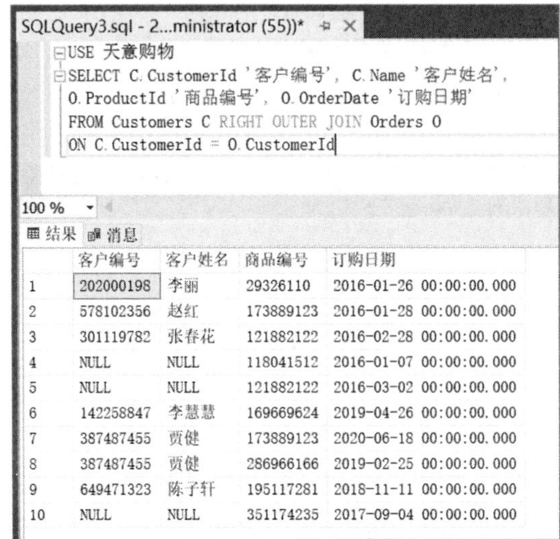

SQLQuery3.sql - 2...ministrator (55))*

```
USE 天意购物
SELECT C.CustomerId '客户编号', C.Name '客户姓名',
O.ProductId '商品编号', O.OrderDate '订购日期'
FROM Customers C RIGHT OUTER JOIN Orders O
ON C.CustomerId = O.CustomerId
```

100 %

结果 消息

	客户编号	客户姓名	商品编号	订购日期
1	202000198	李丽	29326110	2016-01-26 00:00:00.000
2	578102356	赵红	173889123	2016-01-28 00:00:00.000
3	301119782	张春花	121882122	2016-02-28 00:00:00.000
4	NULL	NULL	118041512	2016-01-07 00:00:00.000
5	NULL	NULL	121882122	2016-03-02 00:00:00.000
6	142258847	李慧慧	169669624	2019-04-26 00:00:00.000
7	387487455	贾健	173889123	2020-06-18 00:00:00.000
8	387487455	贾健	286966166	2019-02-25 00:00:00.000
9	649471323	陈子轩	195117281	2018-11-11 00:00:00.000
10	NULL	NULL	351174235	2017-09-04 00:00:00.000

图 3-49 使用右外连接查询信息

SQLQuery3.sql - 2...ministrator (55))*

```
USE 天意购物
SELECT C.CustomerId '客户编号', C.Name '客户姓名',
O.ProductId'商品编号', O.OrderDate '订购日期'
FROM Customers C FULL OUTER JOIN Orders O
ON C.CustomerId = O.CustomerId
```

100 %

结果 消息

	客户编号	客户姓名	商品编号	订购日期
1	100101211	王明	NULL	NULL
2	301119782	张春花	121882122	2016-02-28 00:00:00.000
3	202000198	李丽	29326110	2016-01-26 00:00:00.000
4	578102356	赵红	173889123	2016-01-28 00:00:00.000
5	673833825	张天佑	NULL	NULL
6	929957069	王一	NULL	NULL
7	649471323	陈子轩	195117281	2018-11-11 00:00:00.000
8	388630932	秦爱红	NULL	NULL
9	387487455	贾健	173889123	2020-06-18 00:00:00.000
10	387487455	贾健	286966166	2019-02-25 00:00:00.000
11	142258847	李慧慧	169669624	2019-04-26 00:00:00.000
12	NULL	NULL	118041512	2016-01-07 00:00:00.000
13	NULL	NULL	121882122	2016-03-02 00:00:00.000
14	NULL	NULL	351174235	2017-09-04 00:00:00.000

图 3-50 使用完全外连接查询信息

在完全外连接查询中，在客户表 Customers 存在客户编号为 100101211，客户名为“王明”的行数据，但在订单表 Orders 中没有匹配的行数据，因此该行数据填充为 NULL。

三、交叉连接查询

视　频

交叉连接查询和自连接查询

交叉连接查询又称笛卡儿积查询，在结果集中返回两个表中的所有行可能的组合。在交叉查询中，使用关键字 CROSS JOIN，查询条件一般使用 WHERE 子句。

【例 3-36】采用交叉连接的方法，在不使用 WHERE 子句的情况下，查询数据库天意购物的客户表 Customers 和订单表 Orders 中的“客户编号”“客户姓名”“商品编号”等数据信息。

在查询窗口中输入命令如下：

```
USE 天意购物
SELECT C.CustomerId '客户编号', C.Name '客户姓名',
O.ProductId '商品编号', O.OrderDate '订购日期'
FROM Customers C CROSS JOIN Orders O
```

两张表执行前的结果分别如图 3-51 和图 3-52 所示，执行交叉查询后的结果如图 3-53 所示。

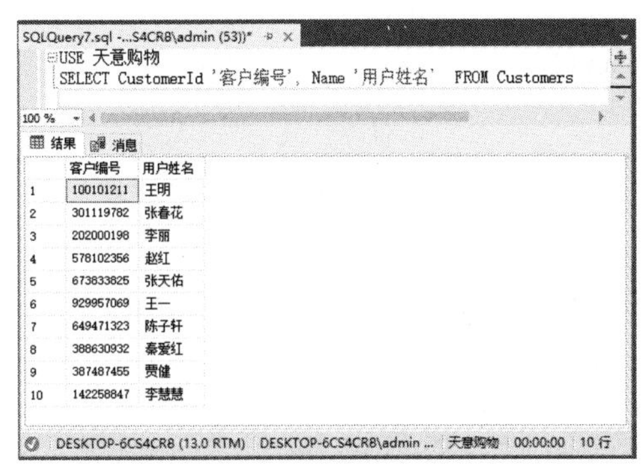

```
USE 天意购物
SELECT CustomerId '客户编号', Name '用户姓名'  FROM Customers
```

	客户编号	用户姓名
1	100101211	王明
2	301119782	张春花
3	202000198	李丽
4	578102356	赵红
5	673833825	张天佑
6	929957069	王一
7	649471323	陈子轩
8	388630932	秦爱红
9	387487455	贾健
10	142258847	李慧慧

DESKTOP-6CS4CR8 (13.0 RTM) | DESKTOP-6CS4CR8\admin ... | 天意购物 | 00:00:00 | 10 行

图 3-51　使用交叉查询前客户信息

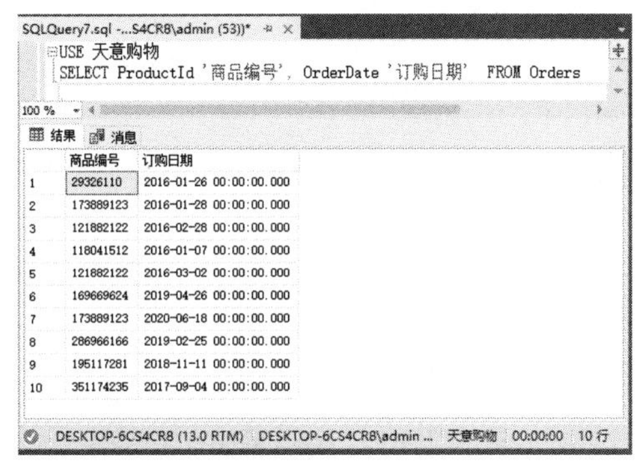

```
USE 天意购物
SELECT ProductId '商品编号', OrderDate '订购日期'  FROM Orders
```

	商品编号	订购日期
1	29326110	2016-01-26 00:00:00.000
2	173889123	2016-01-28 00:00:00.000
3	121882122	2016-02-28 00:00:00.000
4	118041512	2016-01-07 00:00:00.000
5	121882122	2016-03-02 00:00:00.000
6	169669624	2019-04-26 00:00:00.000
7	173889123	2020-06-18 00:00:00.000
8	286966166	2019-02-25 00:00:00.000
9	195117281	2018-11-11 00:00:00.000
10	351174235	2017-09-04 00:00:00.000

DESKTOP-6CS4CR8 (13.0 RTM) | DESKTOP-6CS4CR8\admin ... | 天意购物 | 00:00:00 | 10 行

图 3-52　使用交叉查询前订单信息

```
USE 天意购物
SELECT C.CustomerId '客户编号', C.Name '客户姓名',
O.ProductId '商品编号', O.OrderDate '订购日期'
FROM Customers C CROSS JOIN Orders O
```

	客户编号	客户姓名	商品编号	订购日期
1	100101211	王明	29326110	2016-01-26 00:00:00.000
2	301119782	张春花	29326110	2016-01-26 00:00:00.000
3	202000198	李丽	29326110	2016-01-26 00:00:00.000
4	578102356	赵红	29326110	2016-01-26 00:00:00.000
5	673833825	张天佑	29326110	2016-01-26 00:00:00.000
6	929957069	王一	29326110	2016-01-26 00:00:00.000
7	649471323	陈子轩	29326110	2016-01-26 00:00:00.000
8	388630932	秦爱红	29326110	2016-01-26 00:00:00.000
9	387487455	贾健	29326110	2016-01-26 00:00:00.000
10	142258847	李慧慧	29326110	2016-01-26 00:00:00.000
11	100101211	王明	173889123	2016-01-28 00:00:00.000
12	301119782	张春花	173889123	2016-01-28 00:00:00.000
13	202000198	李丽	173889123	2016-01-28 00:00:00.000
14	578102356	赵红	173889123	2016-01-28 00:00:00.000
15	673833825	张天佑	173889123	2016-01-28 00:00:00.000
16	929957069	王一	173889123	2016-01-28 00:00:00.000
17	649471323	陈子轩	173889123	2016-01-28 00:00:00.000

20201219-215024 (13.0 RTM) | 20201219-215024\Admini... | 天意购物 | 00:00:00 | 100 行

图 3-53　使用交叉连接查询后数据信息

提示：在例 3-33、例 3-34、例 3-35 和例 3-36 中所举的例子，在实际应用中这种情况是不会发生的。订单表中 Customers 的 Id 是从客户表 Customers 中查询后再存入订单表中的。为了便于大家理解，外连接是故意设置的。

如果为例 3-36 中使用 WHERE 子句限定查询条件，将查询窗口中输入命令修改为：

```
USE 天意购物
SELECT C.CustomerId '客户编号', C.Name '客户姓名',
O.ProductId'商品编号', O.OrderDate '订购日期'
FROM Customers C CROSS JOIN Orders O
WHERE C.CustomerId = O.CustomerId
```

执行结果如图 3-54 所示。

	客户编号	客户姓名	商品编号	订购日期
1	202000198	李丽	29326110	2016-01-26 00:00:00.000
2	578102356	赵红	173889123	2016-01-28 00:00:00.000
3	301119782	张春花	121882122	2016-02-28 00:00:00.000
4	142258847	李慧慧	169669624	2019-04-26 00:00:00.000
5	387487455	贾健	173889123	2020-06-18 00:00:00.000
6	387487455	贾健	286966166	2019-02-25 00:00:00.000
7	649471323	陈子轩	195117281	2018-11-11 00:00:00.000

图 3-54　使用 WHERE 子句交叉连接查询后的数据信息

四、自连接查询

在多表查询时，不仅可以实现对两个不同的表进行连接查询，也可以实现一张表进行连接自己本身的查询，称为自连接查询。用户在这种情况下，可以将其假想为两个“一模一样”的表。

【例 3-37】采用自连接查询方法，查询数据库天意购物的客户表 Customers 中的“客户编号”“客户姓名”“商品编号”等数据信息。

在查询窗口中输入如下命令：

```
USE 天意购物
SELECT C.CustomerId '客户编号',D.Name '客户姓名'
FROM Customers C, Customers D
WHERE C.CustomerId = D.CustomerId
```

执行查询后的结果如图 3-55 所示。

提示：在自连接查询中，可以使用内连接或外连接。

SQLQuery7.sql -...S4CR8\admin (53))*

```
USE 天意购物
SELECT C.CustomerId '客户编号',D.Name '客户姓名'
FROM Customers C, Customers D
WHERE C.CustomerId = D.CustomerId
```

结果　消息

	客户编号	客户姓名
1	100101211	王明
2	301119782	张春花
3	202000198	李丽
4	578102356	赵红
5	673833825	张天佑
6	929957069	王一
7	649471323	陈子轩
8	388630932	秦爱红
9	387487455	贾健
10	142258847	李慧慧

DESKTOP-6CS4CR8 (13.0 RTM) | DESKTOP-6CS4CR8\admin ... | 天意购物 | 00:00:00 | 10 行

图 3-55　使用自连接查询后数据信息

五、联合查询

视　频

联合查询

联合查询是指使用 UNION 运算符将两个或两个以上 SELECT 语句的查询结果合并成一个结果集显示。其语法格式为：

```
SELECT 字段列表
FROM  <表名>
[WHERE  条件]
{
   UNION [ALL]
   SELECT 字段列表
   FROM  <表名>
   [WHERE  条件]
}[ORDER BY  排序表达式[ASC|DESC]]
```

其中，ALL 为可选项，在查询中若使用该关键字，则返回所有满足匹配的数据行，包括重复行。如果不使用该关键字，则返回结果中删除满足匹配的重复行。

注意：

- 在 SQL Server 2016 中使用联合查询时，第一个查询语句中的列标题必须与第二个联合查询语句中的列标题完全相同，即个数一致，名称相同。
- 要使用别名则需要在第一个查询语句中定义。
- 对查询的结果进行排序时，只能对第一个查询语句中出现的列名应用排序。

【例 3-38】采用联合查询运算符 UNION，查询数据库天意购物的购物车信息表 Carts 中“商品编号”“客户编号”“商品数量”，且商品编号大于 150 000 000 和商品数量大于 1 的商品信息。

在查询窗口中输入命令如下：

```
USE 天意购物
SELECT ProductId '商品编号', CustomerId '客户编号', CQuantity '商品数量'
FROM Carts
WHERE ProductId>150000000
UNION
SELECT ProductId '商品编号', CustomerId '客户编号', CQuantity '商品数量'
```

```
FROM Carts WHERE CQuantity=1
```

执行结果如图 3-56 所示。

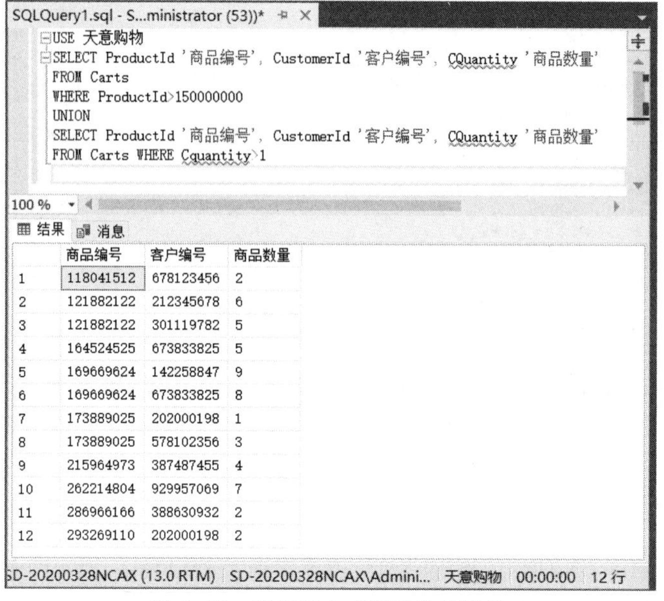

图 3-56　使用联合查询后数据信息

从以上查询结果中可以发现，如果采用 WHERE 子句使用 AND 连接查询的条件，可以在查询窗口中输入如下命令：

```
USE 天意购物
SELECT ProductId '商品编号', CustomerId '客户编号', CQuantity '商品数量'
FROM Carts
WHERE ProductId> 150000000 AND CQuantity > 1
```

执行结果如图 3-57 所示。

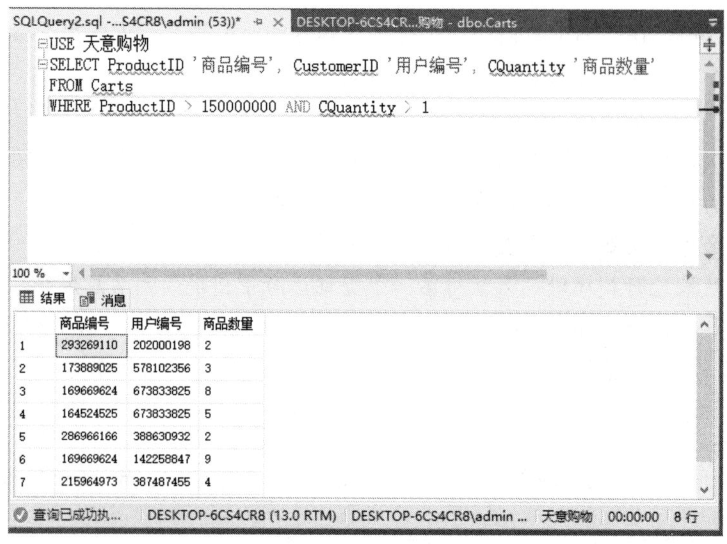

图 3-57　使用 WHERE 子句中 AND 查询后的数据信息

对于数据库中数据的查询有很多种方式，可采用适合的方式得到结果。但是，是否联合查询与使用 WHERE 子句中的条件限制一样呢？严格来说，得到的结果有时会相同，但不完全等价。联合查询实现的是将两个或两个以上查询的结果集进行合并得到的结果；而 WHERE 子句中的限制条件，是满足给定条件的一个查询结果集。

注意：

- 在对数据库中的数据进行查询时，一种查询结果可以通过采用多种方式来实现，不仅仅是联合查询，包括后面提到的子查询等，用户可以根据需要选择合适的方式。
- 在使用不同的查询方式时，需要注意不同查询方式的原理不同。

动手实践

查询显示天意购物数据库商品信息表Products的商品类型、商品名称、商品价格，订单表Orders的付款时间等信息，要求商品类型包含“电”字，付款时间在 2020-1-1 以前的信息。

```
____________________________________________________________ --打开天意购物数据库
SELECT ______________________________________________________
FROM ________________________________________________________
ON __________________________________________________________
WHERE _______________________________________________________
```

执行结果如图 3-58 所示

	商品类型	商品名称	商品价格	付款时间
1	家用电器	海信电视机	16875.00	2016-03-02 00:00:00.000
2	家用电器	海信电视机	16875.00	2016-03-02 00:00:00.000
3	电子产品	笔记本	23220.00	2019-04-26 00:00:00.000
4	电子产品	耳机	336.83	2019-02-26 00:00:00.000

图 3-58　商品类型包含“电”字且付款时间在 2020-1-1 以前的信息

润物无声

工匠准则：精诚合作

我们的数据信息，往往不能从一个单一表中获取，于是采用多个表协助完成数据查询。数据的多表查询是基于数据表之间的关系进行的，多表查询的成败也取决于数据表之间关联的完善程度。完善的数据表间关系有助于整个数据库功能的实现。就如同生活中，一个人不能完成所有的事情一样，我们需要团队完成，在这个过程中学会合作。下面介绍的是获得“影响世界华人大奖”提名的“天河一号”研发团队。

团队：“天河一号”研发团队

中国“天河一号”二期系统（天河—1A）跃居榜首，成为世界运算最快的超级计算机。这是中国在超级计算机领域捧回的第一个“世界冠军”。“中国速度”再次震惊世界。

成功研制出“天河一号”的计算机专家团队由 200 多人组成，骨干工程师平均年龄只有 36 岁，技术带头人也不过 40 多岁，而且其中绝大部分是博士。正是这样一个年轻而又懂得合作的团队，创造出了计算机世界的神话，缔造了“算盘王国”的新传奇。

知识巩固

1. （单选）交叉查询中使用的关键字是（　　）。

A. JOIN　　B. FULL OUTER JOIN

C. LEFT OUTER JOIN　　D. CROSS JOIN

2. （单选）（　　）可将等值连接中的重复列消除。

A. 外连接　　B. 等值连接和排序

C. 自然连接　　D. 非等值连接

3. （填空）内连接可以分为（　　）、（　　）和（　　）三种连接。

4. （填空）根据查询语句中的关键字及表的位置关系，可以将外连接分为三种，分别是（　　）、（　　）和（　　）。

5. （填空）交叉连接查询又称（　　）查询，在结果集中返回两个表中所有行可能的组合。

任务三　高级查询

视频

高级查询

在使用 SELECT 语句查询数据时，可以使用 WHERE 子句用于指定搜索条件的查询，GROUP BY 子句将结果集合分成不同的组。ORDER BY 子句定义不同行在结果集中的顺序。使用这些子句可以方便地查询"天意购物"数据库中的数据。但是，如果 WHERE 子句指定的搜索条件指向另一张表时，就需要使用子查询或嵌套查询。

任务情境

小王：李哥，我又遇到难题了。我们在使用 SELECT 语句查询数据时，可以使用 WHERE 子句用于指定搜索条件的查询，GROUP BY 子句将结果集合分成不同的组。ORDER BY 子句定义不同行在结果集中的顺序。使用这些子句可以方便地查询"天意购物"数据库中的数据。但是，如果 WHERE 子句指定的搜索条件指向另一张表的时候，怎么办啊？

老李：这就需要使用高级查询，即子查询或者嵌套查询。

任务描述

查询数据库天意购物中购买过"咖啡"的客户信息。

分析过程：

由于订单表 Orders 中只有客户编号 CustomerId 和商品编号 ProductId，"咖啡"的商品编号可以从商品表 Products 中查出，从而可以从订单表 Orders 中查询到购买过"咖啡"的客户编号，再通过这个客户编号，可以从客户信息表 Customers 中查询出相关的客户信息。

第一步：从商品表中查询出"咖啡"的商品编号。

```
SELECT ProductId FROM Products
WHERE ProductName='咖啡'
```

执行结果如图 3-59 所示。

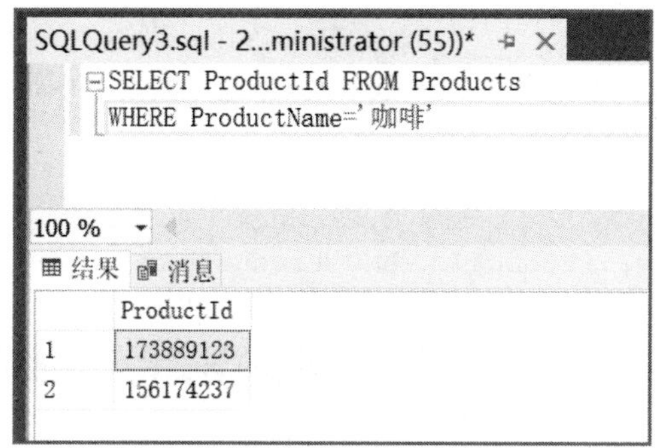

图 3-59　查询“咖啡”的商品编号

第二步：在订单表 Orders 中查询购买过商品编号为“173889123”或“156174237”两种商品的客户编号：

```
SELECT DISTINCT CustomerId  FROM Orders
 WHERE ProductId='173889123' or ProductId='156174237'
```

执行结果如图 3-60 所示。

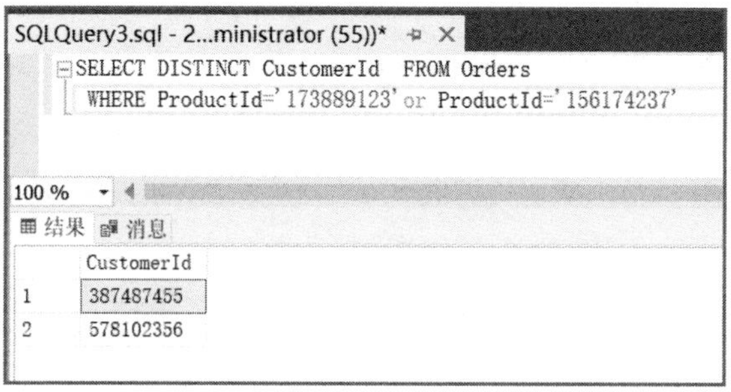

图 3-60　查询购买过“咖啡”的客户编号

第三步：从客户信息表 Customers 中查询出客户编号为上述记录的客户信息，语句为：

```
SELECT * FROM Customers
WHERE CustomerId IN ('387487455','578102356')
```

执行结果如图 3-61 所示。

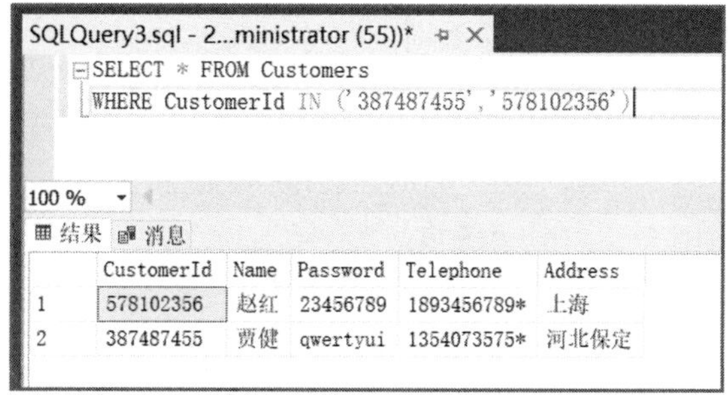

图 3-61　查询购买过“咖啡”的用户信息

任务实施

步骤一：选择“开始”→“所有程序”→Microsoft SQL Server 2016→SQL Server Management Studio 命令，使用“Windows 身份验证”建立连接，进入 SSMS 窗口。

步骤二：在 SSMS 窗口的工具栏中单击 新建查询(N) 按钮，创建一个查询窗口。

步骤三：根据上面的任务分析，使用一条语句完成，具体语句如下：

```
SELECT * FROM Customers
WHERE CustomerId IN
(SELECT CustomerId  FROM Orders O,Products P
WHERE O.ProductId =P.ProductId  AND ProductName ='咖啡')
```

步骤四：单击工具栏中的“执行”按钮，执行结果如图 3-62 所示。

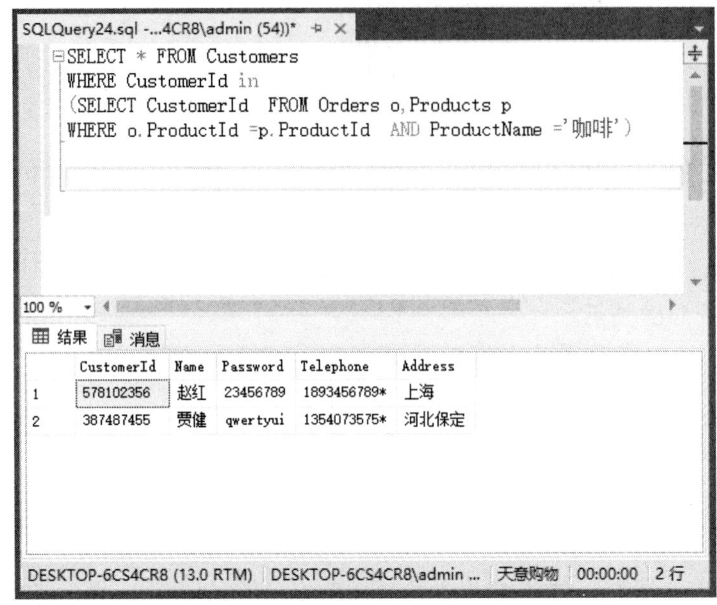

图 3-62　使用交集查询后数据信息

知识链接

一、子查询

子查询是一个嵌套在 SELECT、INSERT、UPDATE 或 DELETE 语句或其他子查询中的查询。任何允许使用表达式的地方都可以使用子查询。

1. 子查询的语法

```
SELECT [ ALL | DISTINCT ] 字段列表
FROM <表名>
WHERE 查询表达式  [NOT]   IN（子查询）
|WHERE 查询表达式 比较运算符    [ ANY | ALL ]（子查询）
|WHERE [NOT]EXISTS（子查询）
```

2. 语法规则

（1）子查询的 SELECT 查询总使用圆括号括起来。

（2）不能包括 COMPUTE 或 FOR BROWSE 子句。

（3）如果同时指定 TOP 子句，则可能只包括 ORDER BY 子句。

（4）子查询最多可以嵌套 32 层，个别查询可能不支持 32 层嵌套。

（5）任何可以使用表达式的地方都可以使用子查询，只要它返回的是单个值。

（6）如果某个表只出现在子查询中而不出现在外部查询中，那么该表中的列就无法包含在输出中。

1. 使用 IN 关键字实现子查询

使用 IN 关键字可以用来判断指定的列值是否包含在已定义的表中或者另外一个表中。若列值与子查询结果集一致或存在相匹配的数据行，则最终的查询结果中就包含该数据行。其语法格式如下：

```
SELECT 字段列表 FROM <表名>
WHERE 表达式 IN|NOT IN(SELECT 查询语句)
```

【例 3-39】采用 IN 关键字的方法，查询数据库天意购物的订单信息表 Orders 中不是'家用电器'的所有商品在商品表 Products 中的商品编号、客户编号、订单编号等数据信息。

在查询窗口中输入如下命令：

```
USE 天意购物
SELECT CustomerId,ProductId, OrderId FROM Orders
WHERE ProductId IN (SELECT ProductId FROM Products WHERE Type!='家用电器')
```

执行结果如图 3-63 所示。

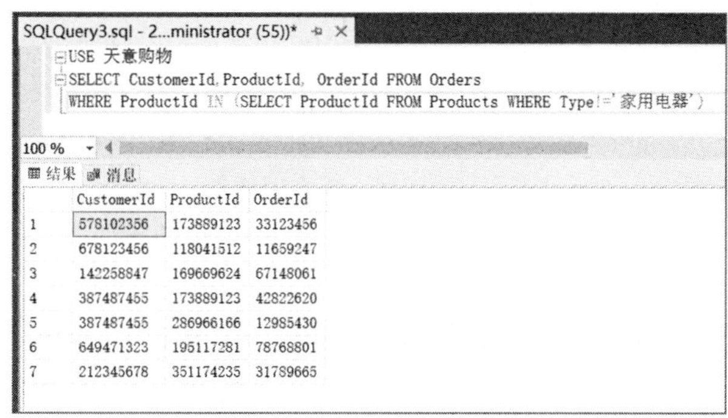

	CustomerId	ProductId	OrderId
1	578102356	173889123	33123456
2	678123456	118041512	11659247
3	142258847	169669624	67148061
4	387487455	173889123	42822620
5	387487455	286966166	12985430
6	649471323	195117281	78768801
7	212345678	351174235	31789665

图 3-63　使用 IN 关键字实现嵌套查询后数据信息

IN 关键字是查询列值与子查询结果集一致或存在相匹配的数据行，而 NOT IN 返回的是列值与查询结果集不匹配的数据行。

2. 使用 EXISTS 关键字实现子查询

在使用 EXISTS 关键字时，是判断其嵌套查询返回的结果集中数据行是否存在，如果存在返回 true，不存在返回 false，不会返回任何数据行。其语法格式如下：

```
SELECT 字段列表
FROM  <表名>
WHERE  EXISTS|NOT EXISTS (SELECT 查询语句)
```

【例 3-40】采用 EXISTS 关键字的方法，查询数据库天意购物的订单表 Orders 中 2016 年有交易记录的会员信息。

在查询窗口中输入如下命令：

```
USE 天意购物
SELECT * FROM Customers C WHERE EXISTS
(SELECT CustomerId  FROM Orders O
WHERE O.CustomerId =C.CustomerId  AND PaidDate LIKE '%2016%')
```

执行结果如图 3-64 所示。

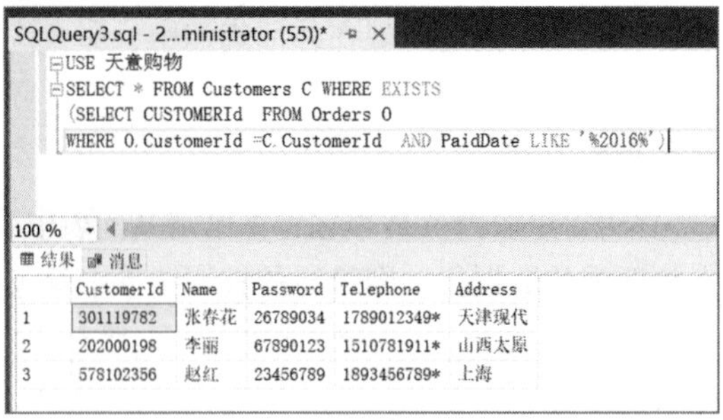

图 3-64　使用 EXISTS 关键字实现嵌套查询后数据信息

注意：和使用 IN 关键字不同的是，IN 连接的是表中的列，而 EXISTS 连接的是表和表，通常不需要特别指出列名，可以直接使用*。由于 EXISTS 连接的是表，所以，子查询中必须加入表与表之间的连接条件。

3. 使用 ANY、ALL 和 SOME 关键字实现嵌套查询

ANY、ALL 和 SOME 关键字是 SQL 支持的在子查询中使用的关键字，这些关键字通常和比较运算符配合使用。

语法格式：

```
SELECT 字段列表
FROM 表名
WHERE 表达式 operator [ANY|ALL|SOME] 子查询语句
```

语句说明：其中，ANY 和 SOME 是满足某一个条件，ALL 是满足所有条件。ANY、ALL 和 SOME 关键字与关系运算符之间的关系如表 3-1 所示。

表 3-1　ANY、ALL 和 SOME 关键字与关系运算符之间的关系

运算符/关键字	ANY	SOME	ALL
>、>=	最小值	最小值	最大值
<、<=	最大值	最大值	最小值
=	任意值	任意值	
<>、!=			任意值

（1）子查询中返回值是单值。

【例 3-41】 采用 ANY 关键字的方法，查询数据库天意购物的购物车信息表 Carts 中商品数量大于购物车中平均商品数量的商品编号和客户编号信息。

在查询窗口中输入如下命令：

```
USE 天意购物
SELECT ProductId '商品编号', CustomerId '客户编号'
FROM Carts WHERE CQuantity > ANY (SELECT AVG(CQuantity) FROM Carts)
```

执行结果如图 3-65 所示。

在以上查询中，ANY 换成 SOME 结果是相同的。与该查询的结果集相同的结果也可以使用如下命令：

```
USE 天意购物
SELECT ProductId '商品编号', CustomerId'客户编号'
FROM Carts WHERE CQuantity > SOME (SELECT AVG(CQuantity) FROM Carts)
```

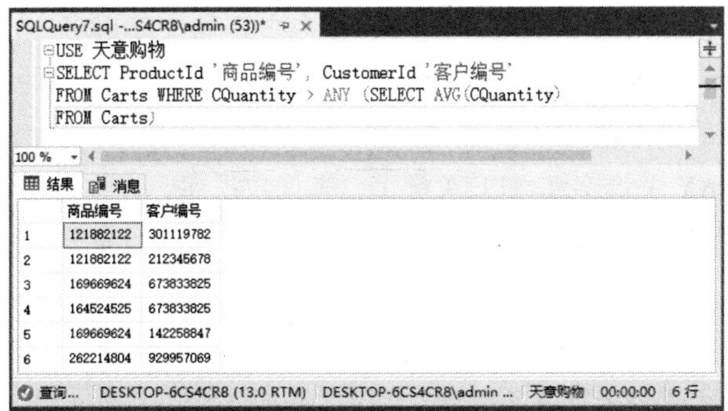

图 3-65 使用 ANY 关键字实现嵌套查询后数据信息

执行结果如图 3-66 所示。

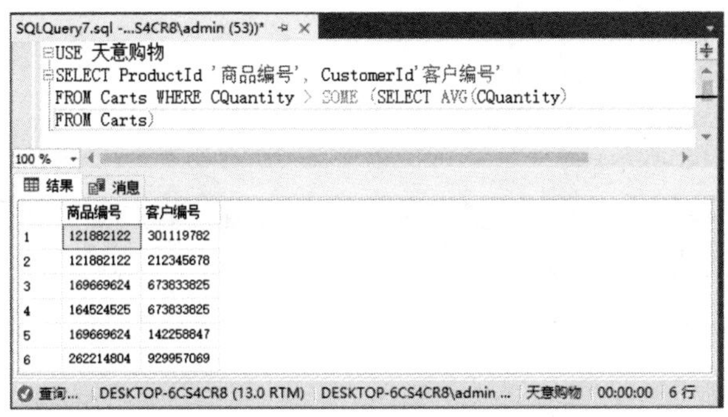

图 3-66 使用 SOME 关键字实现嵌套查询后数据信息

如果将以上查询中的 ANY 换成 ALL 关键字，即查询满足所有给定条件的结果集，与该查询结果集相同的结果等同于如下命令：

```
USE 天意购物
SELECT ProductId '商品编号', CustomerId '客户编号'
FROM Carts WHERE CQuantity > ALL (SELECT AVG(CQuantity) FROM Carts)
```

执行结果如图 3-67 所示。

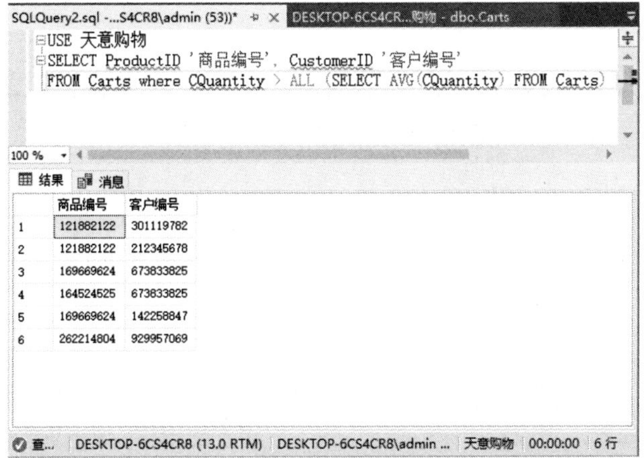

图 3-67 使用 ALL 关键字实现嵌套查询后数据信息

注意：在使用嵌套查询时，子查询的 SELECT 语句中不能使用 ORDER BY 子句，ORDER BY 子句只能用于父查询（最外侧的查询）。

（2）子查询中返回值是多值。

【例 3-42】采用 ANY 关键字和 ALL 关键字，查询数据库天意购物的订单表中商品数量大于购物车信息表 Carts 中购物车编号 CartId='1000112'的商品数量的商品编号和客户编号信息。

在查询窗口中输入如下命令：

采用 ANY 关键字：

```
SELECT ProductId'商品编号', CustomerId '客户编号' ,Oquantity 商品数量
FROM  Orders  WHERE  Oquantity  >ANY(SELECT  Cquantity  FROM  Carts  WHERE
CartId='1000112')
```

采用 ALL 关键字：

```
SELECT ProductId '商品编号', CustomerId '客户编号' ,OQuantity 商品数量
FROM  Orders  WHERE  Oquantity  >ALL(SELECT  Cquantity  FROM  Carts  WHERE
CartId='1000112')
```

其执行结果如图 3-68 所示。

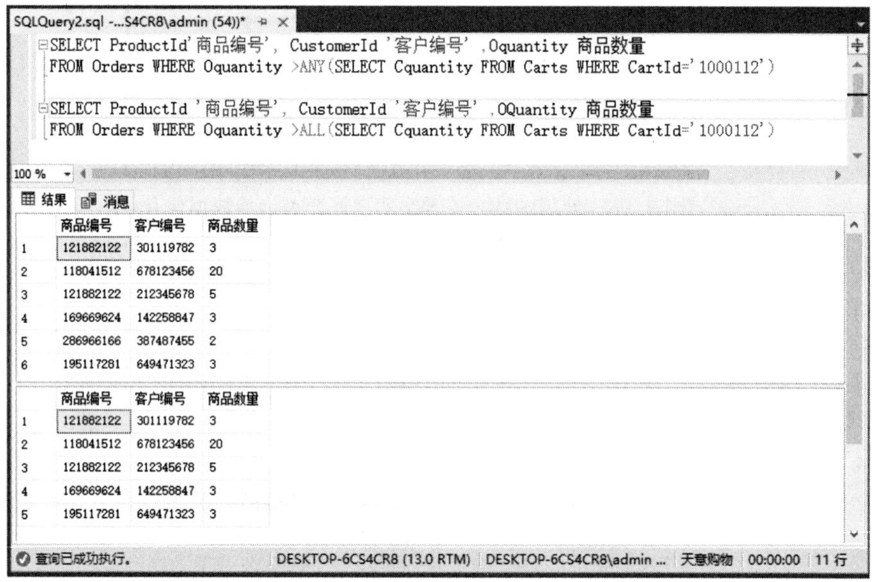

图 3-68　采用 ANY 关键字和 ALL 关键字执行查询

动手实践

采用 ANY 关键字的方法，查询数据库天意购物的购物车信息表 Carts 中商品数量大于 2 的商品数量、商品编号和客户编号信息。

```
______________________________________________________ --打开天意购物数据库
SELECT ProductId '商品编号', CustomerId '客户编号',CQuantity'商品数量'
FROM ________________________________ --查询购物车信息表商品数量大于 2 的商品数量
WHERE CQuantity >ANY(_________________________________________________)
```

执行结果如图 3-69 所示。

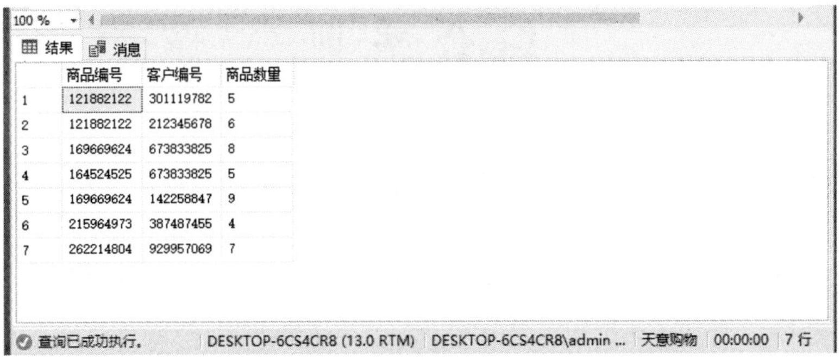

	商品编号	客户编号	商品数量
1	121882122	301119782	5
2	121882122	212345678	6
3	169669624	673833825	8
4	164524525	673833825	5
5	169669624	142258847	9
6	215964973	387487455	4
7	262214804	929957069	7

查询已成功执行。　DESKTOP-6CS4CR8 (13.0 RTM)　DESKTOP-6CS4CR8\admin ...　天意购物　00:00:00　7 行

图 3-69　使用 ANY 关键字实现嵌套查询后数据信息

注意：对于子查询中返回值是单值时，可以省略 ANY 或者 SOME，如例题 3-41。但是子查询中的返回值如果是多值，那么 ANY 或者 SOME 是不可以省略的，如上题。

润物无声

工匠准则：精益求精

查询从简单到复杂再进一步深入，从单表到多表再到子查询，层层递进，让查询的信息更加准确。

子查询是数据表高级查询中的一项重要知识点，它是在单表查询、多表查询的基础上，通过嵌套多步查询得到更加精细的数据。这也要求我们在学习和工作中保持精益求精的工匠精神，追求更加严谨的查询方式，才能获取更加有价值的数据信息。下面要介绍的这个人是图灵奖获得者：姚期智。

人物：姚期智

姚期智，1946 年 12 月 24 日出生于中国上海，计算机科学专家，2000 年图灵奖获得者，他是世界顶尖计算机学家，是世界现代密码学基础的奠基人，在世界顶级三大学术领域具有杰出贡献。

成就姚期智一生的辉煌，正如他自己所言：“科学精神就是求真、求普、求美。”求真，是精益求精的严谨，是勇攀高峰的执着，他用极致书写自己的精彩人生。

精益求精让每一个青涩年华化为多彩绽放。

知识巩固

1. （单选）（　　）关键字用于测试跟随的子查询中的行是否存在。

   A. MOV　　B. EXISTS

   C. UNION　　D. HAVING

2. （单选）子查询的 SELECT 查询用（　　）括起来。

   A. 方括号　　B. 花括号　　C. 圆括号　　D. 尖括号

3. （单选）子查询最多可以嵌套（　　）层。

   A. 3　　B. 10　　C. 32　　D. 无数

4. （填空）实现嵌套查询时，使用（　　）和（　　）是满足某一个条件，使用（　　）是满足所有条件。

5. （填空）使用嵌套查询时，ORDER BY 子句只能用于（　　），不能在子查询的 SELECT 语句中使用。

综 合 实 训

一、单表查询

1. 在“学生管理系统”数据库的学生信息表 Student 中查询“学号”“姓名”“年龄”等学生信息。

2. 在“学生管理系统”数据库的课程信息表 Course 中查找报名人数大于最低开班人数的“课程编号”“课程名称”“教师”等课程信息。

3. 在“学生管理系统”数据库的课程信息表 Course 中统计课程总数。

____

____

____

二、多表查询

1. 在“学生管理系统”数据库中分别统计学生成绩大于 60 分和小于 60 分的学生名单，并显示“姓名”“成绩”信息。

2. 在“学生管理系统”数据库的学生信息表（Student）、课程信息表（Course）和学生成绩表（Score）中查询学生成绩，并显示“姓名”“课程名称”和相应的“成绩”信息。

____

____

____

____

____

____

____

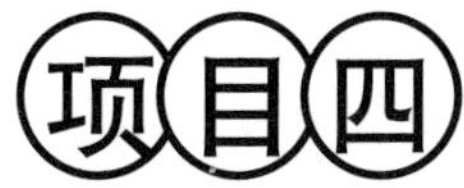

➡“天意购物”数据库中视图与索引的使用

视图可以看作虚拟表或存储在数据库中的查询，是数据库中某些表或其他视图中数据的特定子集。视图与基表一样包含有一系列带有名称的列和行数据。不同的是，视图没有存储任何数据，不占物理存储空间，行和列的数据来自定义视图的查询所引起的基表，并且在生成视图时动态生成。用户可以对视图进行查询和更新操作，但更新操作时有一定的限制。

索引可以加快对表中数据的检索，是数据库中一个比较重要的对象。它类似于图书目录的作用，在数据库中，索引允许数据库应用程序不必扫描整个数据库，就能迅速找到表中特定的数据。索引是表中数据和相应存储位置的列表。

项目内容：

- 任务一　视图的创建、删除和维护。
- 任务二　索引的创建、删除和维护。

项目目标：

- 熟练掌握：使用 SSMS 管理器和 T-SQL 语句创建视图和索引。
- 掌握：视图和索引的维护管理。
- 了解：视图的概念、作用和索引的概念。

任务一　视图的创建、删除和维护

在本任务中，首先通过“知识链接”了解视图的概念和作用，然后通过“任务实施”学习使用 SSMS 管理工具和 T-SQL 语句两种方式对“天意购物”视图进行创建和维护。

任务情境

小王：李哥，我现在有个苦恼。有个卖家总是要查询商品的订单信息，我们就总是要多表查询，然后每次都要写一个很长的查询语句，稍不留神还会写错，有没有更快捷方便的方法？

老李：嘿，你还真问对人了，确实有。那就是视图。你把这些查询语句整体存储成一个视图就行。那些经常需要调用的都可以存成视图。

小王：那确实方便多了。

老李：而且，视图还有一个优势就是安全。举个例子，你看现在的微信小程序很火爆，这些小程序其实是不同的公司或者个人开发的，当小程序需要登录时，就直接调取微信账号，说明小程序调用了微信的数据库。但是微信开发商把所有的微信数据库都给其他人看，合适吗？当然不合适了，所以微信就会使用视图，拿出整个基表中的一部分数据，这样既方便了各小程序开发人员，也保证了微信自身的数据库安全，两全其美。

小王：哦，原来视图还有这么多用处呢，我赶紧试试。

任务描述

1. 要求使用 SSMS 管理工具创建“我的购物车”（MyCarts）视图，名称为 View_MyCarts。根据“天意购物”数据库中的表，要求设计“我的购物车（MyCarts）”视图所需的字段，如表 4-1 所示。

表 4-1 MyCarts 视图所需的字段

序 号	数据表	表字段名	视图字段名	视图别名
1	Customers	Name	Name	客户姓名
2	Products	ProductName	ProductName	商品名称
3	Products	Price	Price	商品价格
4	Carts	Cquantity	Cquantity	商品数量

2. 要求使用 T-SQL 语句创建“我的订单”（MyOrders）视图，名称为 View_MyOrders。根据“天意购物”数据库中的表，要求设计“我的订单（MyOrders）”视图所需的字段，如表 4-2 所示。

表 4-2 MyOrders 视图所需的字段

序 号	数据表	表字段名	视图字段名	视图别名
1	Customers	Name	Name	客户姓名
2	Customers	Telephone	Telephone	联系电话
3	Customers	Address	Address	送货地址
4	Products	ProductName	ProductName	商品名称
5	Products	Price	Price	商品价格
6	Orders	Oquantity	Oquantity	商品数量
7	Orders	OrderId	OrderId	订单编号
8	Orders	PaidDate	PaidDate	付款日期

任务实施

1. 使用 SSMS 管理工具创建“我的购物车”（MyCarts）视图，名称为 View_MyCarts。

视 频

创建视图

步骤一：打开 SSMS 管理工具，选择“数据库”→“天意购物”，右击“视图”，在弹出的快捷菜单中选择“新建视图”命令，如图 4-1 所示。

步骤二：在弹出的“添加表”对话框中，按住【Ctrl】键选择 Carts、Customers、Products 三张表，单击“添加”按钮，然后关闭对话框，如图 4-2 所示。

步骤三：在表的图形窗口中列出了表的列名，在每个列名左边有复选框。其中，选中的复选框的列就是要出现在视图中的列。在该设计器中选择：表 Carts 中的 Cquantity 列；表 Products 中的 ProductName 和 Price 列；表 Customers 中的 Name 列，如图 4-3 所示。

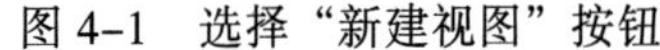
图 4-1 选择“新建视图”按钮

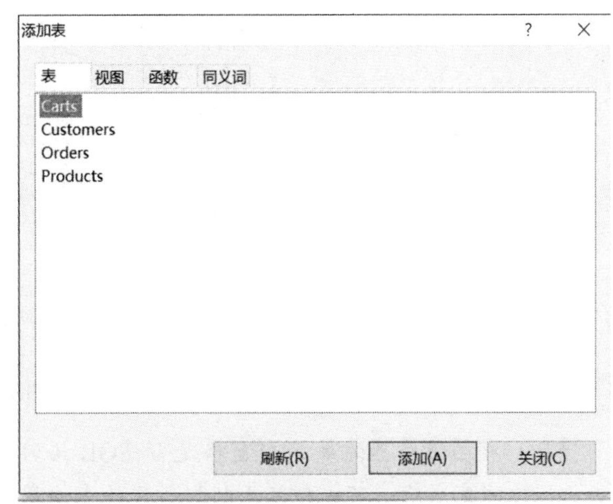

图 4-2 “添加表”对话框

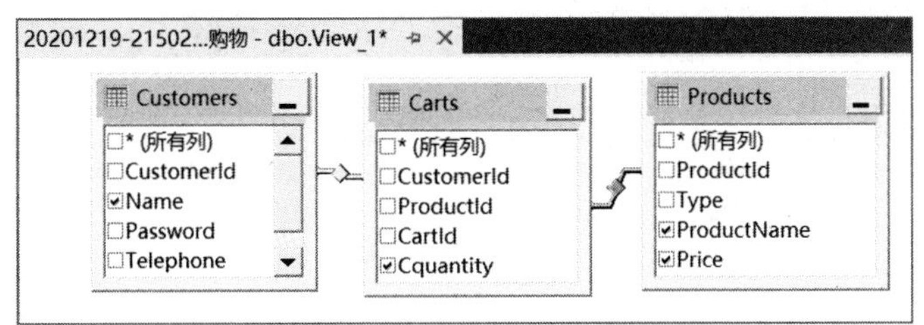

图 4-3 视图设计器的第 1 窗格

在视图设计器的第 2 窗格中显示了要输出的列，如图 4-4 所示。

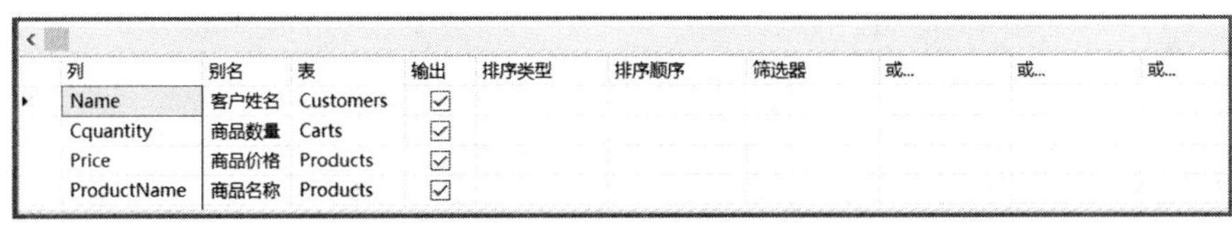

列	别名	表	输出	排序类型	排序顺序	筛选器	或...	或...	或...
Name	客户姓名	Customers	☑						
Cquantity	商品数量	Carts	☑						
Price	商品价格	Products	☑						
ProductName	商品名称	Products	☑						

图 4-4 视图设计器的第 2 窗格

步骤四：单击工具栏中的“保存”按钮，输入该视图名称 View_MyCarts，视图将保存到数据库中，如图 4-5 所示。

同时，通过“对象资源管理器”窗格可以查看到该视图，如图 4-6 所示。

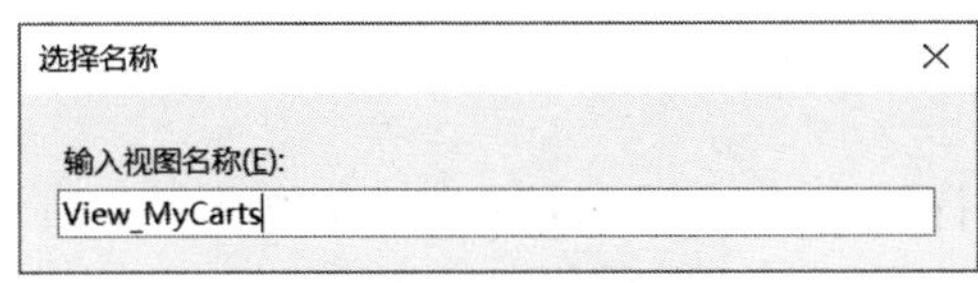

图 4-5 输入视图名称

图 4-6 查看视图

步骤五：在“对象资源管理器”窗格中，右击视图 View_MyCarts，在弹出的快捷菜单中选择“编辑前 200 行”命令，系统通过表格的方式在 SSMS 的主区域新建一个选项卡来展现该视图，如图 4-7 所示。

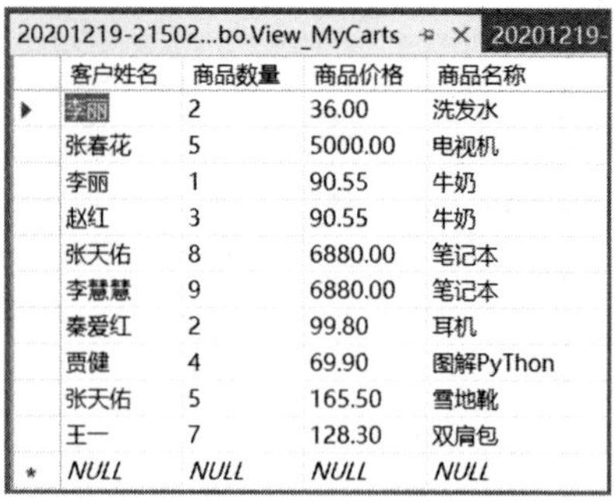

20201219-21502...bo.View_MyCarts

客户姓名	商品数量	商品价格	商品名称
李丽	2	36.00	洗发水
张春花	5	5000.00	电视机
李丽	1	90.55	牛奶
赵红	3	90.55	牛奶
张天佑	8	6880.00	笔记本
李慧慧	9	6880.00	笔记本
秦爱红	2	99.80	耳机
贾健	4	69.90	图解PyThon
张天佑	5	165.50	雪地靴
王一	7	128.30	双肩包
NULL	NULL	NULL	NULL

图 4-7 查看视图中的数据

技巧： 视图设计器的第 3 个窗格是 T-SQL 语句的编辑区，可以直接在这里编写视图定义中的查询。编写完成后，可以将其复制到新建的查询窗口中，再单击工具栏中的“执行 SQL”按钮运行该查询，系统将在查询语句下方的第 2 窗格中显示查询结果，如图 4-8 所示。

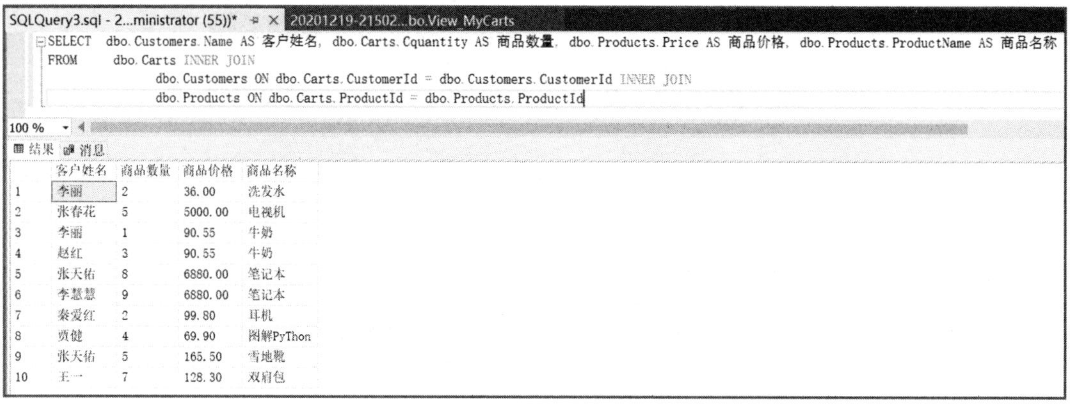

SQLQuery3.sql - 2...ministrator (55))* 20201219-21502...bo.View_MyCarts

```
SELECT   dbo.Customers.Name AS 客户姓名, dbo.Carts.Cquantity AS 商品数量, dbo.Products.Price AS 商品价格, dbo.Products.ProductName AS 商品名称
FROM     dbo.Carts INNER JOIN
              dbo.Customers ON dbo.Carts.CustomerId = dbo.Customers.CustomerId INNER JOIN
              dbo.Products ON dbo.Carts.ProductId = dbo.Products.ProductId
```

100 %

结果 消息

	客户姓名	商品数量	商品价格	商品名称
1	李丽	2	36.00	洗发水
2	张春花	5	5000.00	电视机
3	李丽	1	90.55	牛奶
4	赵红	3	90.55	牛奶
5	张天佑	8	6880.00	笔记本
6	李慧慧	9	6880.00	笔记本
7	秦爱红	2	99.80	耳机
8	贾健	4	69.90	图解PyThon
9	张天佑	5	165.50	雪地靴
10	王一	7	128.30	双肩包

图 4-8 新建查询窗口中第 1 窗格和第 2 窗格

2. 使用 T-SQL 语句创建“我的订单”（MyOrders）视图，名称为“View_MyOrders”，包含客户编号、客户姓名、商品名称、订单编号、付款日期。

语法格式：

```
CREATE VIEW 视图名[(列名[, …])]
[WITH<视图属性>]
AS
查询语句
[WITH  CHECK  OPTION]
```

语句说明：

WITH CHECK OPTION：用于强制视图上执行的所有数据修改语句都必须符合由 SELECT 语句设置的准则。

步骤一：打开 SSMS 管理工具，单击工具栏中的“新建查询”按钮，此时在 SSMS 的主区域新建一个选项卡，在此区域写入语句，如图 4-9 所示。

```
USE 天意购物
GO
CREATE  VIEW  View_MyOrders
```

```
AS
SELECT  C.Name  AS 客户姓名,
C.Telephone  AS 联系电话,
C.Address  AS 送货地址,
P.ProductName  AS 商品名称,
P.Price  AS 商品价格,
O.Oquantity  AS 商品数量,
O.OrderId  AS 订单编号,
O.PaidDate  AS 付款日期
FROM  Orders  O INNER  JOIN  Customers  C
ON O.CustomerId=C.CustomerId
INNER JOIN Products P ON O.ProductId=P.ProductId
```

步骤二：单击工具栏中的“执行”按钮，此时创建视图 View_MyOrders 成功，如图 4-10 所示。

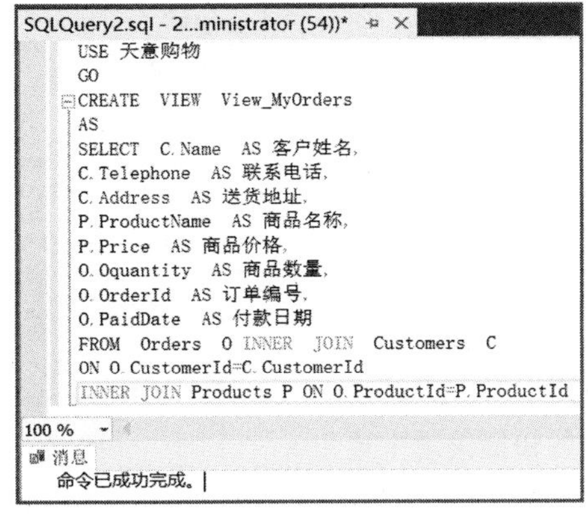

图 4-9　代码创建视图执行结果

图 4-10　显示创建视图

注意：在视图定义中，SELECT 子句中不能包含如下内容：COMPUTE 或 COMPUTE BY 子句，ORDER BY 子句，除非 SELECT 语句中的选择列表中有 TOP 子句、INTO 关键字、OPTION 子句、引用临时表或表变量等。

步骤三：使用 T-SQL 语句查看视图“我的订单（View_MyOrders）”。

打开 SSMS 管理工具，单击工具栏中的“新建查询”按钮，此时在 SSMS 的主区域新建一个选项卡，在此区域写入语句：

```
Select  *  from View_MyOrders
```

单击工具栏中的“执行”按钮，即可查看刚刚创建的视图。

知识链接

一、视图的概念

- 视图（View）：是从一个或多个基本表导出的表。
- 视图是一种数据库对象，它为用户提供了一种对源数据可定制查询、且可修改的工具。
- 通常视图又称虚拟表（Virtual Table），能像表一样操作，即可对视图进行查询、插入、更新与删除。

视图是查看数据库表中数据的一种方式。视图是一种逻辑对象，一种虚拟表，除索引视图外，不占用物理存储空间。大多数 SELECT 语句都可以用在视图的创建中。

二、视图的作用

对于其他持久基表，视图的作用类似于筛选。

视图由查询定义，可以完成以下工作：

（1）降低用户读取数据库数据的复杂性。

（2）阻止选择保密列。

（3）在数据库中添加索引以改善查询性能。

视图不会向用户提供超出其需求的信息，也不会向用户提供其不应看到的信息。

图 4-11 选择修改视图命令

视 频

修改视图

三、管理视图

1. 修改视图

（1）使用 SSMS 管理工具。

【例 4-1】使用 SSMS 管理工具修改视图“我的购物车（View_MyCarts）”，按商品数量进行降序输出。

步骤一：打开 SSMS 管理工具，选择“数据库”→“天意购物”→“视图”，右击视图 View_MyCarts，在弹出的快捷菜单中选择“设计”命令，如图 4-11 所示。

步骤二：在视图设计器中，可以通过窗格 2 中商品数量行中排序类型后面的复选框进行降序的选择，如图 4-12 所示。

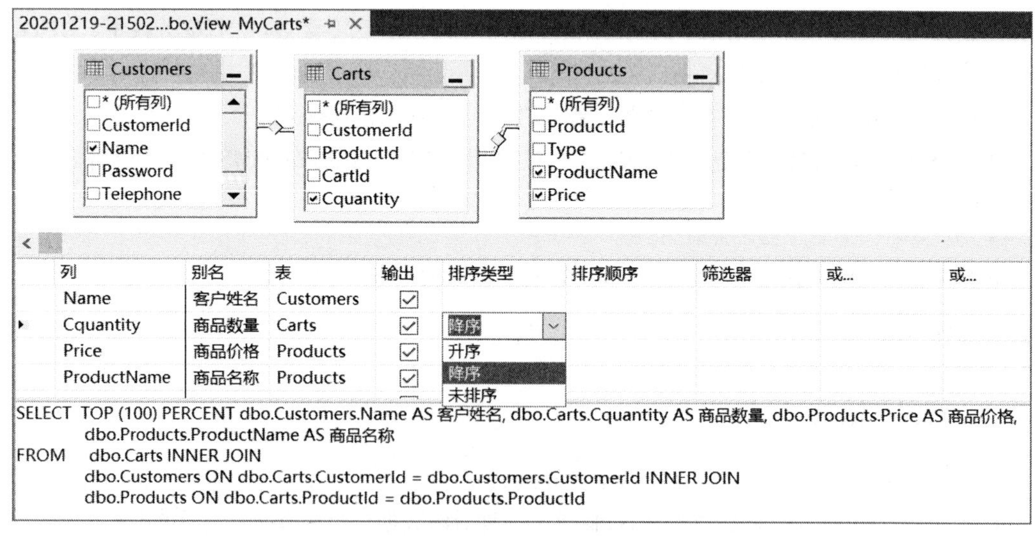

图 4-12 修改视图窗口

步骤三：单击工具栏中的“保存”按钮保存对视图的修改。

（2）使用 T-SQL 修改视图。

语法格式：

```
ALTER  VIEW 视图名[(列名[,…])]
[WITH<视图属性>]
AS
查询语句
[WITH  CHECK  OPTION]
```

注意：

ALTER VIEW 语句格式与 CREATE VIEW 语句格式基本相同，修改视图的过程就是先删除原有视图，然后根据查询语句再创建一个同名的视图的过程。

【例 4-2】使用 T-SQL 语句修改视图“我的订单（View_MyOrders）”，在该视图中增加 Products.Type 字段。

步骤一：打开 SSMS 管理工具，单击工具栏中的“新建查询”按钮，此时在 SSMS 的主区域新建一个选项卡，修改视图 View_MyOrders。在此区域写入语句：

```
USE 天意购物
GO
ALTER  VIEW  View_MyOrders
AS
SELECT C.Name AS 客户姓名,
C.Telephone AS 联系电话,
C.Address AS 送货地址,
P.ProductName AS 商品名称,
P.Price AS 商品价格,
P.Type AS 商品种类,
O.Oquantity AS 商品数量,
O.OrderId AS 订单编号,
O.PaidDate AS 付款日期
FROM Orders O INNER JOIN Customers C
ON O.CustomerId=C.CustomerId
INNER JOIN Products P
ON O.ProductId=P.ProductId
```

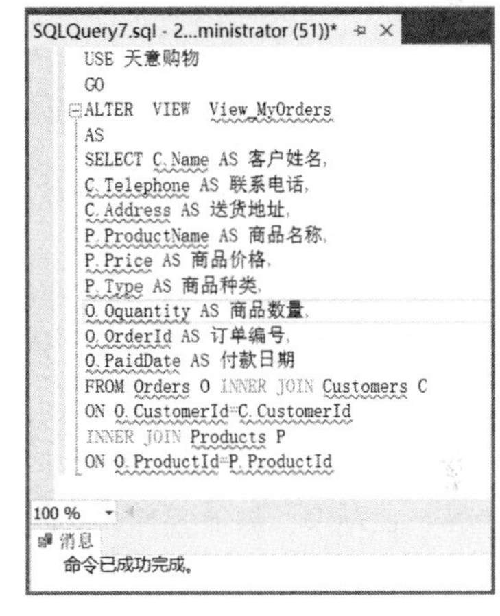

图 4-13　修改视图执行结果

步骤二：单击工具栏中的“执行”按钮，此时修改视图 View_MyOrders 成功，如图 4-13 所示。

注意：由于视图可以被另外的视图作为数据源使用，所以修改视图时要小心。如果删除了某列输出，而该列恰好被其他视图使用，那么在修改视图后其他关联的视图将无法再使用。

2. 重命名视图

（1）使用 SSMS 管理工具重命名视图。

【例 4-3】使用 SSMS 管理工具修改视图“我的购物车（View_MyCarts）”，将其重命名为 View_Carts。

步骤一：打开 SSMS 管理工具，选择“数据库”→“天意购物”→“视图”，右击视图 View_MyCarts，在弹出的快捷菜单中选择“重命名”命令，如图 4-14 所示。

步骤二：在左侧导航栏中，可以直接修改名字为 View_Carts，然后按【Enter】键确认，修改成功，如图 4-15 所示。

图 4-14 选择“重命名”命令

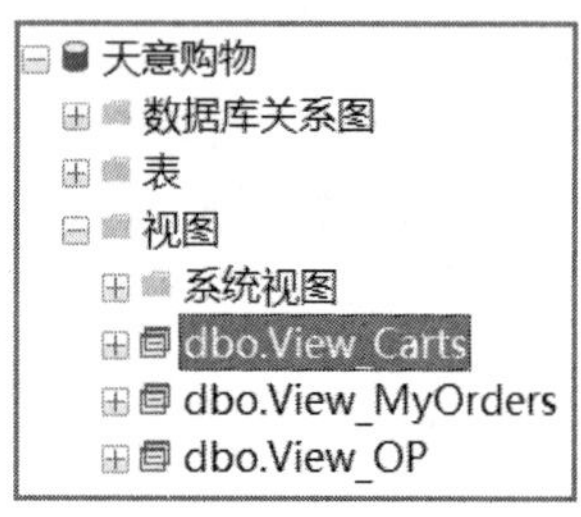

图 4-15 显示重命名后的视图

（2）使用 T-SQL 语句重命名视图。

语法格式：

```
SP_RENAME   <原视图名>,<新视图名>
```

【例 4-4】使用 T-SQL 语句修改视图“我的订单（View_MyOrders）”，将其重命名为 View_Orders。

步骤一：打开 SSMS 管理工具，单击工具栏中的“新建查询”按钮，此时在 SSMS 的主区域新建一个选项卡，修改视图 View_MyOrders。在此区域写入语句（见图 4-16）：

```
USE 天意购物
GO
SP_RENAME View_MyOrders,View_Orders
```

步骤二：单击工具栏中的“执行”按钮，此时重命名为视图 View_Orders 成功，如图 4-17 所示。

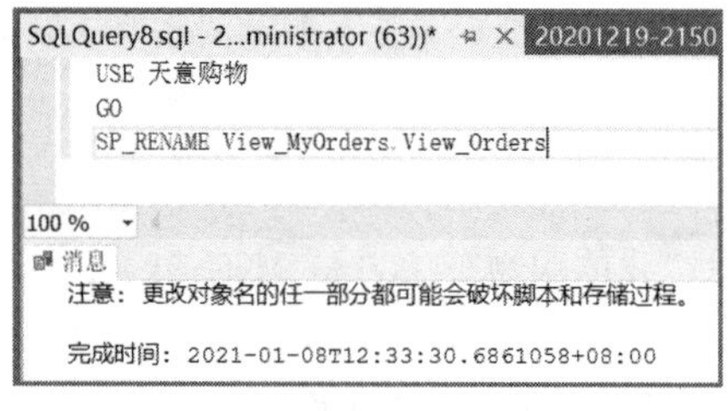

图 4-16 重命名视图执行结果图

图 4-17 显示重命名后的视图

视 频

查询视图

3. 查询视图

视图与表具有相似的结构，视图创建后，可以通过视图对源表中的数据进行查询操作。

（1）使用 SSMS 管理工具查询视图。

【例 4-5】使用 SSMS 管理工具查询视图 View_Carts。

方法：在对象资源管理器中右击视图 View_Carts，在弹出的快捷菜单中选择“编辑前 200 行”命令，如图 4-18 所示，执行命令后即可。在右侧窗格中看到视图中的数据，如图 4-19 所示。

图 4-18 选择“编辑前 200 行”命令

20201219-215024...- dbo.View_Carts

	客户姓名	商品数量	商品价格	商品名称
▶	李丽	2	36.00	洗发水
	张春花	5	5000.00	电视机
	李丽	1	90.55	牛奶
	赵红	3	90.55	牛奶
	张天佑	8	6880.00	笔记本
	李慧慧	9	6880.00	笔记本
	秦爱红	2	99.80	耳机
	贾健	4	69.90	图解PyT...
	张天佑	5	165.50	雪地靴
	王一	7	128.30	双肩包
*	NULL	NULL	NULL	NULL

图 4-19 显示查询视图结果

（2）使用 T-SQL 语句查询视图。

语法格式：

```
SELECT [ALL |DISTINCT] 字段列表 FROM   <视图名>
```

【例 4-6】使用 T-SQL 语句查询视图 View_Orders。

步骤一：打开 SSMS 管理工具，单击工具栏中的“新建查询”按钮，此时在 SSMS 的主区域新建一个选项卡，查询视图 View_Orders。在此区域写入语句：

```
USE 天意购物
GO
SELECT *  FROM   View_Orders
```

步骤二：单击工具栏中的“执行”按钮，此时查询视图 View_ Orders 成功，如图 4-20 所示。

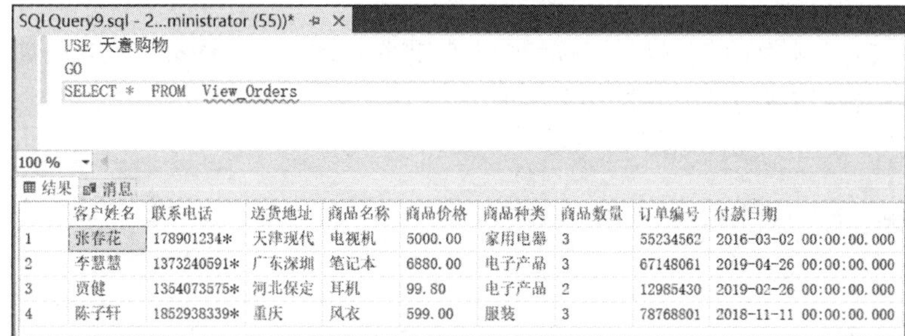

	客户姓名	联系电话	送货地址	商品名称	商品价格	商品种类	商品数量	订单编号	付款日期
1	张春花	178901234*	天津现代	电视机	5000.00	家用电器	3	55234562	2016-03-02 00:00:00.000
2	李慧慧	1373240591*	广东深圳	笔记本	6880.00	电子产品	3	67148061	2019-04-26 00:00:00.000
3	贾健	1364073575*	河北保定	耳机	99.80	电子产品	2	12985430	2019-02-26 00:00:00.000
4	陈子轩	1852938339*	重庆	风衣	599.00	服装	3	78768801	2018-11-11 00:00:00.000

图 4-20 查询视图执行结果

视　频

删除视图

4. 删除视图

（1）使用 SSMS 管理工具删除视图。

【例 4-7】使用 SSMS 管理工具删除视图 View_Carts。

步骤一：打开 SSMS 管理工具，选择“数据库”→“天意购物”→“视图”，右击视图 View_Carts，在弹出的快捷菜单中选择“删除”命令，如图 4-21 所示。

步骤二：单击“删除对象”对话框中的“确定”按钮，如图 4-22 所示。在对象资源管理器中可以看到视图已经被成功删除。

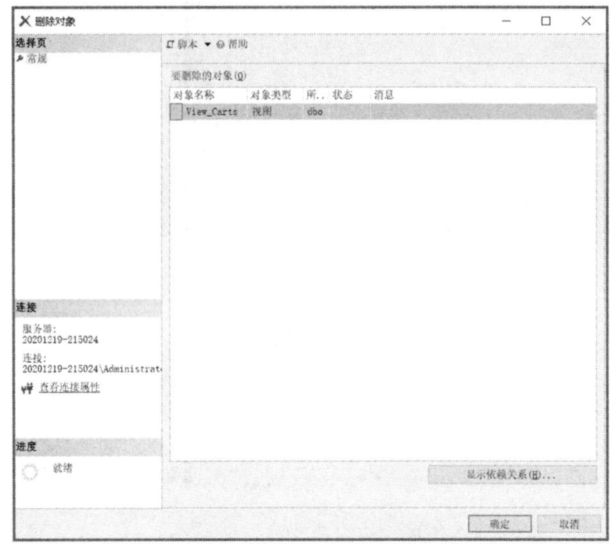

图 4-21　选择“删除”命令

图 4-22　“删除对象”对话框

（2）使用 T-SQL 语句删除视图。

可以使用 DROP VIEW 命令删除视图，语法格式：

```
DROP  VIEW  <视图名>
```

【例 4-8】使用 T-SQL 语句删除视图 View_Orders。

步骤一：打开 SSMS 管理工具，单击工具栏中的“新建查询”按钮，此时在 SSMS 的主区域新建一个选项卡，编写代码删除视图 View_Orders。语句如下：

```
USE 天意购物
GO
DROP  VIEW  View_Orders
GO
```

步骤二：单击工具栏中的“执行”按钮，此时删除视图 View_ Orders 成功，如图 4-23 所示。在对象资源管理器中该视图已经不再显示，如图 4-24 所示。

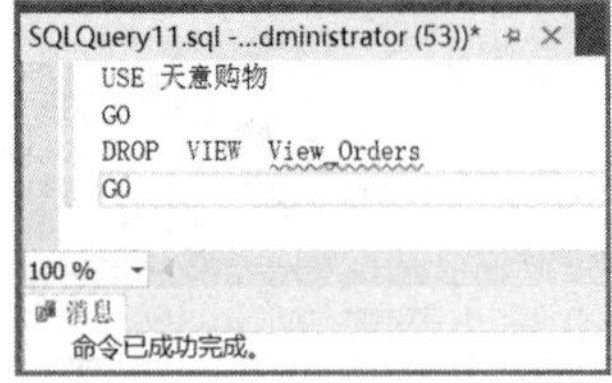

图 4-23　删除视图执行结果

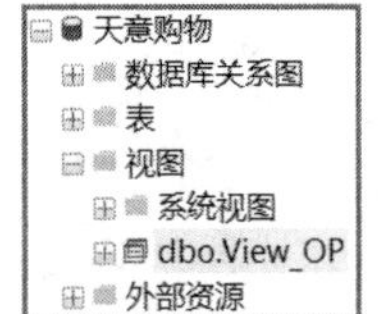

图 4-24　视图被删除后不再显示

动手实践

1. 使用 T-SQL 语句创建视图，名称为 View_OP，包含 Orders 和 Products 表，要求在该视图中输出以下字段：CustomerId、ProductId、ProductName、Price。

步骤一：打开 SSMS 管理工具，单击工具栏中的“新建查询”按钮，此时在 SSMS 的主区域新建一个选项卡，在此区域写入语句：

```
CREATE ______________________________ --创建视图
    AS ______________________________ --查询语句
______________________________
```

步骤二：单击工具栏中的“执行”按钮，此时创建视图 View_OP 成功。

2. 使用 T-SQL 语句修改视图 View_OP，输出以下字段：CustomerId、ProductId、ProductName、Price、要求输出电视机商品信息。

步骤一：打开 SSMS 管理工具，单击工具栏中的“新建查询”按钮，此时在 SSMS 的主区域新建一个选项卡，在此区域写入语句：

```
ALTER ______________________________ --修改视图
    AS ______________________________ --查询语句
______________________________
    WHERE ______________________________ --限定条件
```

步骤二：单击工具栏中的“执行”按钮，此时修改视图 View_OP 成功。

3. 使用 T-SQL 语句为视图 View_OP 重命名，新的视图名称为 View_OrdPro。

步骤一：打开 SSMS 管理工具，单击工具栏中的“新建查询”按钮，此时在 SSMS 的主区域新建一个选项卡，在此区域写入语句：

```
SP_RENAME ______________________________ --重命名视图
```

步骤二：单击工具栏中的“执行”按钮，此时重命名视图成功。

4. 使用 T-SQL 语句查询视图 View_OrdPro。

步骤一：打开 SSMS 管理工具，单击工具栏中的“新建查询”按钮，此时在 SSMS 的主区域新建一个选项卡，在此区域写入语句：

```
SELECT ______________________________ --查询视图
```

步骤二：单击工具栏中的“执行”按钮，此时查询视图成功。

5. 使用 T-SQL 语句删除视图 View_OrdPro。

步骤一：打开 SSMS 管理工具，单击工具栏中的“新建查询”按钮，此时在 SSMS 的主区域新建一个选项卡，在此区域写入语句：

```
DROP ______________________________ --删除视图
```

步骤二：单击工具栏中的“执行”按钮，此时删除视图 View_ OrdPro 成功，在对象资源管理器中该视图已经不再显示。

润物无声

工匠准则：追求极致

视图的功能之一是隐藏了数据的复杂性，类似于筛选。精心设计合理的视图，可以使用户查询变得简单，过滤掉一些不需要的数据。所以对于数据库开发人员来说，追求数据的更为简洁和有效尤为重要。下面要介绍的人物荣获“CCF 终身成就奖”：何新贵。

人物：何新贵

何新贵，1938 年生，是我国首批计算机软件工作者之一。2001 年当选中国工程院院士。

何新贵，他在国产计算机上成功研制出多个 FORTRAN 编译系统，是我国第一批自主开发并向全国推广的编译程序系统，有效促使了我国军用数值计算摆脱落后的编程状态，促使我国工程领域全面采用高级程序设计语言。

何新贵在取得的成绩面前并没有停下继续钻研的脚步，他在计算机软件和人工智能的理论研究方面，不断追求极致，使他在编译、数据库、模糊逻辑、最优化处理和军用软件等领域做出了突出贡献，促进了我国数据库、人工智能和软件工程技术的发展和应用。

知识巩固

1. （单选）SQL 的视图是从（　　）中导出的。
   A. 基本表　　B. 视图　　C. 基本表或视图　　D. 数据库
2. （单选）在 SQL 中，创建视图的命令是（　　）。
   A. CREATE SCHEMA　　B. CREATE TABLE
   C. CREATE VIEW　　D. CREATE INDEX
3. （单选）在视图上不能完成的操作是（　　）。
   A. 更新视图数据　　B. 查询
   C. 在视图上定义新的基本表　　D. 在视图上定义新视图
4. （单选）下列不是数据库对象的是（　　）。
   A. 数据模型　　B. 视图　　C. 表　　D. 用户

任务二　索引的创建、删除和维护

在数据库的应用中，用户希望能用最快的速度和最方便的方法找到所需的数据。利用数据库中的索引可以快速找到表或索引视图中的特定信息，可以显著提高数据库查询和应用程序的性能。在本任务中，通过学习掌握使用 SSMS 管理工具和 T-SQL 语句两种方式创建和管理索引。

任务情境

小王：李哥，还有个问题，咱们现在商城的数据库中数据量越来越大了，有时候用户查询商品时可慢了，有没有什么办法可以快点？

老李：那必须有。你想想自己小时候翻字典，查生字的时候，快速找到的方式是什么？

小王：翻看字典的目录，从目录中找到后，就可以精确定位到第几页，直接打开就行了。

视　频

创建索引

老李：其实在数据库中，道理是一样的，我们可以创建索引。索引类似字典的目录，使用索引可以显著提高数据库查询的性能。接下来，你试试怎么去创建索引，怎么去管理索引吧。

任务描述

使用 SSMS 管理工具给表 Carts 创建索引，要求选择 Cquantity 字段建立非聚集索引，索引名为 Cquantity_index。

任务实施

步骤一：打开 SSMS 管理工具，选择“数据库”→“天意购物”→“表”→“Carts”，单击前面的“+”展开选项，右击“索引”选项，在弹出的快捷菜单中选择“新建索引”→“非聚集索引”命令，如图 4-25 所示。

步骤二：在打开的“新建索引”对话框的“选项页”中选择“常规”，输入索引名称 Cquantity_index，如图 4-26 所示。

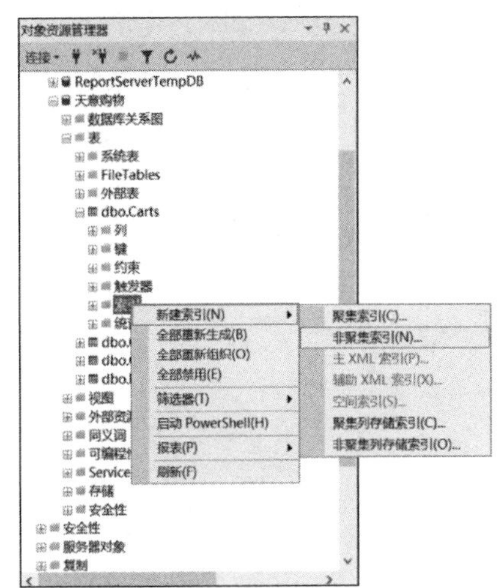

图 4-25 新建索引命令

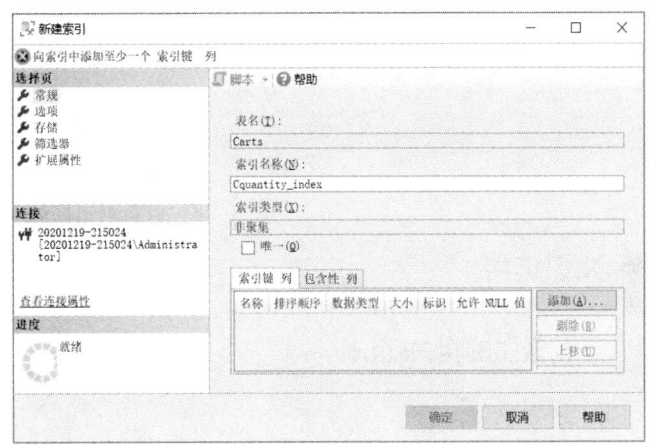

图 4-26 “新建索引”对话框

步骤三：单击“添加”按钮，打开选择列窗口，选择 Cquantity 字段作为索引列，单击“确定”按钮，如图 4-27 所示。

从“dbo.Carts”中选择列

就绪

选择要添加到索引中的表列：

	名称	数据类型	大小	标识	允许 NULL 值
☐	CustomerId	varchar(9)	9	否	否
☐	ProductId	varchar(9)	9	否	否
☐	CartId	varchar(10)	10	否	否
☑	Cquantity	int	4	否	否

确定 取消 帮助

图 4-27 选择要添加到索引中的列

步骤四：在“选项”“存储”等页中进一步设置索引的高级功能，如图 4-28 所示。设置完成后单击“确定”按钮，则该索引创建完成。

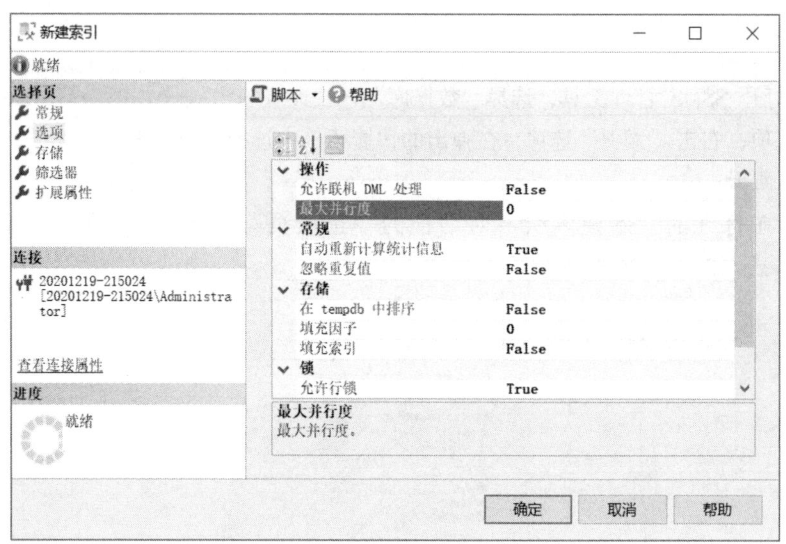

图 4-28 设置索引的高级功能

知识链接

一、索引的相关知识

1. 索引的概念

索引是一种树状结构，其中存储了关键字和指向包含关键字所在记录的数据页指针。当使用索引查找时，系统将沿着索引的树状结构，根据索引中的关键字和指针找到符合查询条件的记录。最后将查找到的符合查询条件的全部记录显示出来。

2. 索引的优点

（1）通过创建唯一索引，可以保证每一行数据的唯一性。

（2）可以大大加快数据的检索速度。

（3）可以加速表和表之间的连接，在实现数据的参考完整性方面特别有意义。

（4）在使用 ORDER BY 和 GROUP BY 子句进行数据检索时，同样可以显著减少查询时间。

（5）通过使用索引，可以在查询的过程中使用优化隐藏器，提高系统的性能。

3. 索引的分类

SQL Server 有两种索引：聚集索引和非聚集索引。

（1）聚集索引：聚集索引是一种数据表的物理顺序与索引顺序相同的索引。

聚集索引确定了数据存储的顺序，数据存储基于聚集索引键值在表内排序。每个表只能有一个聚集索引，因为数据行本身只能按一个顺序存储。

聚集索引的典型例子是按字母顺序查字典，一本字典中单词的排列方式只有一种。我们不需要去查看前面的目录，只要任意翻开一页，然后根据当前页的单词判断出要查找的单词是在此页的前面还是后面。

（2）非聚集索引：非聚集索引是一种数据表的物理顺序与索引顺序不相同的索引。

非聚集索引既可以定义在表或视图的聚集索引上，也可以定义在表或视图的堆上。非聚集索引中的每一个索引行都是由非聚集键值和行定位符组成的，该行定位符指向聚集索引或堆中包含该键值的数据行。

非聚集索引就像按照"偏旁部首"等方法查字典。先根据"偏旁部首"找到该字，然后根据这个字后面的页码直接翻到该字所在页。通过这种方式找到所需的字需要经过两个过程：一是先找到目录中的结果；二是翻到所需的页码。

二、使用 T-SQL 语句创建索引

CREATE INDEX 语句可以为表或视图创建一个改变物理顺序的聚集索引，也可以创建一个具有查询功能的非聚集索引。

语法格式：

```
CREATE  [UNIQUE][CLUSTERED | NONCLUSTERED] INDEX 索引名
   ON {表名 | 视图名}(列名 [ASC | DESC] [,…n])
```

语句说明：

- [UNIQUE][CLUSTERED | NONCLUSTERED]：指定创建索引的类型，依次为"唯一索引""聚集索引""非聚集索引"。非聚集索引是 CREATE INDEX 语句的默认值。
- ON 关键字：表示索引所属的表或视图，这里用于指定表或视图的名称和相应的列名称。列名称后面可以使用 ASC 或 DESC 关键字，指定升序排列或降序排列。ASC 为默认值。

1. 创建聚集索引

【例 4-9】在"Products"表中创建索引，要求选择"Type"字段建立聚集索引，索引名为"Type_index"

步骤一：打开 SSMS 管理工具，单击工具栏中的"新建查询"按钮，此时在 SSMS 的主区域新建一个选项卡，在此区域写入语句，如图 4-29 所示。

```
USE 天意购物
CREATE CLUSTERED
INDEX Type_index
ON Products(Type)
```

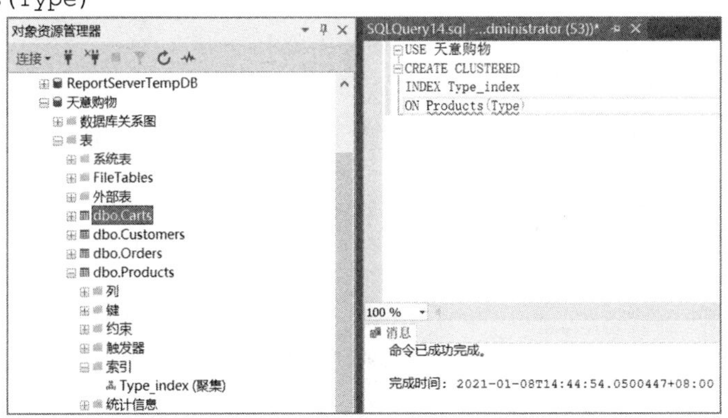

图 4-29 创建聚集索引

步骤二：单击工具栏中的"执行"按钮，此时创建索引 Type_index 成功。

注意：视图创建非聚集索引，必须先创建唯一的聚集索引。

2. 创建非聚集索引

【例 4-10】在"Products"表中创建索引，要求选择"Price"字段建立非聚集索引，索引名为

“Price_index”。

步骤一：打开 SSMS 管理工具，单击工具栏中的“新建查询”按钮，此时在 SSMS 的主区域新建一个选项卡，在此区域写入语句，如图 4-30 所示。

```
USE 天意购物
CREATE NONCLUSTERED
INDEX Price_index
ON Products(Price)
```

步骤二：单击工具栏中的“执行”按钮，此时创建索引 Price_index 成功。

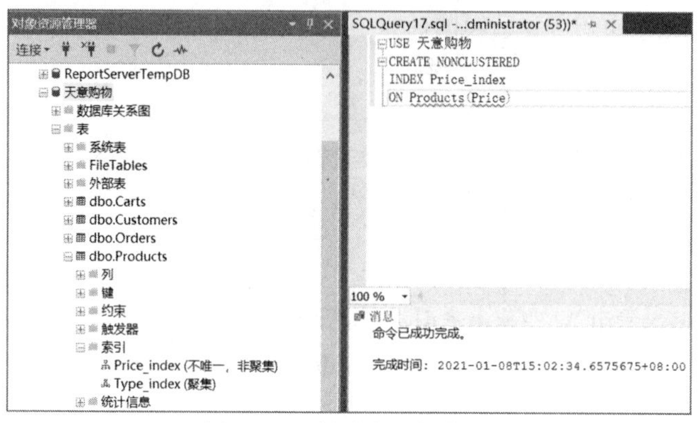

图 4-30　创建非聚集索引

3. 创建唯一索引

【例 4-11】在“Products”表中创建索引，要求选择“ProductId”字段建立唯一索引，索引名为“ProductId _index”。

步骤一：打开 SSMS 管理工具，单击工具栏中的“新建查询”按钮，此时在 SSMS 的主区域新建一个选项卡，在此区域写入语句，如图 4-31 所示。

```
USE 天意购物
CREATE UNIQUE
INDEX ProductId_index
ON Products(ProductId)
```

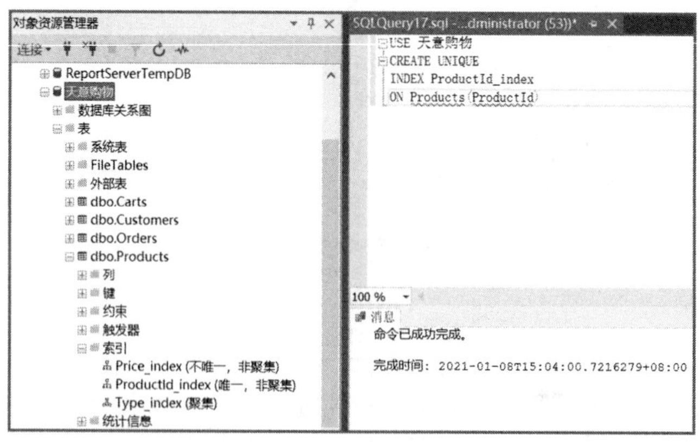

图 4-31　创建唯一索引

步骤二：单击工具栏中的“执行”按钮，此时创建索引 ProductId_index 成功。

三、管理索引

1. 查看索引

（1）使用 SSMS 管理工具。

【例 4-12】查看“天意购物”数据库中 Products 表所建立的索引。

打开 SSMS 管理工具，选择“数据库”→“天意购物”→“表”→“Products”，展开要查看的表，选择“索引”选项，则会出现表中已存在的索引列表。双击索引 ProductId_index，打开“索引属性”窗口可查看详细信息，如图 4-32 所示。

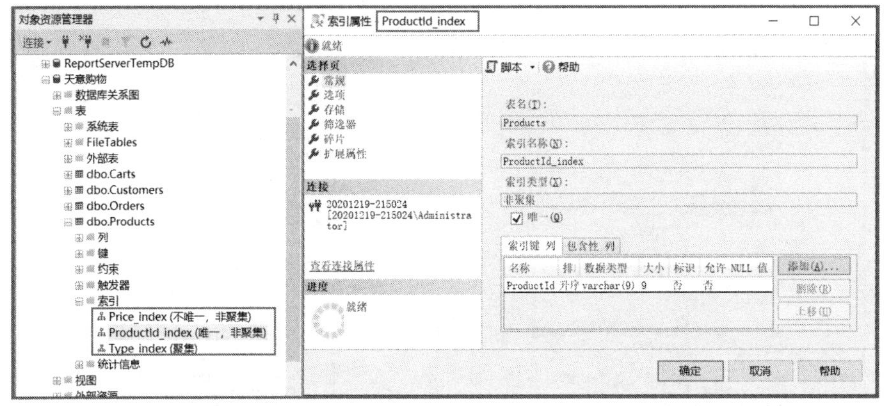

图 4-32 打开“索引属性”窗口

（2）使用 T-SQL 语句查看索引。

语法格式：

```
SP_HELPINDEX 表名
```

【例 4-13】使用 T-SQL 命令查看“天意购物”数据库中 Products 表所建立的索引。

步骤一：打开 SSMS 管理工具，单击工具栏中的“新建查询”按钮，此时在 SSMS 的主区域新建一个选项卡，在此区域写入语句：

```
USE 天意购物
GO
SP_HELPINDEX Products
```

步骤二：单击工具栏中的“执行”按钮，此时可查看到 Products 表中的所有索引，如图 4-33 所示。

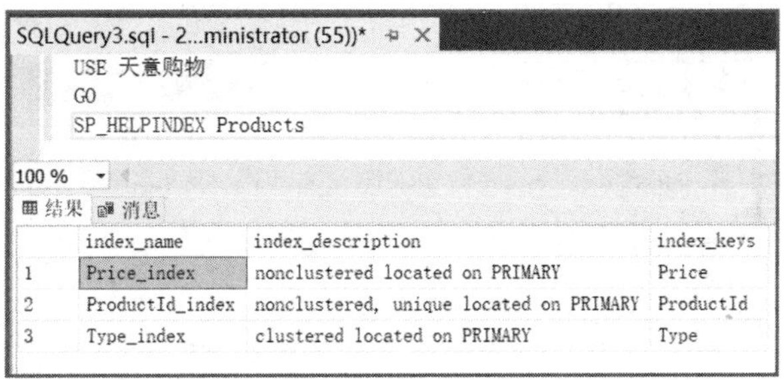

图 4-33 查看索引

2. 重命名索引

(1)使用 SSMS 管理工具。

【例 4-14】将“天意购物”数据库中 Products 表所建立的索引 Type_index 重命名为 Tyindex。

打开 SSMS 管理工具，选择“数据库”→“天意购物”→“表”→“Products”→“索引”，右击索引 Type_index，在弹出的快捷菜单中选择“重命名”命令，如图 4-34 所示，修改名字后按【Enter】键即可修改成功，如图 4-35 所示。

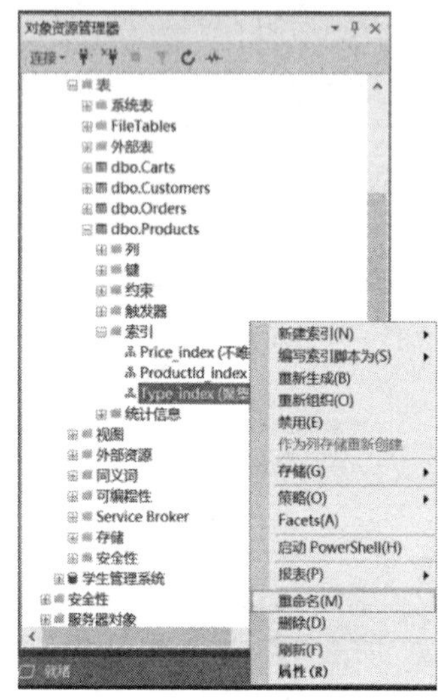

图 4-34 重命名索引命令

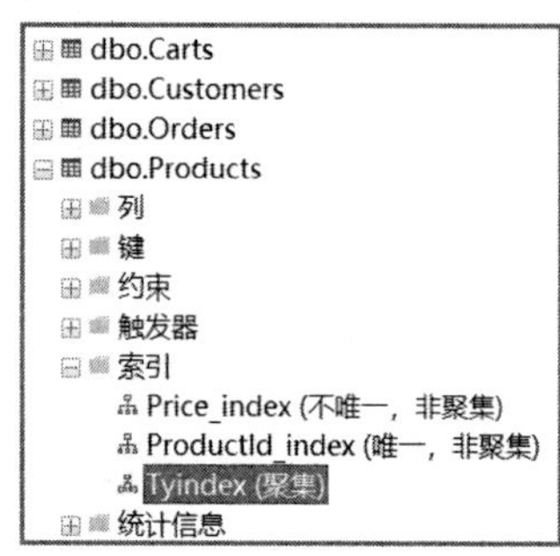

图 4-35 重命名索引结果

(2)使用 T-SQL 语句重命名索引。

语法格式：

```
SP_RENAME '表名.旧索引名','新索引名'
[,[@objtype=]'object_type']
```

【例 4-15】使用 T-SQL 语句将“天意购物”数据库中 Products 表所建立的索引 ProductId_index 重命名为 ProIdindex。

步骤一：打开 SSMS 管理工具，单击工具栏中的“新建查询”按钮，此时在 SSMS 的主区域新建一个选项卡，在此区域写入语句，如图 4-36 所示。

```
USE 天意购物
GO
SP_RENAME 'Products.ProductId_index', 'ProIdindex'
```

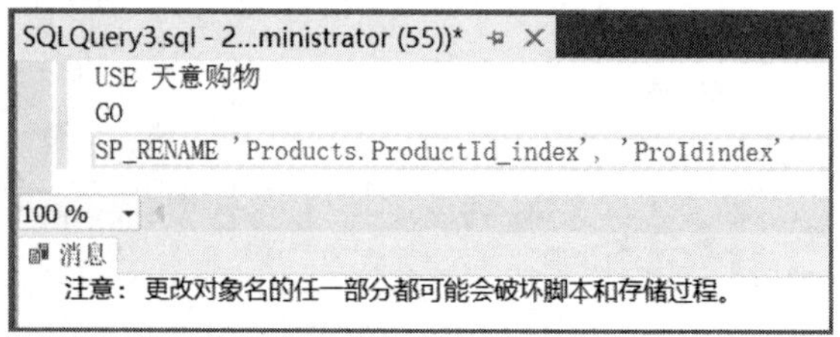

图 4-36 重命名索引

步骤二：单击工具栏中的“执行”按钮，此时重命名索引成功。

3. 重建索引

重建索引的过程实际上是先删除原有索引，然后重新创建索引，这将根据指定的或现有的填充因子，设置压缩页来删除碎片、回收磁盘空间，然后对连续页中的索引行重新排序。

（1）使用 SSMS 管理工具。

【例 4-16】重建“天意购物”数据库中 Products 表中的非聚集索引 Price_index。

打开 SSMS 管理工具，选择“数据库”→“天意购物”→“表”→“Products”→“索引”，右击索引 Price_index，在弹出的快捷菜单中选择“重新生成”命令，如图 4-37 所示。在重新生成索引对话框中，单击“确定”按钮，如图 4-38 所示，即可重建索引。

图 4-37 “重新生成”命令

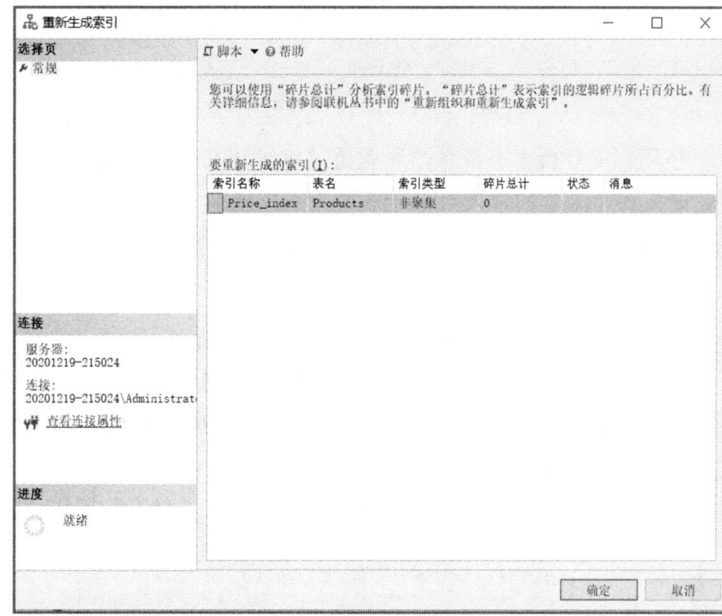

图 4-38 “重新生成索引”对话框

（2）使用 T-SQL 语句重建索引。

通过 ALTER INDEX 命令实现重建索引。

语法格式如下：

```
ALTER  INDEX { 索引名 | ALL }
ON { 表名| 视图名}
REBUILD
```

注意：ALTER INDEX 语句不能用于修改索引定义，如添加或删除列，或更改列的顺序。若要修改定义，需要删除原有索引，然后重新使用 CREATE INDEX 命令创建索引。

【例 4-17】使用 T-SQL 语句重建 Products 表中的非聚集索引 Price_index。

```
USE 天意购物
GO
ALTER INDEX Price_index
ON Products
REBUILD
GO
```

执行结果如图 4–39 所示。

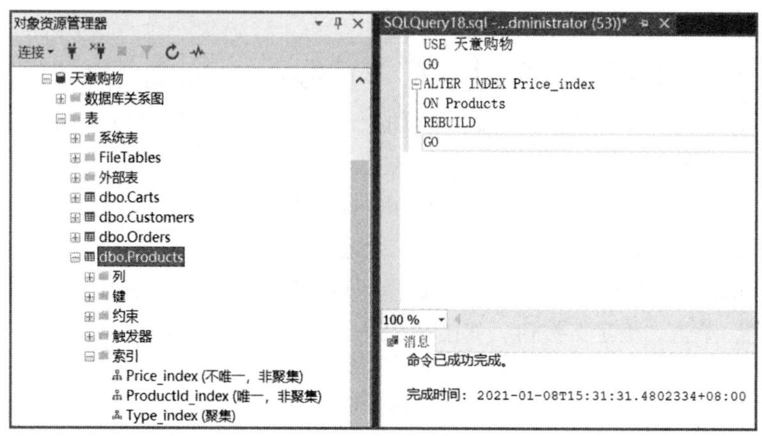

图 4–39 重建索引

技巧：最好的索引维护方式是通过维护计划来重建索引，在业务系统空闲时将需要的索引重建，避免由于长时间修改数据造成的索引不连续。

4. 删除索引

（1）使用 SSMS 管理工具。

【例 4–18】删除表 Products 中的聚集索引 Tyindex。

步骤一：打开 SSMS 管理工具，选择“数据库”→“天意购物”→“表”→“Products”，展开要查看的表，选择“索引”选项，则会出现表中已存在的索引列表。右击索引 Tyindex，在弹出的快捷菜单中选择“删除”命令。

步骤二：在打开的“删除对象”窗口中单击“确定”按钮，如图 4–40 所示。

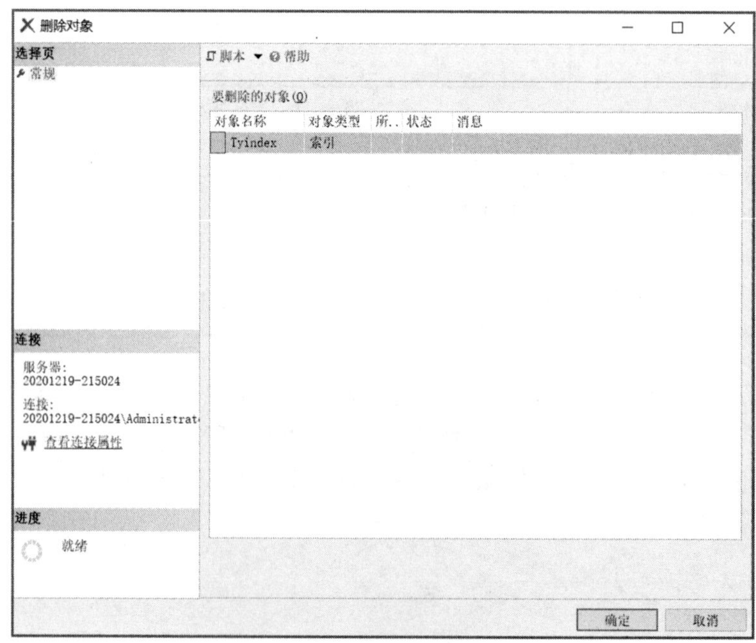

图 4–40 “删除对象”窗口

（2）使用 T-SQL 语句删除索引。

语法格式如下：

```
DROP INDEX {表名 | 视图名}.索引名 [,…n]
```

【例 4-19】使用 T-SQL 语句删除表 Products 中的非聚集索引 Price_index。

```
USE 天意购物
GO
DROP INDEX Products.Price_index
GO
```

执行结果如图 4-41 所示。

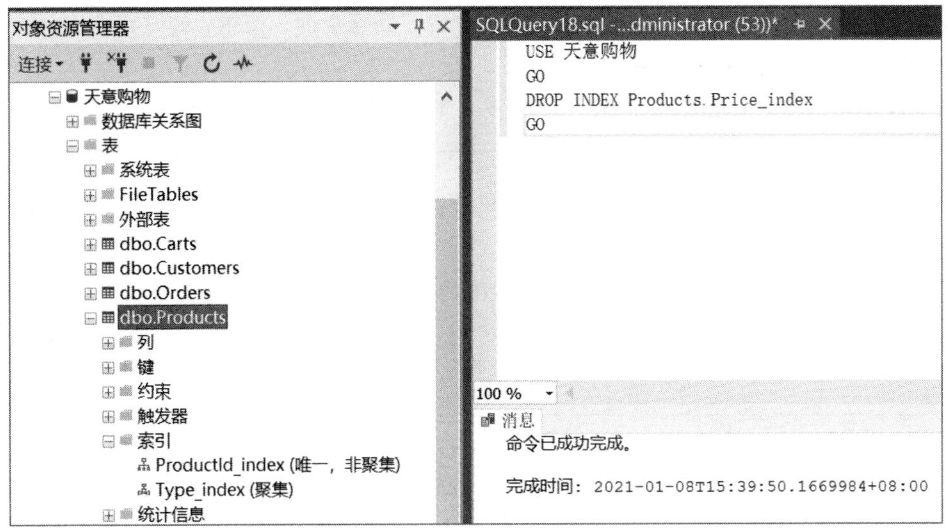

图 4-41　删除索引

知识拓展：索引的使用原则

1. 查询条件中频繁使用的字段适合建立索引。给经常使用在 WHERE 子句、GROUP BY、ORDER BY 子句中的字段创建索引，可以加快条件的判断速度。例如，商品表中的价格字段经常用于筛选操作，因此可以给该字段添加索引。

2. 重复值比较多、查询较少的字段不适合建立索引。例如，在学生表的“性别”字段上只有“男”与“女”两个不同值，因此就不适合建立索引。如果建立索引，不但不会提高查询效率，反而会严重降低更新速度。

动手实践

1. 在“Customers”表的“Address”列上创建名为“unique_Address”的唯一非聚集索引。

步骤一：打开 SSMS 管理工具，单击工具栏中的“新建查询”按钮，此时在 SSMS 的主区域新建一个选项卡，在此区域写入语句：

CREATE

____ --创建唯一非聚集索引

____

步骤二：单击工具栏中的“执行”按钮，此时创建索引 unique_Address 成功。

2. 使用 T-SQL 语句查看"天意购物"数据库中 Customers 表所建立的索引。

步骤一：打开 SSMS 管理工具，单击工具栏中的"新建查询"按钮，此时在 SSMS 的主区域新建一个选项卡，在此区域写入语句：

```
SP_HELPINDEX                              --查看索引
________________________________________________
________________________________________________
```

步骤二：单击工具栏中的"执行"按钮，此时查看索引成功。

3. 使用 T-SQL 语句将"天意购物"数据库的 Customers 表所建立的索引 unique_Address 重命名为 unique_Add。

步骤一：打开 SSMS 管理工具，单击工具栏中的"新建查询"按钮，此时在 SSMS 的主区域新建一个选项卡，在此区域写入语句：

```
SP_RENAME                                 --重命名索引
________________________________________________
________________________________________________
```

步骤二：单击工具栏中的"执行"按钮，此时重命名索引成功。

4. 使用 T-SQL 语句重建 Customers 表所建立的索引 unique_Add。

步骤一：打开 SSMS 管理工具，单击工具栏中的"新建查询"按钮，此时在 SSMS 的主区域新建一个选项卡，在此区域写入语句，

```
ALTER                                     --重建索引
________________________________________________
________________________________________________
```

步骤二：单击工具栏中的"执行"按钮，此时重建索引成功。

5. 使用 T-SQL 语句删除 Customers 表所建立的索引 unique_Add。

步骤一：打开 SSMS 管理工具，单击工具栏中的"新建查询"按钮，此时在 SSMS 的主区域新建一个选项卡，在此区域写入语句：

```
DROP                                      --删除索引
________________________________________________
________________________________________________
```

步骤二：单击工具栏中的"执行"按钮，此时删除索引成功。

润物无声

工匠准则：潜心钻研

建立索引的目的之一是提高查询速度。如何建立合理而方便查询的索引，这需要数据库开发人员花一些精力和心思去思考，同时更要有潜心钻研的精神。在快速发展的今天，我们只有静下心来，潜心钻研，才能为各项工作提速。下面要介绍的人物是"CCF 夏培肃奖"获得者：李晓梅。

人物：李晓梅

李晓梅，我国数值并行算法研究的开拓者之一。她主持了银河-I、银河-II 巨型计算机应用软件的研制与开发，首次在我国建立了"并行线性代数库""并行特征值特征向量库""并行快速变换库"，研制了我国第一个"中期数值天气预报多任务并行软件系统"，在我国首次建立起向量地震数据处理软件系统等。而银河超级计算机在 2020 年的抗击疫情中贡献了自己的力量。

她一直以来踏实工作，潜心研究，为我国并行计算教育和人才培养做出了突出贡献。她深深扎根于国防科技事业，无怨无悔。CCF 奖励委员会决定将 2018 年“CCF 夏培肃奖”授予李晓梅教授，以表彰她在并行算法研究方面做出的杰出贡献。

知识巩固

1.（单选）建立索引的目的是（　　）。

A. 降低 SQL Server 数据检索的速度

B. 与 SQL Server 数据检索的速度无关

C. 加快数据库的打开速度

D. 提高 SQL Server 数据检索的速度

2.（单选）数据库中存放三个关系：学生（学号，姓名）、课程（课程号，课程名）和成绩（学号，课程号，成绩），为快速查出某位学生所学的课程名，应该（　　）。

A. 在学生表上按学号建立索引　　B. 在成绩表上按课程号建立索引

C. 在课程表上按课程号建立索引　　D. 在学生表上按姓名建立索引

3.（单选）在 Student 表中基于 StuName 字段建立的索引属于（　　）。

A. 唯一索引　非聚集索引　　B. 非唯一索引　非聚集索引

C. 聚集索引　非唯一索引　　D. 唯一索引　聚集索引

4.（填空）SQL Server 有两种索引：（　　）和（　　）。

综合实训

一、视图

1. 创建视图

（1）将表 Student 中所有男生记录定义为一个视图（View_male），在 SQL 编辑器窗口中输入执行语句，并通过对象资源管理器显示结果。

（2）对表 Student 定义一个反映班级的视图（View_class），在 SQL 编辑器窗口中输入执行语句，并通过对象资源管理器显示结果。

（3）将表 Score 中学生的学号和成绩定义为一个视图（View_grade），在 SQL 编辑器窗口中输入执行语句，并通过对象资源管理器显示结果。

____

____

____

2. 使用视图

（1）通过视图 View_male 查询所有男生记录的信息。

（2）通过视图 View_grade 查询学生成绩。

____

____

二、索引

1. 创建索引

（1）对表 Course 中的课程号 CourseID 列建立一个名为 index_CouID 的唯一索引。

（2）为了方便按姓名和学号查找学生，为表 Student 创建一个基于“姓名，学号”组合列的组合索引 index_StuID_StuName。

（3）为学生成绩表 Score 创建一个基于“学号，课程编号”组合列的聚集、复合索引 index_StuCou。

2. 使用索引

（1）使用 ALTER INDEX 语句重建索引 index_StuID_StuName。

（2）使用 DROP INDEX 语句删除索引 index_StuCou。

项目五

程序设计

在本项目中，将解决3个问题：如何利用T-SQL语句对数据库进行程序设计；学会创建存储过程和使用存储过程；学会创建触发器和使用触发器。

项目内容：

- 任务一　T-SQL编程。
- 任务二　存储过程。
- 任务三　触发器。

项目目标：

- 熟练掌握：熟练使用常量、变量和函数进行各类程序控制语句的设计，熟练创建和使用存储过程和触发器。
- 理解：能正确理解和使用流程控制语句，理解存储过程和触发器的管理。
- 初步了解T-SQL语句的基本知识、存储过程和触发器的作用及类型。

任务一　T-SQL编程

T-SQL是SQL Server的编程语言，是结构化查询语言（SQL）的增强版本。本任务介绍T-SQL编程的三大语句结构及游标的使用。

视　频

T-SQL编程的分支结构

任务情境

老李：小王，其实到现在为止，咱们项目的数据库功能基本实现了，但是在能实现功能的基础上，你有没有想过提升工作效率？

小王：我自己查资料的时候，发现可以使用T-SQL编程，但是不太理解这是啥？也不太会用。

老李：我来给你讲讲。其实T-SQL是SQL的加强版，对SQL功能进行了扩充，添加了变量说明、流程控制、功能函数等。比如某个商品原价200，想给其加价到300以上，但是每次只加2元，如果用T-SQL编程，就不需要我们一次次地执行加价的SQL操作，只需要加上循环即可。是不是提高了工作效率啊？

小王：嗯嗯，我理解了，那我试试去。

任务描述

在“天意购物”数据库的Product表中查询商品为“SQL Server 2016 数据库项目教程”的商

品信息。如果找到该信息，显示相关信息；如果没有找到，显示“查无此信息”。

任务实施

步骤一：选择“开始”→“所有程序”→Microsoft SQL Server 2016→SQL Server Management Studio 命令，使用“Windows 身份验证”建立连接，进入 SSMS 窗口。

步骤二：在 SSMS 窗口的工具栏中，单击“新建查询(N)”按钮，创建一个查询窗口。

步骤三：在该窗口中输入：

```
USE 天意购物
IF  EXISTS(SELECT * FROM Products
WHERE ProductName='SQL Server 2016 数据库项目教程')
SELECT  *  FROM  Products
WHERE ProductName='SQL Server 2016 数据库项目教程'
ELSE
PRINT'查无此信息'
```

步骤四：单击工具栏中的“执行”按钮，执行结果如图 5-1 所示。

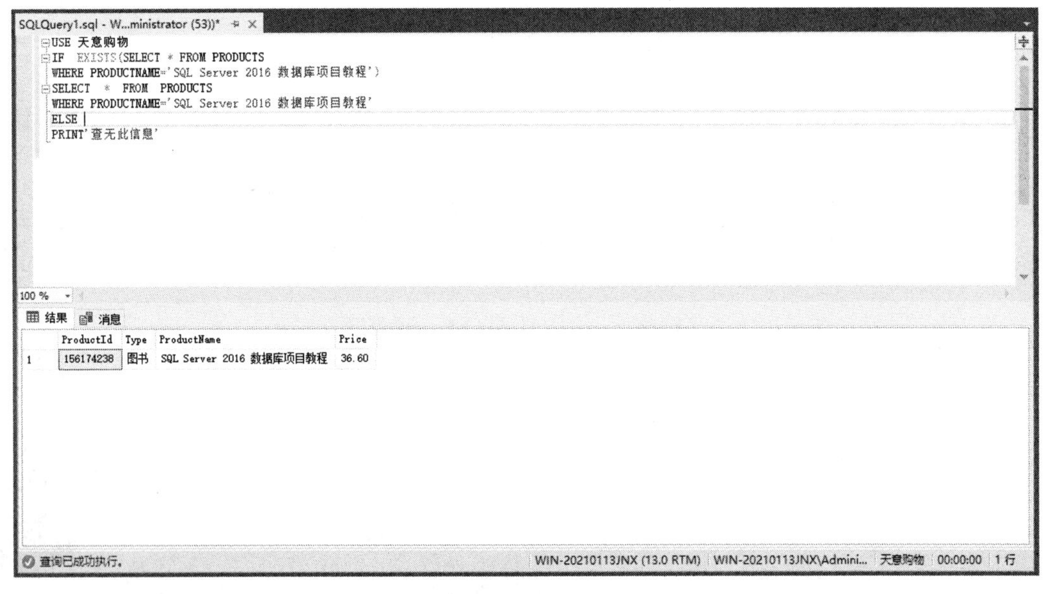

图 5-1　程序执行效果

知识链接

一、顺序结构

视　频
顺序结构

顺序结构的程序设计是最简单的，只要按照解决问题的顺序写出相应的语句即可，它的执行顺序是自上而下，依次执行。

1. 注释语句

在程序中添加注释语句的作用可以增强程序的可读性。注释行语句在程序中不被执行，所以可以将暂时不用执行的语句先设置为注释语句，当需要使用时，再将其从注释语句变成可执行语句。

（1）单行注释符：--，用于程序中只有一行注释文字。

（2）多行注释符：/*……*/，用于程序中有多行注释文字。

2. 语句块

BEGIN END 语句能够将多个 T-SQL 语句组合成一个语句块，并将它们视为一个单元处理。

语法格式：

```
BEGIN
<命令行或程序块>
END
```

【例 5-1】通过顺序结构语句完成“欢迎报考:天津现代职业技术学院”字样的输出。

```
declare @name char(20)
begin
set @name='天津现代职业技术学院'
print '欢迎报考:'+@name
end
```

执行结果如图 5-2 所示。

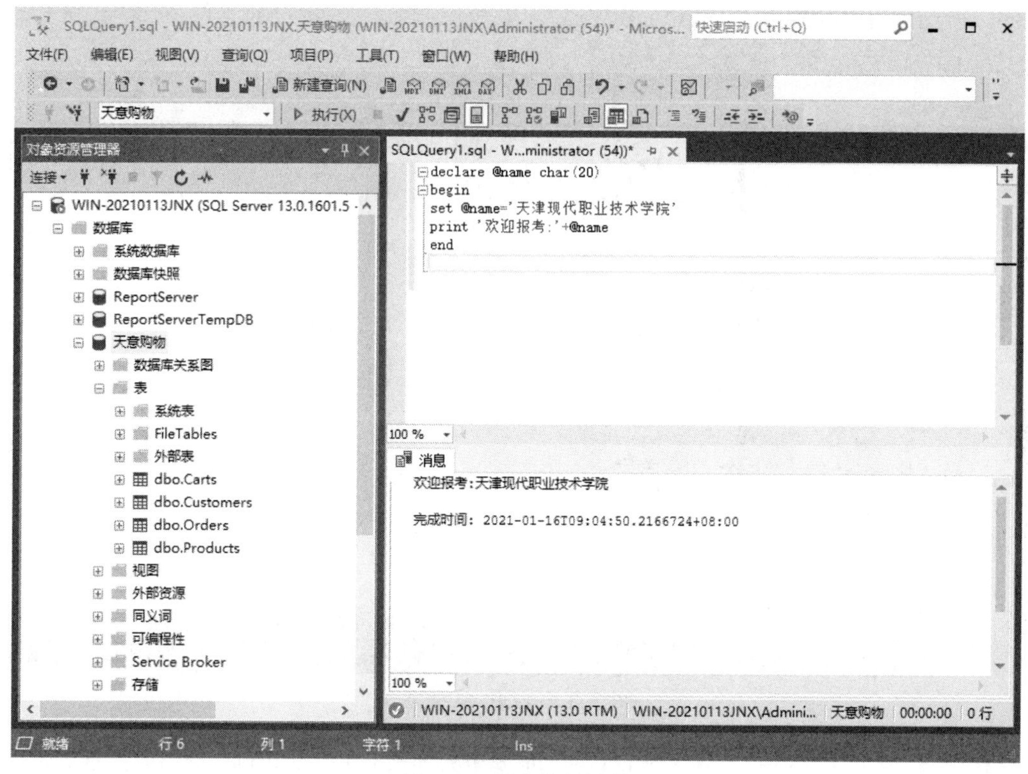

图 5-2　程序执行效果

二、分支结构

顺序结构的程序虽然能解决顺序执行的简单问题，但不能做出判断与选择。对于要先做判断再选择的问题就要使用分支结构。

分支结构依据一定的条件选择执行路径，而不是严格按照语句出现的物理顺序。因此，可以根据某个变量或表达式的值判断，决定执行哪些语句或不执行哪些语句，使得问题简单化，易于理解。

1. 单分支语句

IF 或 IF EXITS 语句。

语法格式：

```
IF  [ EXISTS] <条件表达式>
{SQL_命令行或语句块}
```

【例 5-2】 在“天意购物”数据库的 Products 表中查询商品为“SQL Server 2016 数据库项目教程”的商品信息。如果找到该信息，显示该产品存在。

```
USE 天意购物
IF  EXISTS(SELECT  *  FROM  Products
WHERE  ProductName='SQL Server 2016 数据库项目教程')
PRINT '该产品存在'
```

执行结果如图 5-3 所示。

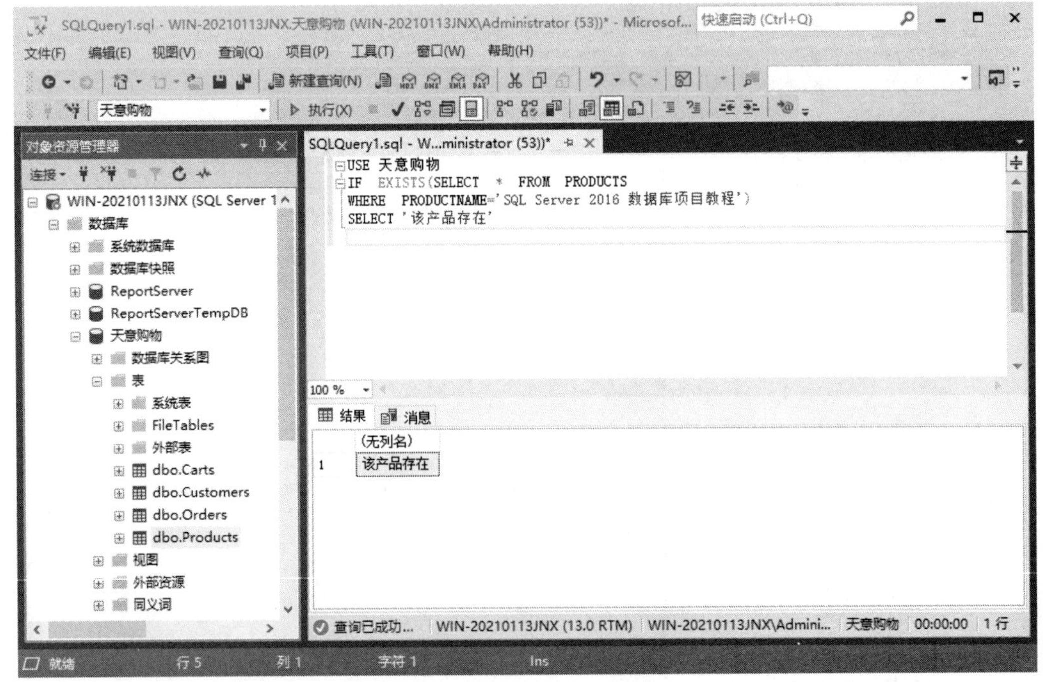

图 5-3 查询产品结果

【例 5-3】在“天意购物”数据库的 Products 表中查询商品为“面包机”的商品信息，如果没找到该信息，则显示所有商品信息。

```
USE 天意购物
IF  not EXISTS(SELECT * FROM Products
WHERE ProductName='面包机')
SELECT  *  FROM  Products
```

执行结果如图 5-4 所示。

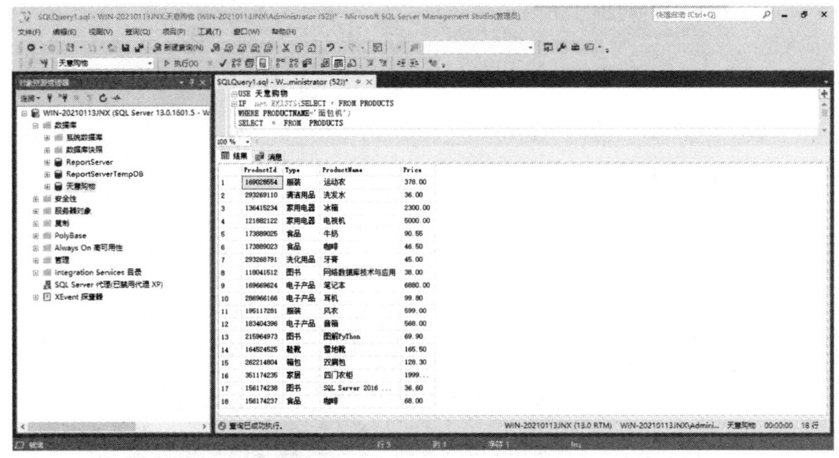

图 5-4　程序执行结果

2. 双分支语句 IF…ELSE

双分支语句的流程图如图 5-5 所示。

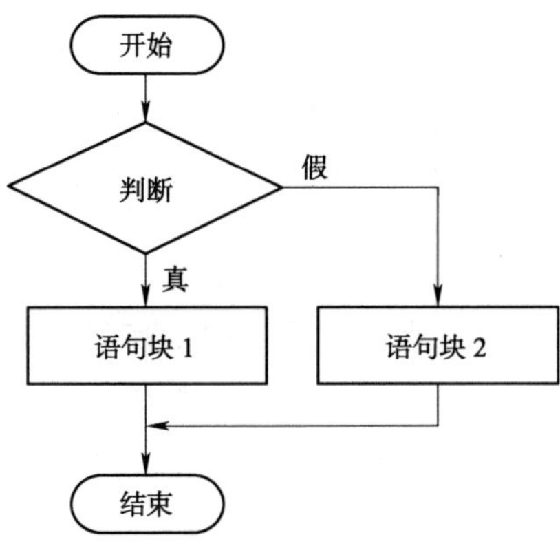

图 5-5　双分支语句流程图

语法格式：

```
IF  <条件表达式>
{SQL_命令行或语句块}
ELSE
{SQL_命令行或语句块}
```

（1）两个条件的分支语句。

【例 5-4】在“天意购物”数据库的 Carts 表中添加一个折扣字段（Discount），要求将客户号为' 673833825'的客户所购商品的折扣信息通过以下方式写入：商品数量 3 件的可以打 7 折，3 件以上可以打 5 折（使用 if 语句完成）。

步骤一：完成字段的添加操作

```
USE 天意购物
ALTER TABLE Carts ADD Discount INT
```

步骤二：完成折扣计算

```
USE 天意购物
DECLARE  @i  INT
```

```
SET @i= ( SELECT  SUM(Cquantity)
FROM  Carts
WHERE  Customerid='673833825')
IF  @i=3
UPDATE  Carts SET Discount=7
WHERE Customerid='673833825'
ELSE
IF   @i>3
UPDATE  Carts SET Discount=5
WHERE  Customerid='673833825'
```

执行结果如图 5-6 所示。

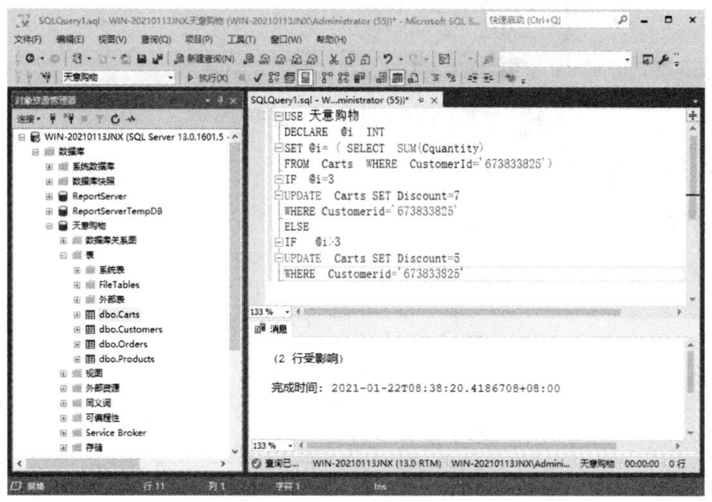

图 5-6　程序执行结果

（2）再增加一个条件，成为多分支。

【例 5-5】在“天意购物”数据库的 Carts 表中添加一个折扣字段（Discount），要求将客户号为'673833825'的客户所购商品的折扣信息通过以下方式写入：商品数量 3 件的可以打 7 折，3 件以上可以打 5 折，5 件以上打 4 折（使用 if 语句完成）。

```
DECLARE  @i INT
SET @i= ( SELECT  SUM(Cquantity)
FROM  Carts
WHERE  CustomerId='673833825')
IF   @i>5
UPDATE  Carts SET Discount=4
WHERE  CustomerId='673833825'
else
IF  @i>3
UPDATE  Carts SET Discount=7
WHERE CustomerId='673833825'
ELSE
IF   @i=3
UPDATE  Carts SET Discount=5
WHERE  CustomerId='673833825'
```

执行结果如图 5-7 所示。

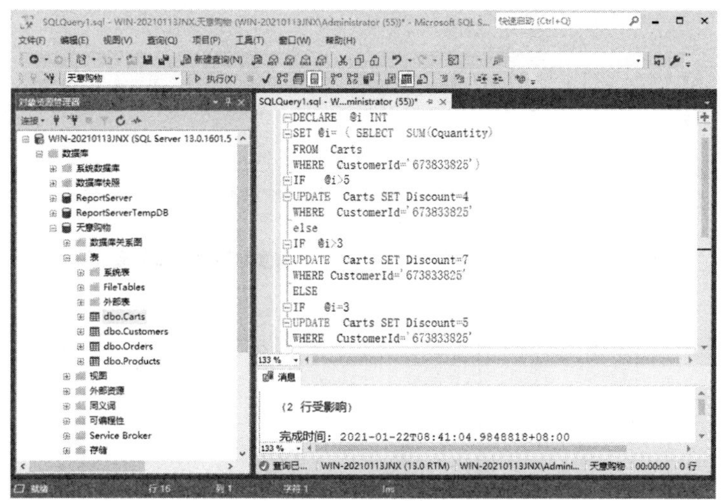

图 5-7 IF 语句执行结果

3. 多分支语句：CASE

IF 语句只能使程序有两个分支，当遇到需要有两个以上分支时，IF 语句就很不适用了，使用 CASE 语句可以实现多分支选择，其效果如图 5-8 所示。

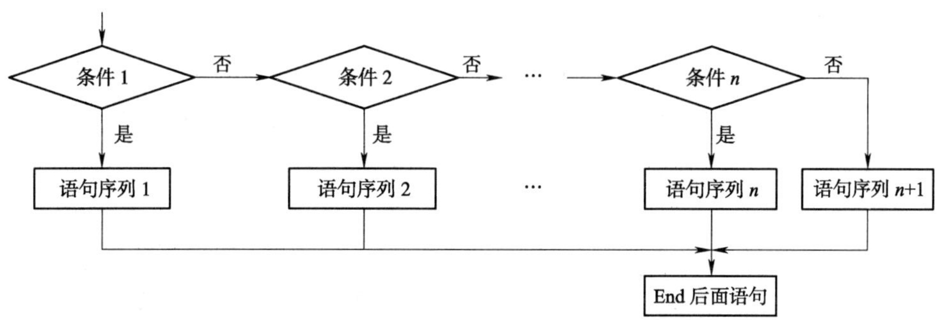

图 5-8 多分支流程图

语法格式：

```
CASE
WHEN 条件 1 THEN 语句序列 1
WHEN 条件 2 THEN 语句序列 2
…
WHEN 条件 n THEN 语句序列 n
[ELSE 语句序列 n+1]
END
```

说明：多分支选择结构 CASE 可以用 n 个条件来控制 $n+1$ 个操作，CASE 关键字可根据表达式的真假来确定是否返回某个值，进行多个分支的选择。

【例 5-6】在“天意购物”数据库的 Carts 表中添加一个折扣字段（Discount），要求通过以下方式写入折扣信息：商品数量 2 件的可以打 7 折，3 件可以打 5 折，3 件以上的打 3 折（使用 case 语句完成）。

```
UPDATE  Carts SET Discount=
CASE
```

```
WHEN Cquantity>3 THEN 3
WHEN Cquantity=3 THEN 5
WHEN Cquantity=2 THEN 7
END
```

执行结果如图 5-9 所示。

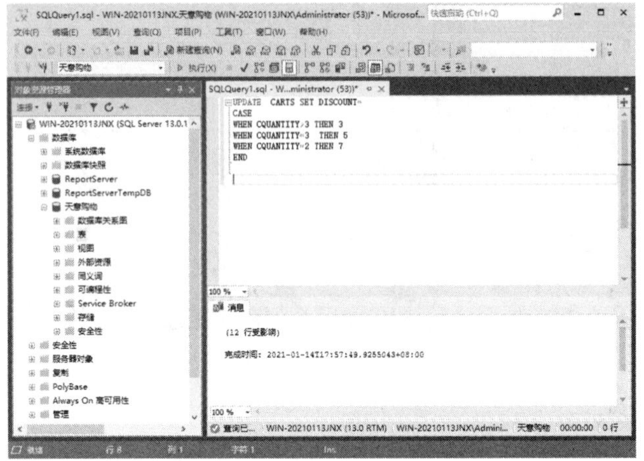

图 5-9 CASE 语句执行结果

视 频

循环结构

三、循环结构

当 WHILE 语句中的条件表达式成立（布尔表达式的值为“真”）时，重复执行命令行或语句块，直到条件表达式的值为逻辑“假”，结束执行循环体，如图 5-10 所示。

语法格式：

```
WHILE <条件表达式>
{ sql_语句 | statement_语句块 }
 [ BREAK ]
{ sql_语句 | statement_语句块 }
 [ CONTINUE ]
{ sql_语句 | statement_语句块 }
```

图 5-10 循环程序流程图

语句说明：

BREAK：导致从最内层的 WHILE 循环中退出。将执行出现在 END 关键字后面的任何语句，END 关键字为循环结束标记。

CONTINUE：使 WHILE 循环重新开始执行，忽略 CONTINUE 关键字后面的任何语句。

【例 5-7】在“天意购物”数据库的 Products 表中，计算类型为“清洁用品”的商品平均价格，如果平均价格低于 100 元，这时要求调整价格，将该类商品提高 1.5 倍，直到最高价格超过 150 元结束。

```
USE 天意购物
GO
WHILE (SELECT AVG(Price) FROM  Products  WHERE Type='清洁用品') < 100
BEGIN
UPDATE  Products
SET Price = Price * 1.5 WHERE Type='清洁用品'
```

```
SELECT MAX(Price)  FROM  Products
IF (SELECT MAX(Price) FROM  Products WHERE Type='清洁用品')> 150
BREAK
ELSE
CONTINUE
END
```

执行结果如图 5-11 所示。

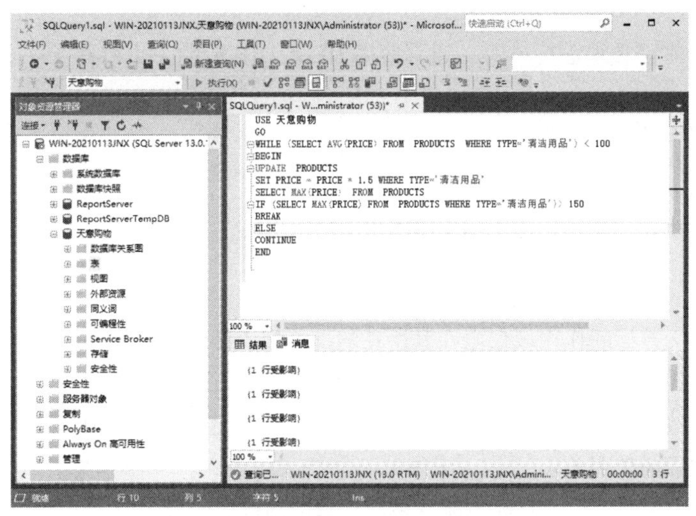

图 5-11　WHILE 语句执行结果

四、游标

在数据库中，游标是一个十分重要的概念。游标提供了一种对从表中检索出的数据进行操作的灵活手段。就本质而言，游标实际上是一种能从包括多条数据记录的结果集中每次提取一条记录的机制。

视　频

游标

每一个游标由 5 部分构成，如图 5-12 所示。

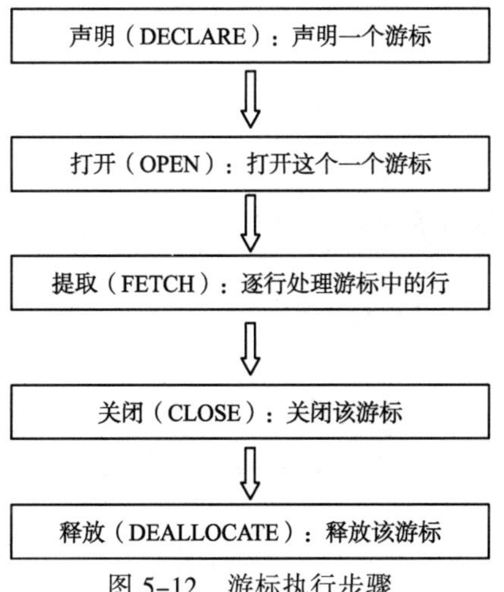

图 5-12　游标执行步骤

（1）声明（DECLARE）游标。

（2）打开（OPEN）游标。

（3）从一个游标中提取（FETCH）信息。

（4）关闭（CLOSE）游标。

（5）释放（DEALLOCATE）游标。

1. 声明游标

游标在使用之前，必须进行声明。通常使用 DECLARE 声明一个游标。

语法格式：

```
DECLARE  游标名称   CURSOR
[LOCAL |GLOBAL]
[FORWARD_ONLY |SCROLL]
[READ_ONLY |SCROLL_LOCKS | OPTIMISTIC]
FOR 查询语句
```

语句说明：

- LOCAL：定义游标的作用域仅限在其所在的批处理、存储过程或触发器中。当建立游标在存储过程执行结束后，游标会被自动释放。
- GLOBAL：指定该游标的作用域对连接是全局的。在由连接执行的任何存储过程或批处理中，都可以引用该游标名称。
- FORWARD_ONLY：指定游标只能从第一行滚动到最后一行。
- SCROLL：支持游标在定义的数据集中向任何方向，或任何位置移动。
- READ_ONLY：意味着声明的游标只能读取数据，游标不能做任何更新操作。
- SCROLL_LOCKS：将读入游标的所有数据进行锁定，防止其他程序进行更改，以确保更新的绝对成功。
- OPTIMISTIC：指明在数据被读入游标后，如果游标中某行数据已发生变化，那么对游标数据进行更新或删除可能会导致失败。

【例 5-8】为“天意购物”数据库的 Customers 表创建一个普通游标，定义为 Cus_cursor。

语句如下：

```
DECLARE  Cus_cursor CURSOR
FOR SELECT * FROM  Customers
```

执行结果如图 5-13 所示。

2. 打开游标

在声明了游标以后，就可以对游标进行操作，但是在使用游标之前必须打开游标。

语法格式：

```
OPEN {{ [GLOBAL] 游标名称} | 游标变量的名称}
```

语句说明：

GLOBAL：指定 Cursor_name 为全局游标。

【例 5-9】打开“天意购物”数据库的 Customers 表所创建的游标 Cus_cursor。

语句如下：

```
OPEN Cus_cursor
```

执行结果如图 5-14 所示。

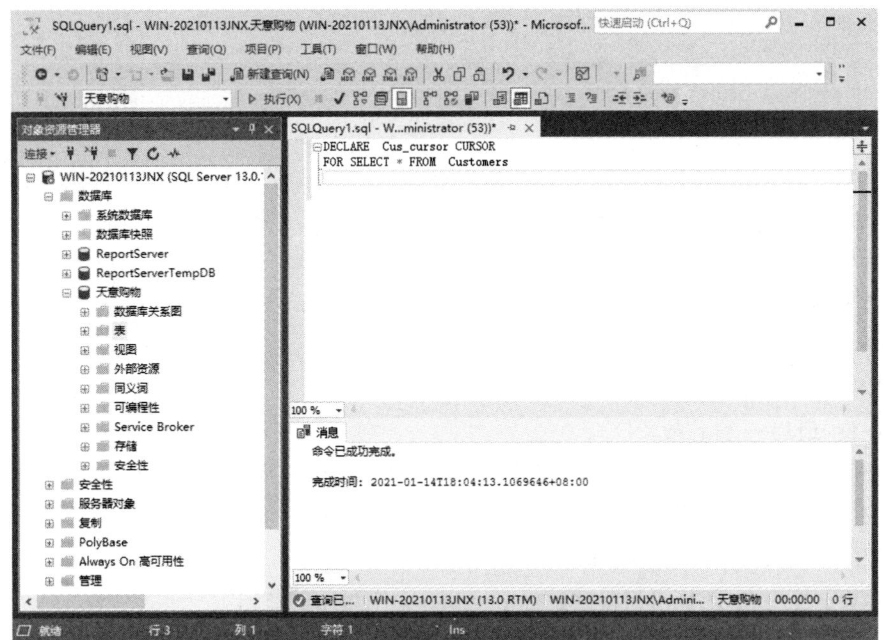

图 5-13　创建一个普通的游标

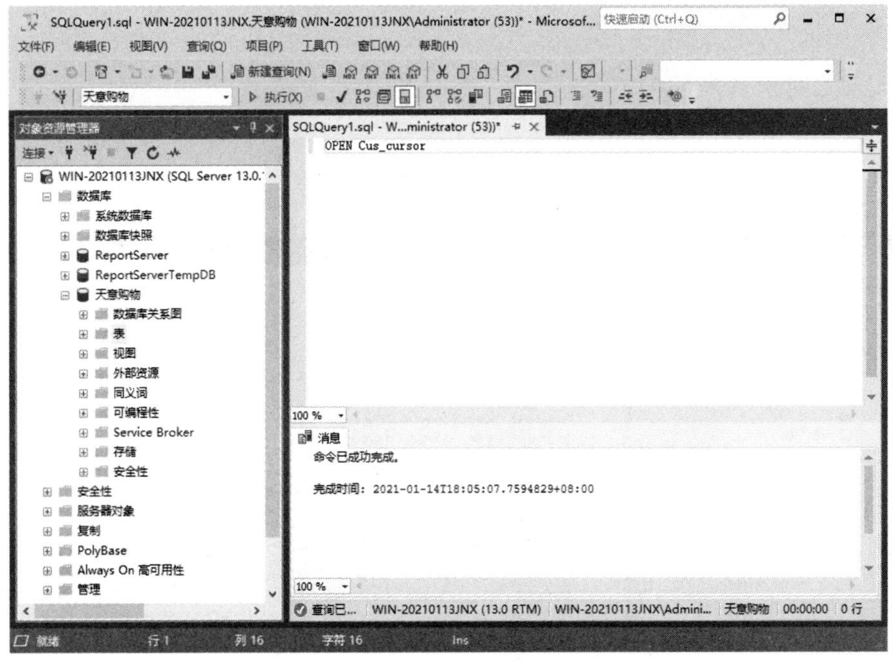

图 5-14　打开游标执行结果

3. 从游标中取数据

当打开一个游标之后，就可以读取游标中的数据。可以使用 FETCH 命令读取游标中的某一行数据。一条 FETCH 语句一次可以将一条记录放入程序员指定的变量中。事实上，FETCH 语句是游标使用的核心。

语法格式：

```
FETCH
[ NEXT | PRIOR | FIRST | LAST
| ABSOLUTE {n | @nvar}
]
FROM
{{[GLOBAL]游标名称} | @游标变量的名称}
```

语句说明：

- NEXT：下移一条记录。
- PRIOR：上移一条记录。
- FIRST：第一条记录。
- LAST：最后一条记录。
- ABSOLUTE N：如果 *n* 或@nvar 为正数，返回从游标头开始的第 *n* 行，并将返回的行变成新的当前行；如果 *n* 或@nvar 为负数，返回游标尾之前的第 *n* 行，并将返回的行变成新的当前行；如果 *n* 或@nvar 为 0，则没有行返回。

【例 5-10】使用 FETCH 语句检索游标 Cus_cursor 中可用的数据。

```
FETCH   NEXT  FROM  Cus_cursor
WHILE  @@FETCH_STATUS=0
BEGIN
FETCH NEXT FROM Cus_cursor
END
```

执行结果如图 5-15 所示。

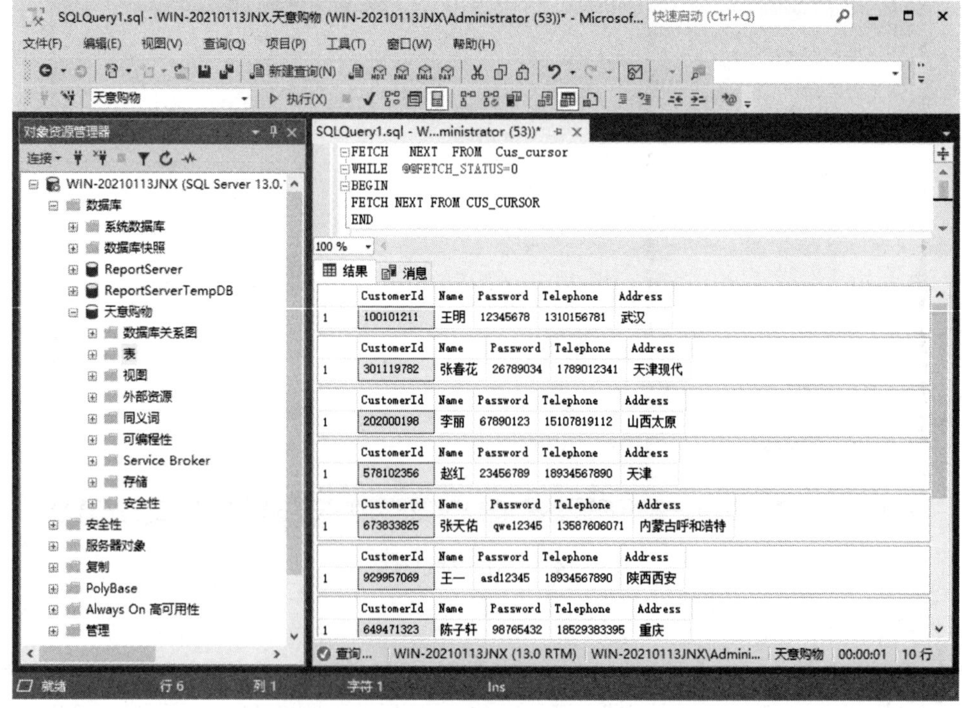

图 5-15　检索游标 Cus_cursor

其中，WHILE @@FETCH_STATUS=0 语句中@@FETCH_STATUS 状态，确定是否还可以继续取数。全局变量@@FETCH_STATUS 中的状态值有 3 种：

- 0 表示成功执行 FETCH 语句。
- 1 表示 FETCH 语句失败，例如移动行指针使其超出了结果集。
- 2 表示被提取的行不存在。

4. 关闭游标

在游标操作的最后不要忘记关闭游标，这是一个好的编程习惯，以使系统释放游标占用的资源。暂时关闭游标，还可再使用 OPEN 打开。

语法格式：

```
CLOSE { {[GLOBAL]游标名称} | 游标变量的名称}
```

【例 5-11】关闭已经打开的游标 Cus_cursor。

```
CLOSE  Cus_cursor
```

执行结果如图 5-16 所示。

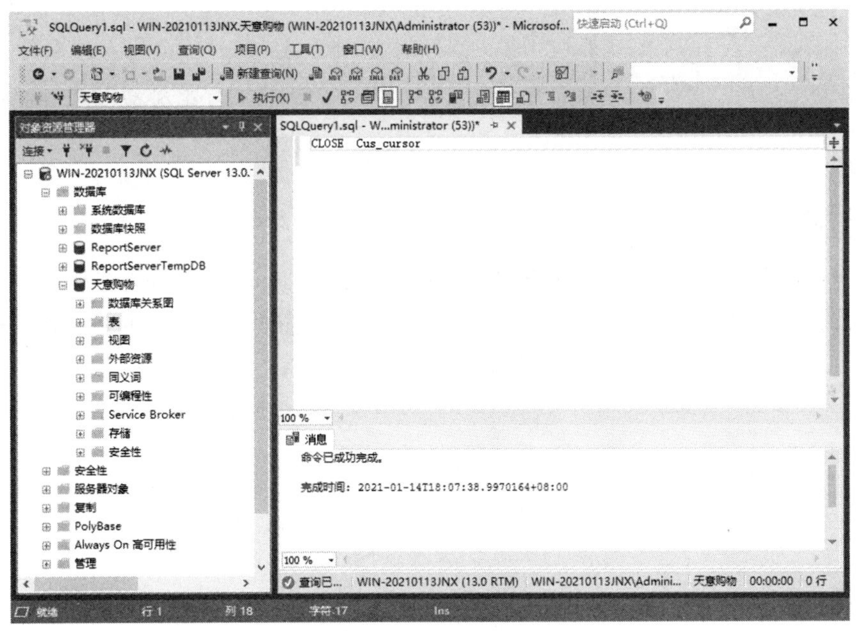

图 5-16　关闭游标 Cus_cursor

5. 释放游标

当游标关闭之后，并没有在内存中释放所占用的系统资源，所以可以使用 DEALLOCATE 命令删除游标引用。

语句格式：

```
DEALLOCATE {{[GLOBAL]游标名称} | @游标变量的名称}
```

【例 5-12】在“天意购物”数据库中，完成了对游标 Cus_cursor 的定义、打开、提取、关闭操作后，要求释放该游标。

```
DEALLOCATE    Cus_cursor
```

执行结果如图 5-17 所示。

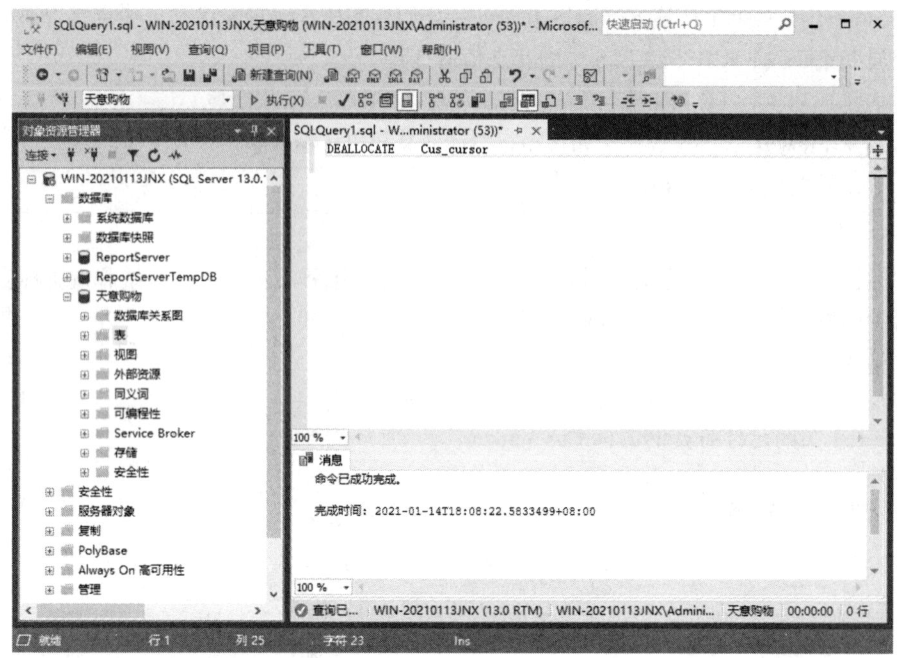

图 5-17 释放游标

动手实践

在“天意购物”数据库的 Carts 表中添加一个折扣字段(Discount),要求将客户号为'202000198'的客户所购商品的折扣信息通过以下方式写入：商品数量 3 件的可以打 7 折，3 件以上可以打 5 折，5 件以上打 4 折（使用 case 语句完成）。

____

____

____

CASE

____

____

____

END

____

润物无声

工匠准则：认真

同样的代码，有的人写得清晰，漂亮，人们愿意读下去，有人写得没有换行，没有注释，让人读不下去。后者会认为，代码写得美观不美观不重要，重要的是程序的功能能实现即可。然而当程序测试时，代码出现问题查找错误就很困难，所以要对程序有一种敬畏，因为敬畏，所以认真。

从写代码到测试成功的过程是反复的查找错误，修正错误，改进功能，直至成功的过程。这需要有认真和坚持不懈的工匠精神。下面要介绍的这个人是我国“软件工程的铺路人”杨芙清。

人物：杨芙清

杨芙清，1932 年出生于江苏无锡，计算机软件专家，中国科学院院士，北京大学教授、北京大学信息与工程科学学部主任，软件工程国家工程研究中心主任，北京大学软件与微电子学院理事长、名誉院长。

国务院正式向北京大学下达了研制每秒 100 万次的大型计算机——150 机的任务。这是我国为解决石油勘探而研制的百万次大型计算机，如能研制成功，不仅是中国计算机科学的重大突破，也是我国石油勘探数字化的第一次革命，国防工业、气象等部门及众多科研工作都将因此而获益。37 岁的杨芙清被分配负责指令系统文本和操作系统的设计。150 机是运算速度为每秒 100 万次的大型计算机，研制时首先得设计出指令系统。杨芙清在讨论的基础上，负责编写指令文本。文本涉及上百条指令，是一项十分精细、烦琐的工作。在反复修改中设计出一版、二版、三版，直至最后定稿，杨芙清不知付出了多少心血，熬过了多少不眠之夜。写出了指令文本后，她又率领软件组的科技人员经过 1 年多的艰苦奋战，终于设计出 150 机整套操作系统软件。

杨芙清作为中国软件开拓者，几十年如一日的付出，开拓、进取、勤奋、认真的精神值得我们学习。

知识巩固

1. （单选）下列说法不正确的是（　　）。
   A. SQL 是关系数据库的国际标准语言
   B. SQL 具有数据定义、查询、操纵和控制功能
   C. SQL 可以自动实现关系数据库的规范化
   D. SQL 称为结构查询语言
2. （单选）数据定义语言的缩写词为（　　）。
   A. DDL　　B. DCL　　C. DML　　D. DBL
3. （单选）用于求系统日期的函数是（　　）。
   A. YEAR()　　B. GETDATE()　　C. COUNT()　　D. SUM()
4. （单选）下列属于字符串运算的函数是（　　）。
   A. ABS　　B. SIN　　C. STR　　D. ROUND
5. （多选题）SQL 中的运算有（　　）。
   A. 算术运算　　B. 字符串连接运算　　C. 比较运算　　D. 逻辑运算

任务二　存储过程

在数据库编程过程中经常会用到存储过程，相比 SQL 语句，存储过程更方便，快速，安全。

视　频

存储过程

任务情境

小王：现在对 T-SQL 已经比较明白了，不过现在有了新的困惑。有的代码其实经常可以复用，那这段可复用的代码，我怎么把它保存起来？之前查资料看到存储过程，那存储过程怎么用？

老李：存储过程是数据库中的一个功能，是存储在数据库的一段可复用的代码块，可以用来完成一些较复杂的业务逻辑。它和用户自定义函数一样，编写简单、使用方便、效率高、节约网络流量，是改善安全机制的好东西。存储过程是 SQL 语句和可选控制流语句的预编译集合，而且预先编译后保存，开发者后续的调用都不需要再次编译。

小王：好像很好用的样子，我要用起来。

老李：不着急，其实存储过程也是有使用场景的。存储过程在业务量小的系统中应用比较广泛，将逻辑全部交给数据库进行处理，可以快速完成一些逻辑功能。但是针对业务量比较大的系统，一般是禁止使用存储过程的，因为对数据库的压力太大。所以你得先分析自己的业务，再想想能不能用存储过程。

任务描述

使用 SSMS 方式，对“天意购物”数据库创建查询个人购物信息的存储过程 PRO_BUY，要求显示个人的 name（姓名）、telephone（电话）、address（地址）字段，效果如图 5-18 所示。

```
USE [天意购物]
GO

DECLARE @return_value int
EXEC    @return_value = [dbo].[pro_buy]
SELECT  'Return Value' = @return_value
GO
```

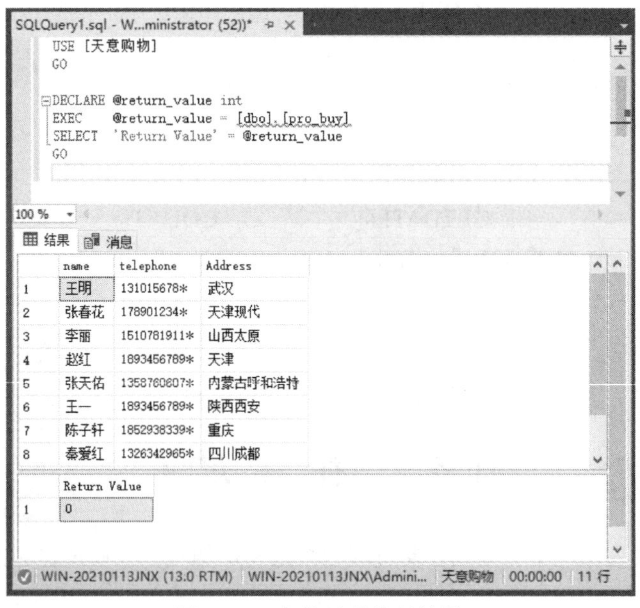

图 5-18　存储过程执行效果

任务实施

步骤一：选择“开始”→“所有程序”→Microsoft SQL Server 2016→SQL Server Management Studio 命令，使用“Windows 身份验证”建立连接，进入 SSMS 窗口。

步骤二：在“对象资源管理器”窗格中依次展开数据库“天意购物”→“可编程性”→“存

储过程”。

步骤三：右击“存储过程”结点，在弹出的快捷菜单中选择“新建”→“存储过程”命令，如图 5-19 所示；接下来，在右边窗格中显示存储过程的模板，如图 5-20 所示。

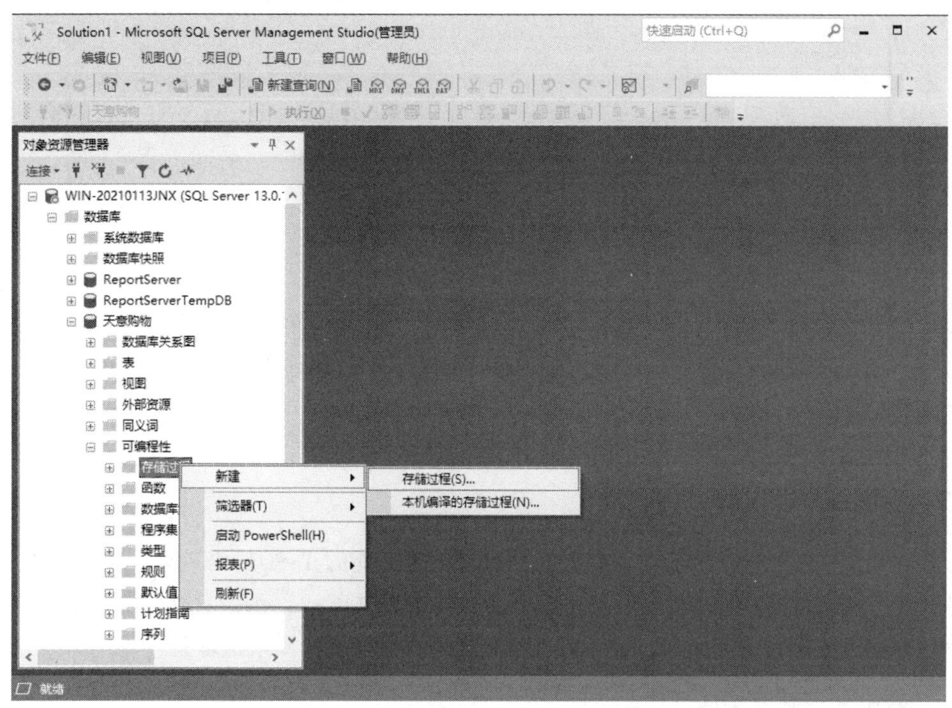

图 5-19 选择“新建”→“存储过程”命令

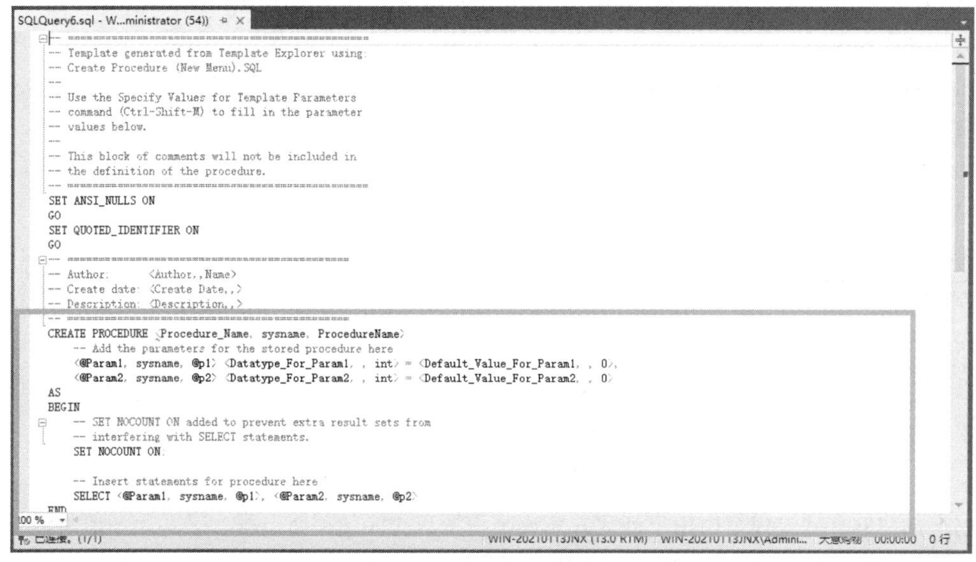

图 5-20 存储过程的模板

步骤四：修改上图圈起部分内容，单击“执行”按钮（或按【F5】键），如图 5-21 所示。

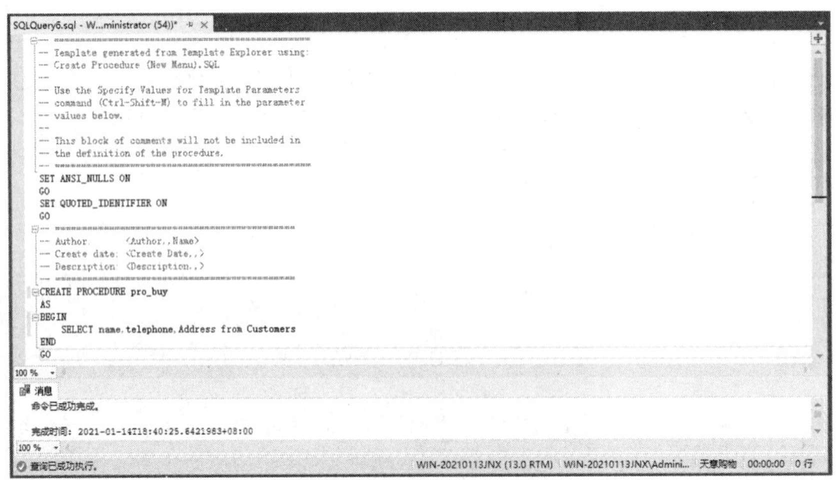

图 5-21　执行效果

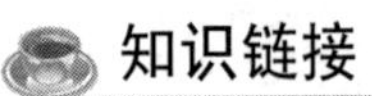

知识链接

一、存储过程的概念

存储过程（Stored Procedure）是一组为了完成特定功能的 T-SQL 语句集，这些 T-SQL 语句代码像一个方法一样实现一些功能（对单表或多表的增删改查），经编译后存储在数据库中。用户通过指定存储过程的名字并给出参数（如果该存储过程带有参数）来执行它。

二、存储过程的优点

（1）存储过程只在创建时进行编译，以后每次执行存储过程都无须重新编译，而一般 SQL 语句每执行一次就编译一次，所以使用存储过程可提高数据库执行速度。

（2）当对数据库进行复杂操作时（如对多个表进行 Update、Insert、Query、Delete 时），可将此复杂操作用存储过程封装起来与数据库提供的事务处理结合在一起使用。

（3）存储过程可以重复使用，可减少数据库开发人员的工作量。

（4）安全性高，可设定只有某用户才具有对指定存储过程的使用权。

三、存储过程分类

1. 系统存储过程

以 sp_开头，用来进行系统的各项设定，取得信息，相关管理工作，如 sp_help 就是取得指定对象的相关信息。

2. 本地存储过程

用户创建的存储过程是由用户创建并完成某一特定功能的存储过程，事实上一般所说的存储过程就是指本地存储过程，又称用户自定义的存储过程。

3. 临时存储过程

临时存储过程又分为本地临时存储过程和全局临时存储过程两种。

（1）本地临时存储过程，以“#”号作为其名称的第一个字符，则该存储过程将成为一个存放在 tempdb 数据库中的本地临时存储过程，且只有创建它的用户才能执行它。

（2）全局临时存储过程，以“##”号开始，则该存储过程将成为一个存储在 tempdb 数据库中的全局临时存储过程，全局临时存储过程一旦创建，便连接到服务器。

4. 远程存储过程

在 SQL Server 2016 中，远程存储过程（Remote Stored Procedures）是位于远程服务器上的存储过程，通常可以使用分布式查询和 EXECUTE 命令执行一个远程存储过程。

5. 扩展存储过程

以 XP_开头，用来调用操作系统提供的功能。

四、存储过程的工作原理

创建存储过程，会对其进行语法分析，并且存储在系统表 Sysobjects 和 Syscomments 中。

第一次执行会进行优化和编译，并且存储在高速缓存中。以后使用时调用就直接调取缓存中的，不需要再次编译，从而提高系统的执行效率，如图 5-22 所示。

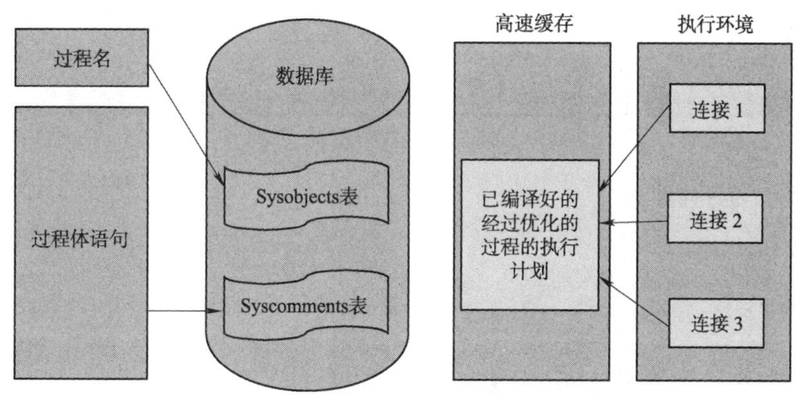

图 5-22　存储过程的工作原理

五、使用 T- SQL 语句创建存储过程

1. 不带参数的存储过程

语法格式：

```
Create PROCEDURE  存储过程名 [  number ]
AS  sql_语句
```

语句说明：

number 是可选的整数，用来对同名的过程分组，以便用一条 DROP PROCEDURE 语句将同组过程一起除去。

【例 5-13】使用 T-SQL 语句创建存储过程 PRO_PROD，查询 products 表中“图书”的商品信息。语句如下：

```
USE 天意购物
GO
```

```
CREATE PROCEDURE PRO_PROD1
AS
SELECT  *  FROM  Products
WHERE  Type ='图书'
GO
```

执行结果如图 5-23 所示。

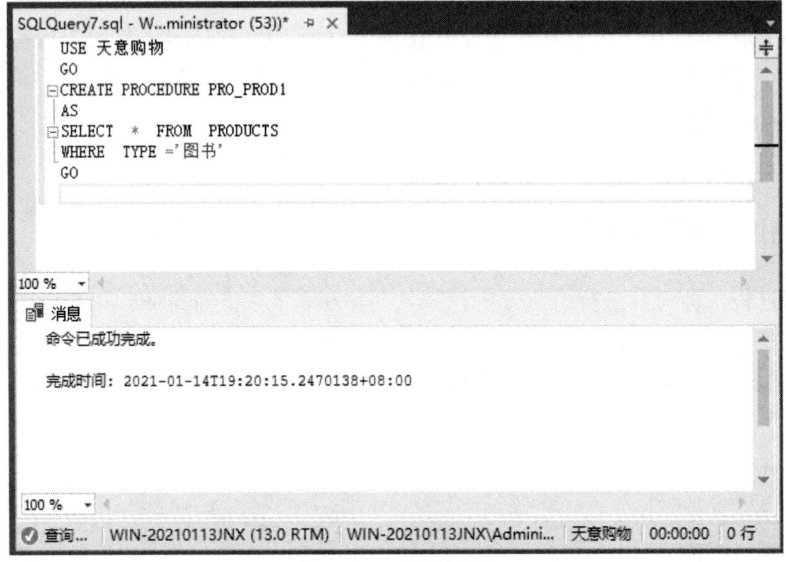

图 5-23　执行结果

2. 带有参数的存储过程

语法格式：

```
CREATE  PROCEDURE  存储过程名 [  number ]
@参数 1 数据类型 [VARYING] [=默认值] [OUTPUT],
[…
@参数 1 数据类型 [=默认值] [OUTPUT]]
AS sql_语句
```

语句说明：

- VARYING：指定作为输出参数支持的结果集（由存储过程动态构造，内容可以变化），仅适用于游标参数。
- OUTPUT：使用 OUTPUT 参数可将信息返回给调用过程。Text、ntext 和 image 参数可用作 OUTPUT 参数。使用 OUTPUT 关键字的输出参数可以是游标占位符。

【例 5-14】使用 T-SQL 语句创建存储过程 PRO_PROD2，查询 Products 表中不同类型的商品信息。语句如下：

```
USE 天意购物
GO
CREATE PROCEDURE PRO_PROD2
@TYPE CHAR(8)
AS
SELECT * FROM Products WHERE Type =@TYPE
GO
```

执行结果如图 5-24 所示。

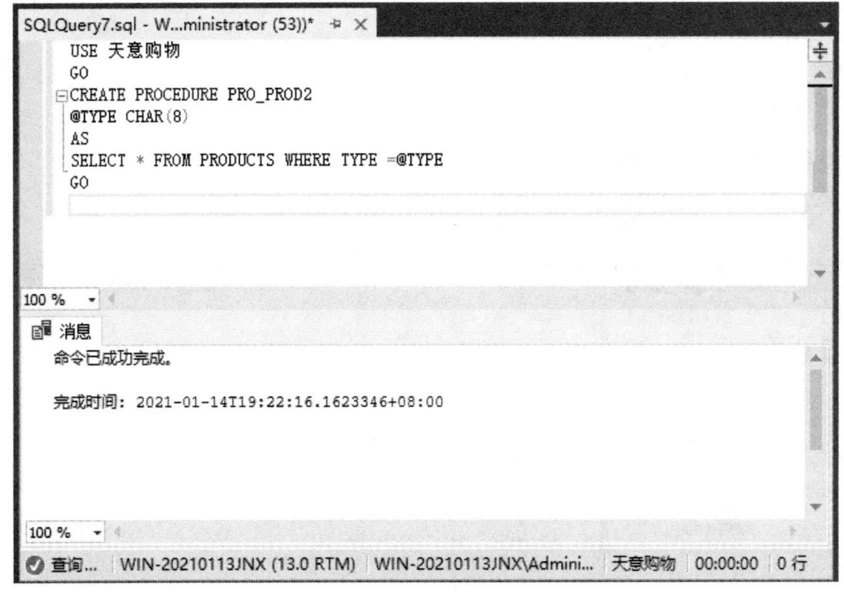

图 5-24　执行结果

视　频

使用 T-SQL 语句执行存储过程

六、使用 T-SQL 语句执行存储过程

```
EXEC[UTE] 存储过程名 [参数值列表]
```

【例 5-15】使用 T-SQL 语句调用存储过程 PRO_PROD1。

```
EXECUTE  PRO_PROD1
```

执行结果如图 5-25 所示。

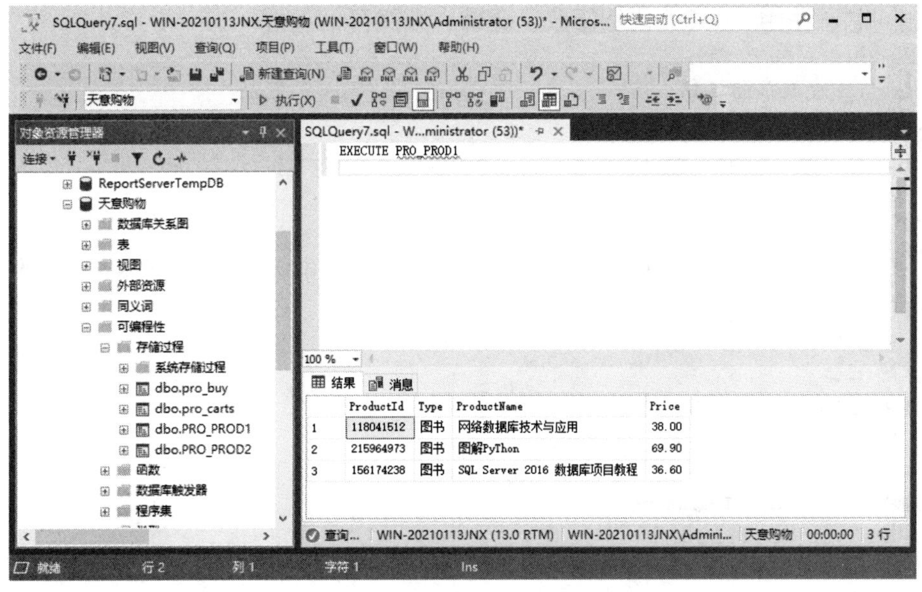

图 5-25　不带参数调用存储过程

【例 5-16】使用 T-SQL 语句调用存储过程 PRO_PROD2，查询“电子产品”的商品信息。

```
EXECUTE  PRO_PROD2 '电子产品'
EXEC   PRO_PROD2 '电子产品'
EXECUTE  PRO_PROD2  @Type ='电子产品'
```

执行结果如图 5-26 所示。

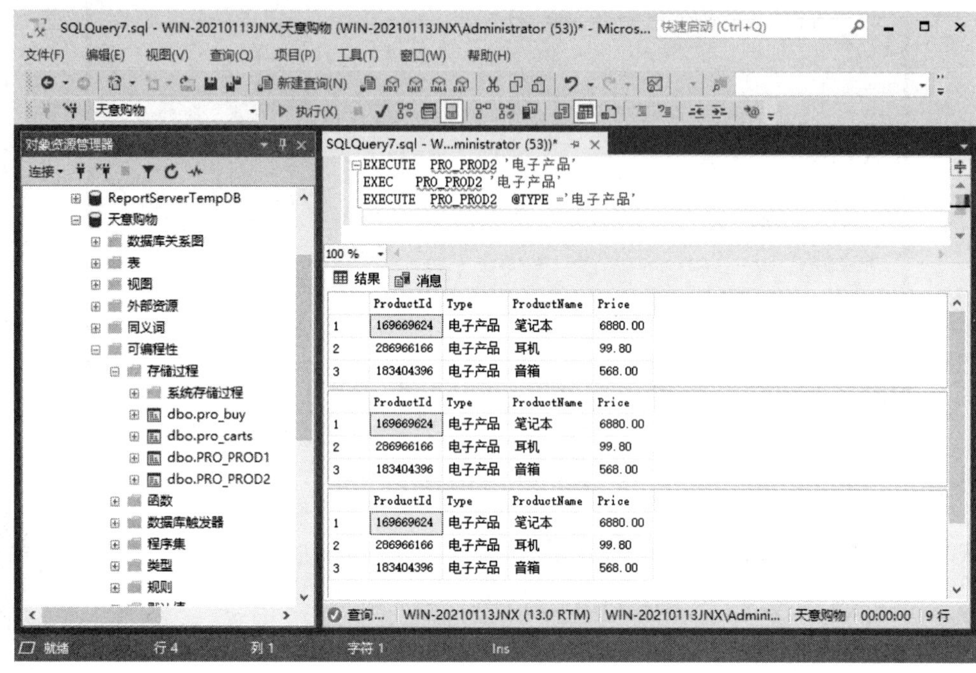

图 5-26　带参数调用存储过程

七、使用 T-SQL 语句修改、查看、删除存储过程

视　频

使用 T-SQL 语句修改、查看、删除存储过程

1. 修改存储过程

```
ALTER  [PROCEDURE] 存储过程名
{@参数 1 数据类型}[VARYING][= 默认值][OUTPUT],
{@参数 n 数据类型}[= 默认值][OUTPUT]]
AS SQL 语句 (...n)
```

【例 5-17】使用 T-SQL 语句修改存储过程 PRO_PROD2，将参数的长度修改为 20 个字符。语句如下：

```
USE 天意购物
GO
ALTER PROCEDURE  PRO_PROD2
@TYPE  CHAR(20)
AS
SELECT  *  FROM  Products
WHERE  Type =@TYPE
GO
```

执行结果如图 5-27 所示。

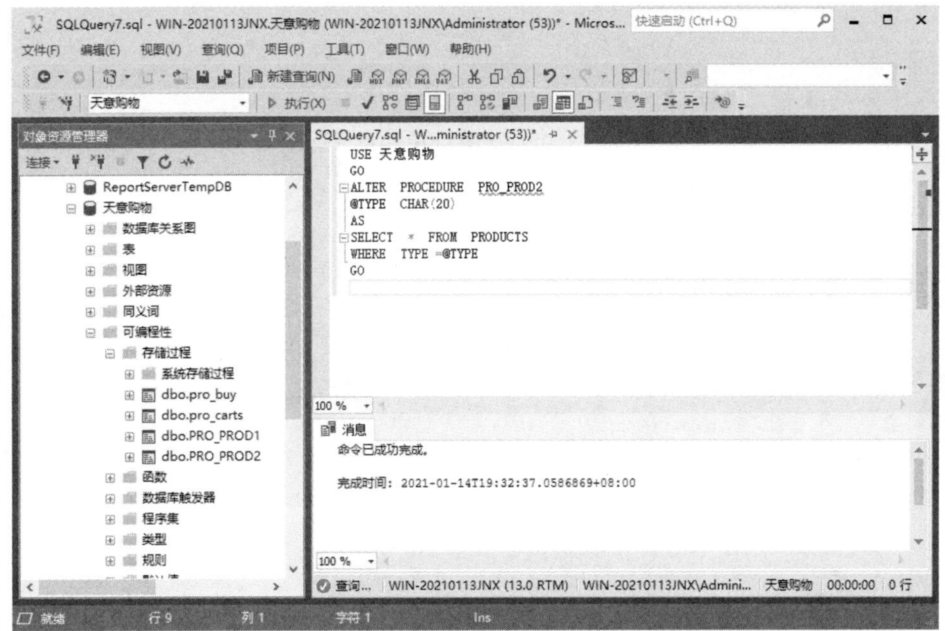

图 5-27　修改存储过程 PRO_PROD2

2. 查看存储过程

语句格式：

```
SP_HELP 存储过程名
```

【例 5-18】使用 T-SQL 语句查看存储过程 PRO_PROD2，语句代码如下。

```
SP_HELP  PRO_PROD2
```

执行结果如图 5-28 所示。

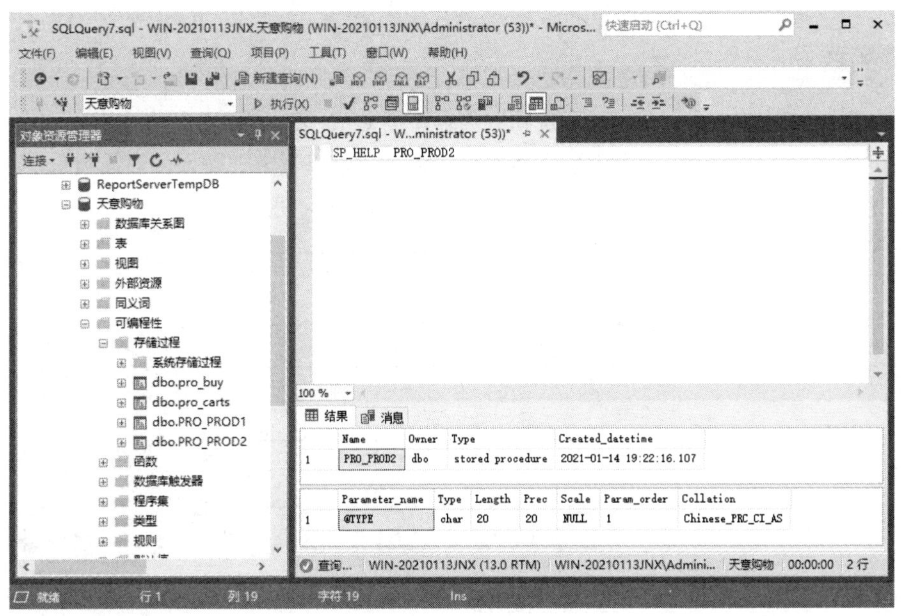

图 5-28　查看存储过程 PRO_PROD2

3. 删除存储过程

语句格式：

```
DROP  PROCEDURE 存储过程名
```

【例 5-19】使用 T-SQL 语句删除存储过程 PRO_PROD2。语句如下：

```
DROP PROCEDURE  PRO_PROD2
```

执行结果如图 5-29 所示。

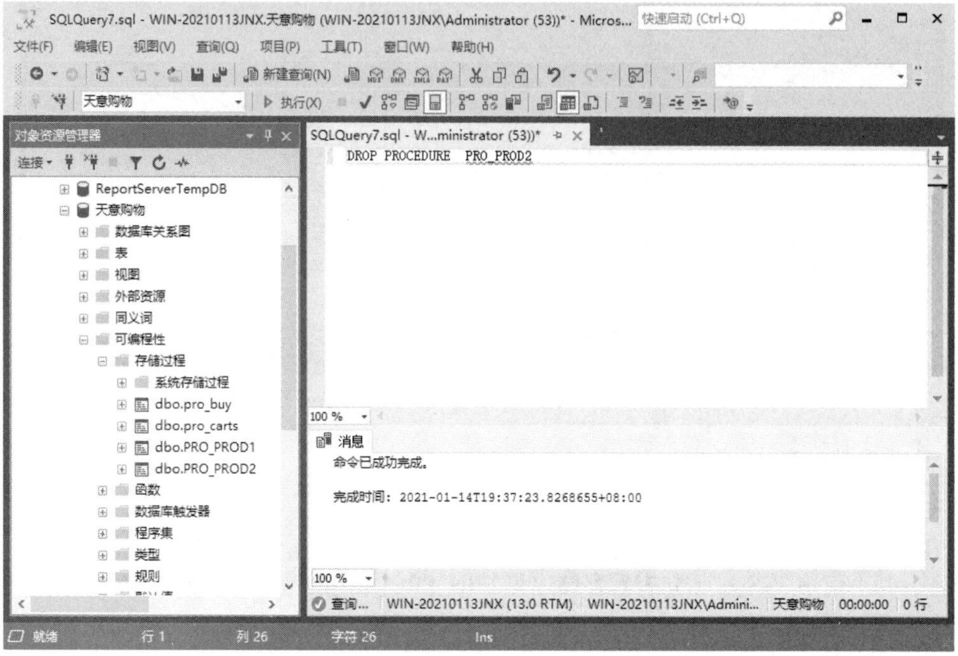

图 5-29　删除存储过程 PRO_PROD2

动手实践

（1）创建一个存储过程，在“天意购物”数据库的 Carts 表中添加一个折扣字段（Discount），要求将客户号为'202000198'的客户所购商品的折扣信息通过以下方式写入：商品数量 3 件的可以打 7 折，3 件以上可以打 5 折，5 件以上打 4 折（使用 IF 语句完成）。

```
CREATE PROCEDURE______________________________________
AS
_____________________________________________________
_____________________________________________________
IF ___________________________________________________
_____________________________________________________
ELSE
IF ___________________________________________________
_____________________________________________________
ELSE
IF ___________________________________________________
_____________________________________________________
```

（2）创建一个存储过程，在“天意购物”数据库的 Carts 表中添加一个折扣字段（Discount），要求将客户号为'202000198'的客户所购商品的折扣信息通过以下方式写入：商品数量 3 件的可以打 7 折，3 件以上可以打 5 折，5 件以上打 4 折（使用 case 语句完成）。

```
________________________________________________
AS
________________________________________________
________________________________________________
UPDATE__________________________________________
CASE
WHEN____________________________________________
WHEN____________________________________________
WHEN____________________________________________
END
________________________________________________
```

润物无声

工匠准则：坚持

存储过程是一组用于完成特定功能的 T-SQL 语句集，通过这些 T-SQL 语句的整合编译，来完成特定的数据库操作。一个个存储过程汇聚成一个个程序。就像计算机中的一个个模块，每一个模块的开发研制都要认真对待，才能制造出性能良好的产品。下面要介绍的这个人是中国“芯”的坚持者：黄令仪。

人物：黄令仪

黄令仪，1936 年生，现为龙芯中科的研究员。2020 年 1 月 6 日，获得 2019 年“CCF 夏培肃奖”。

黄令仪和同事们没日没夜的付出，他们终于成功研发出了中国第一台微型计算机，这为中国微型计算机领域做出了卓越的贡献。

黄令仪并没有停下自己科研的脚步，在坚持不懈的努力之下，功夫不负有心人，黄令仪在 82 岁时终于制成了我国第一个国产的芯片——“龙芯”。“龙芯”的每一块芯片中都凝聚着黄令仪的辛勤汗水。

“龙芯”让我国在国际上有了一席之地。这项伟大的成就为我国的国际地位奠定了良好的基础。

黄令仪，为计算机铸“芯”，为民族筑梦！

知识巩固

1.（单选）在 SQL 中，用来显示数据库信息的系统存储过程是（　　）。

A. sp_dbhelp　　B. sp_db
C. sp_help　　D. sp_helpdb

2.（单选）在 SQL 中，建立存储过程的命令是（　　）。

A. CREATE PROCEDURE　　B. CREATE RULE
C. CREATE DURE　　D. CREATE FILE

3.（单选）在 SQL Server 服务器上，存储过程是一组预先定义并（　　）的 T-SQL 语句。

A. 保存　　B. 编译

C. 解释　　D. 编写

4.（填空）存储过程可以分为（　　）、（　　）、临时存储过程、远程存储过程和扩展存储过程。

5.（填空）临时存储过程可以分为（　　）过程和（　　）过程两种存储过程。

任务三　触　发　器

触发器（Trigger）是数据库对象的一种，编码方式类似存储过程，与某张表（Table）相关联。当有 DML 语句对表进行操作时，可以引起触发器的执行，达到对插入记录一致性、正确性和规范性控制的目的。

任务情境

视　频

DDL 触发器和 DML 触发器的创建、触发

老李：触发器是一种特殊的存储过程，它不能被显式地调用，而是在往表中插入记录、更新记录或者删除记录时被自动激活。

小王：这啥意思呢，好深奥。

老李：其实触发器是一个能由系统自动执行对数据库修改的语句。比如当用户打开购物平台，加购物车准备结账时，发现他前面还有未结账的订单时，就不让其提交订单，也就是无法给数据库的订单表中插入数据。

小王：那不就是判定么，跟存储过程不就一样么？

老李：触发器与存储过程的唯一区别是触发器不能执行 EXECUTE 语句调用，而是在用户执行 T-SQL 语句时自动触发执行。

小王：哦，这么说我就理解了。

任务描述

使用 T-SQL 为表 Products 创建名为 delete_productid 的 DML 触发器，使得当删除某个商品时，同时删除表 Carts 和表 Orders 内的相同商品。

任务实施

步骤一：打开 SSMS 管理工具，单击工具栏中的“新建查询”按钮，此时在 SSMS 的主区域新建一个选项卡，在此区域写入语句，如图 5-30 所示。

```
CREATE  TRIGGER  delete_productid
ON  Products
AFTER  DELETE
AS
IF(EXISTS(SELECT  *  FROM  Deleted))
BEGIN
PRINT '您选购的商品已下架！'
DELETE  Orders  WHERE ProductId=(SELECT  ProductId  FROM  Deleted)
DELETE  Carts  WHERE ProductId=(SELECT  ProductId  FROM  Deleted)
END
```

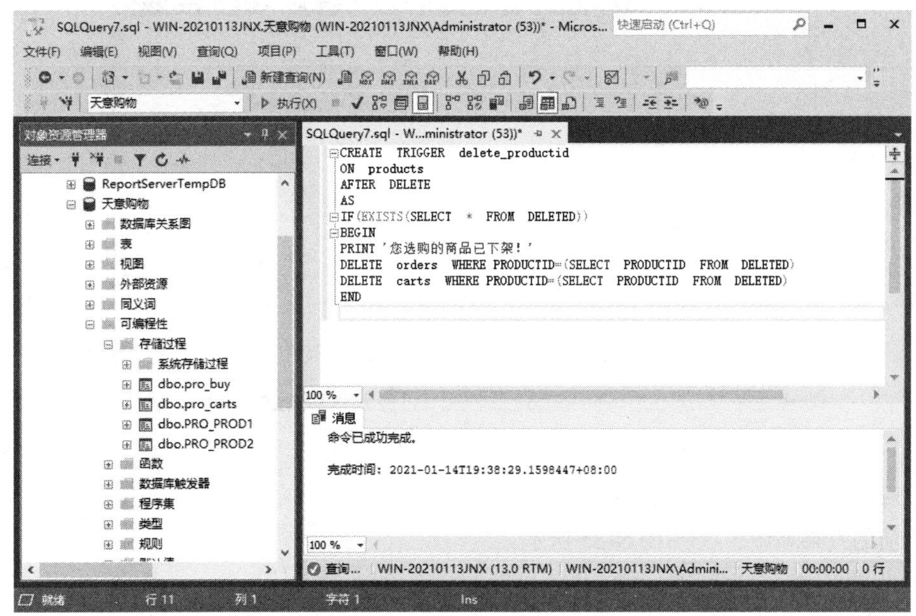

图 5-30 创建 DML 触发器

步骤二：单击“执行”按钮，触发器已经创建完成，如图 5-31 所示，从“对象资源管理器”窗格中能看到所创建的触发器 delete_productid。

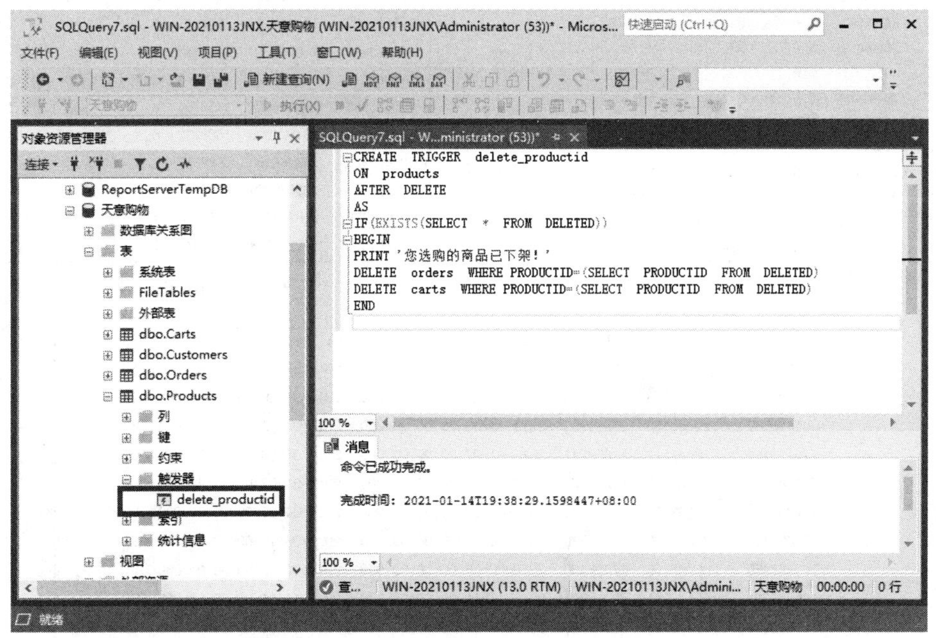

图 5-31 触发器创建完成

步骤三：将表 Products 中商品编号为 293269110 的商品删除，在“新建查询”窗口写入语句：

```
DELETE  Products  WHERE ProductId='293269110'
```

步骤四：执行删除语句，如图 5-32 所示。

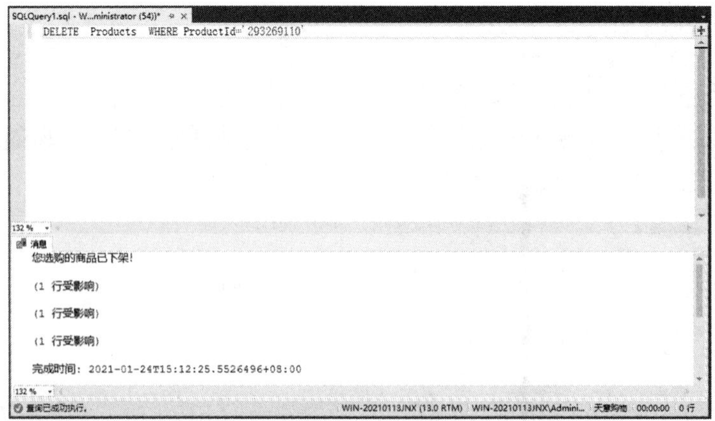

图 5-32 执行删除语句

下面看一下三张表执行触发器的前后变化。

执行前的效果如图 5-33～图 5-35 所示。

	ProductId	Type	ProductName	Price
1	169028554	服装	运动衣	378.00
2	293269110	清洁用品	洗发水	121.50
3	136415234	家用电器	冰箱	2300.00
4	121882122	家用电器	电视机	5000.00
5	173889025	食品	牛奶	90.55
6	173889023	食品	咖啡	46.50
7	293268791	洗化用品	牙膏	45.00
8	118041512	图书	网络数据...	38.00
9	169669624	电子产品	笔记本	6880.00
10	286966166	电子产品	耳机	99.80
11	195117281	服装	风衣	599.00
12	183404396	电子产品	音箱	568.00
13	215964973	图书	图解PyThon	69.90
14	164524525	鞋靴	雪地靴	165.50
15	262214804	箱包	双肩包	128.30
16	351174235	家居	四门衣柜	1999...
17	156174238	图书	SQL Serv...	36.60
18	156174237	食品	咖啡	68.00

图 5-33 表 Products 效果图

CustomerId	ProductId	CartId	Cquantity	discount
202000198	293269110	1000112	2	7
202000198	173889025	1000112	1	NULL
578102356	173889025	2001234	3	5
301119782	121882122	1234501	5	3
678123456	118041512	2312348	2	7
212345678	121882122	1122345	6	3
673833825	169669624	1456784	8	3
673833825	164524525	1588272	5	3
388630932	286966166	2599502	2	7
142258847	169669624	1393888	9	3
387487455	215964973	2885070	4	3
929957069	262214804	1596448	7	3

图 5-34 表 Carts 效果图

	CustomerId	ProductId	OrderId	OrderDate	PaidDate	Oquantity
1	202000198	293269110	22567890	2016-01-26 00:00:00.000	2016-01-30 00:00:00.000	1
2	578102356	173889123	33123456	2021-01-28 00:00:00.000	2016-01-29 00:00:00.000	1
3	301119782	121882122	55234562	2018-02-28 00:00:00.000	2016-03-02 00:00:00.000	3
4	678123456	118041512	11659247	2017-01-07 00:00:00.000	2016-01-08 00:00:00.000	20
5	212345678	121882122	47298451	2016-03-02 00:00:00.000	2016-03-02 00:00:00.000	5
6	142258847	169669624	67148061	2019-04-26 00:00:00.000	2019-04-26 00:00:00.000	3
7	387487455	173889123	42822620	2020-06-18 00:00:00.000	2020-06-18 00:00:00.000	1
8	387487455	286966166	12985430	2019-02-25 00:00:00.000	2019-02-26 00:00:00.000	2
9	649471323	195117281	78768801	2018-11-11 00:00:00.000	2018-11-11 00:00:00.000	3
10	212345678	351174235	31789665	2017-09-04 00:00:00.000	2017-09-08 00:00:00.000	1

图 5-35 表 Orders 效果图

执行触发操作后，三张表中商品编号为 293269110 的商品全部删除，效果如图 5-36～图 5-38 所示。

ProductId	Type	ProductName	Price
169028554	服装	运动衣	378.00
136415234	家用电器	冰箱	2300.00
121882122	家用电器	电视机	5000.00
173889025	食品	牛奶	90.55
173889023	食品	咖啡	46.50
293268791	洗化用品	牙膏	45.00
118041512	图书	网络数据库技术与应用	38.00
169669624	电子产品	笔记本	6880.00
286966166	电子产品	耳机	99.80
195117281	服装	风衣	599.00
183404396	电子产品	音箱	568.00
215964973	图书	图解PyThon	69.90
164524525	鞋靴	雪地靴	165.50
262214804	箱包	双肩包	128.30
351174235	家居	四门衣柜	1999...
156174238	图书	SQL Server 2016 ...	36.60
156174237	食品	咖啡	68.00

图 5-36 表 Products 效果图

CustomerId	ProductId	CartId	Cquantity	discount
202000198	173889025	1000112	1	NULL
578102356	173889025	2001234	3	5
301119782	121882122	1234501	5	3
678123456	118041512	2312348	2	7
212345678	121882122	1122345	6	3
673833825	169669624	1456784	8	3
673833825	164524525	1588272	5	3
388630932	286966166	2599502	2	7
142258847	169669624	1393888	9	3
387487455	215964973	2885070	4	3
929957069	262214804	1596448	7	3

图 5-37 表 Carts 效果图

CustomerId	ProductId	OrderId	OrderDate	PaidDate	Oquantity
202000198	29326110	22567890	2016-01-26 00:00:00.000	2016-01-30 00:00:00.000	1
578102356	173889123	33123456	2021-01-28 00:00:00.000	2016-01-29 00:00:00.000	1
301119782	121882122	55234562	2018-02-28 00:00:00.000	2016-03-02 00:00:00.000	3
678123456	118041512	11659247	2017-01-07 00:00:00.000	2016-01-08 00:00:00.000	20
212345678	121882122	47298451	2016-03-02 00:00:00.000	2016-03-02 00:00:00.000	5
142258847	169669624	67148061	2019-04-26 00:00:00.000	2019-04-26 00:00:00.000	3
387487455	173889123	42822620	2020-06-18 00:00:00.000	2020-06-18 00:00:00.000	1
387487455	286966166	12985430	2019-02-25 00:00:00.000	2019-02-26 00:00:00.000	2
649471323	195117281	78768801	2018-11-11 00:00:00.000	2018-11-11 00:00:00.000	3
212345678	351174235	31789665	2017-09-04 00:00:00.000	2017-09-08 00:00:00.000	1

图 5-38 表 Orders 效果图

注意：如相关表格有外键约束，会与触发器执行产生冲突。

知识链接

一、触发器

1. 触发器的概念

触发器是特殊类型的存储过程，它包括了大量的 T-SQL 语句。它与存储过程的最大区别是触发器不能被直接调用执行，只能由事件触发而自动执行。

2. 触发器的特点

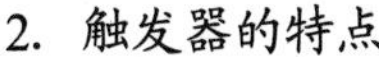

（1）触发器是自动执行的，当用户对表中数据作了某些操作之后立即被触发。

（2）触发器可以通过数据库中的相关表实现级联操作，实现数据的一致性和完整性。

（3）触发器可以定义更为复杂的约束，可以引用其他表中的列，而 CHECK 约束无法做到。

（4）触发器可以评估数据修改前后的表状态，并根据差异采取相应对策。

二、触发器的分类

在 SQL Server 2016 中，包括 DML 触发器、DDL 触发器和登录触发器。下面详细介绍 DML 触发器和 DDL 触发器的使用。

1. DML 触发器

当数据库中发生数据操纵语言（DML）事件（如 INSERT）时，将触发 DML 触发器。DML 事件包括在指定表或视图中修改数据的 INSERT、UPDATE、DELETE 语句，但不包括 SELECT 语句。因为该语句只是进行查询，并未对数据进行更改。

（1）DML 触发器按触发时间分为：

- after 触发器（之后触发）：after 触发器要求只有执行某一操作 INSERT、UPDATE、DELETE 之后触发器才被触发，且只能定义在表上。触发过程的示意图如图 5-39 所示。
- instead of 触发器（之前触发）：instead of 触发器表示并不执行其定义的操作（INSERT、UPDATE、DELETE）而仅是执行触发器本身。既可以在表上定义 instead of 触发器，也可以在视图上定义。触发过程的示意图如图 5-40 所示。

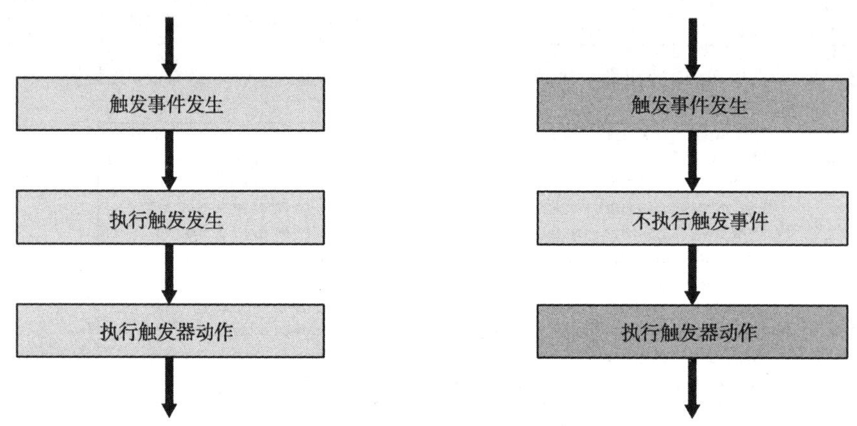

图 5-39　after 触发器执行示意图　　　图 5-40　instead of 触发器执行示意图

（2）DML 触发器按触发事件分为：

- insert 触发器。
- update 触发器。
- delete 触发器。

（3）DML 触发器的主要作用：

- DML 触发器可以防止恶意或错误的 INSERT、UPDATE 以及 DELETE 操作，并强制执行比 CHECK 约束定义的限制更为复杂的其他限制。
- DML 触发器可以评估数据修改前后的表的状态，并根据该差异采取措施。
- 一个表中可以定义多个同类 DML 触发器（INSERT、UPDATE、DELETE），这样便可在一个数据修改语句中触发多个 DML 触发器采取不同的操作。

2. DDL 触发器

当服务器或数据库中发生数据定义语言（DDL）事件（如 CREATE TABLE）时，将调用 DDL 触发器。

DDL 触发器与 DML 触发器都可以自动触发完成相应的操作，可以使用 CREATE TRIGGER 语句创建。但是，DDL 触发器的触发事件主要是 CREATE、ALTER、DROP 以及 GRANT、DENY、REVOKE 等语句。

3. 触发器有两个特殊的表

插入表（Inserted 表）和删除表（Deleted 表）：这两张是逻辑表也是虚表，创建在内存中，不会存储在数据库中。而且这两张表都是只读的，只能读取数据而不能修改数据。这两张表的结构总是与该触发器应用的表的结构相同。当触发器完成工作后，这两张表就会被删除。

Inserted 表的数据是插入或者修改后的数据，而 Deleted 表的数据是更新前的或是删除的数据。

当对某张表建立触发器后，进行如下操作，Inserted 表和 Deleted 表的状态如表 5-1 所示。

表 5-1　Inserted 表和 Deleted 表状态

操　　作	Inserted 表	Deleted 表
1. 插入操作（INSERT）	有数据	无数据
2. 删除操作（DELETE）	无数据	有数据
3. 更新操作（UPDATE）	有数据（新数据）	有数据（旧数据）

注意：UPDATE 操作是先删除表记录，然后增加一条记录。这样在 Inserted 和 Deleted 表中就都有 UPDATE 后的数据记录了。另外，触发器本身就是一个事务，所以在触发器中可以对修改数据进行一些特殊的检查。如果不满足可以利用事务回滚，撤销操作。

三、DDL 触发器

1. 创建 DDL 触发器

语法格式：

```
CREATE TRIGGER 触发器名
 ON  [{ALL SERVER | DATABASE}]
{FOR  |AFTER |{event_type }}
AS
SQL 语句
```

语句说明：

- ALL SERVER 表示 DDL 触发器的作用域是整个服务器。
- DATABASE 表示 DDL 触发器的作用域是整个数据库。
- FOR | AFTER：指定 DDL 触发器仅在 SQL 语句中指定的所有操作都已成功执行时才能被触发。
- event_type 用于指定触发 DDL 触发器的事件。

【例 5-20】创建一个 DDL 触发器，名为“trig_禁止修改删除表”，用于防止删除或更改“天意购物”数据库中的数据表。

```
Use  天意购物
GO
CREATE  TRIGGER  trig_禁止修改删除表
ON  DATABASE
FOR  DROP_TABLE,ALTER_TABLE
AS
BEGIN
 PRINT '无法修改或者删除表，慎用该操作！'
ROLLBACK  TRANSACTION
END
```

执行结果如图 5-41 所示。

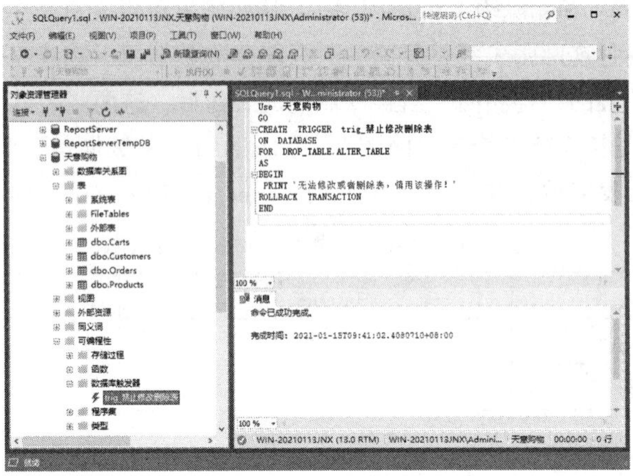

图 5-41　创建 DDL 触发器

注意：ROLLBACK TRANSACTION 清除自事务的起点或到某个保存点所做的所有数据修改。它还释放由事务控制的资源。

2. 触发触发器操作

在“天意购物”数据库中，当进行该表的删除操作时，运行结果显示如图 5-42 所示，提示不可以删除。

```
USE 天意购物
GO
DROP TABLE  Products
```

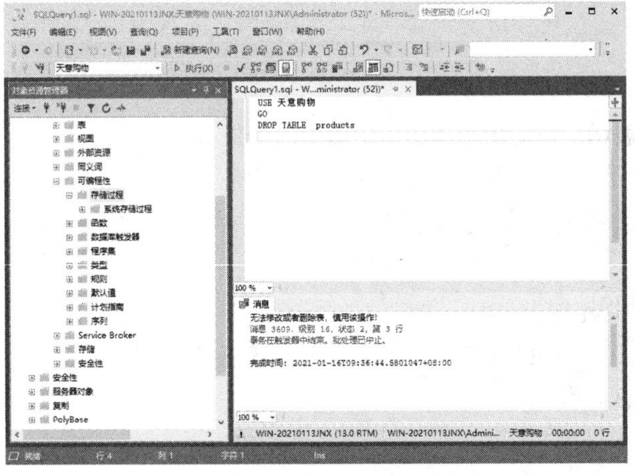

图 5-42　触发器触发操作

四、DML 触发器

1. 创建 DML 触发器

语法格式：

```
CREATE  TRIGGER 触发器名
```

```
ON {表名 | 视图名}
{FOR | AFTER | INSTEAD OF} {[INSERT] [,] [UPDATE] [,] [DELETE] }
AS {SQL语句 [;] [,…n] }
```

语法说明：

- FOR | AFTER：指定 DML 触发器仅在 SQL 语句中指定的所有操作都已成功执行时才能被触发。
- INSTEAD OF：指定 DML 触发器而不是执行触发 SQL 语句，从而代替触发语句的操作。
- {[INSERT] [,] [UPDATE] [,] [DELETE] }：指定数据修改语句，这些语句可在 DML 触发器对此表或视图进行尝试时激活该触发器，必须至少指定一个选项。在触发器定义中允许使用上述选项的任意顺序组合
- AS：触发器要执行的操作。

【例 5-21】使用 T-SQL 语句为表 Products 创建名为 nodelete_productid 的 DML 触发器，使得当删除该表中商品时，显示'禁止删除表中数据 ！'。

```
CREATE  TRIGGER  nodelete_productid
ON  Products
INSTEAD  OF  DELETE
AS
IF(EXISTS(SELECT  *  FROM  Deleted))
BEGIN
PRINT '禁止删除表中数据 ！'
END
```

执行结果如图 5-43 所示。

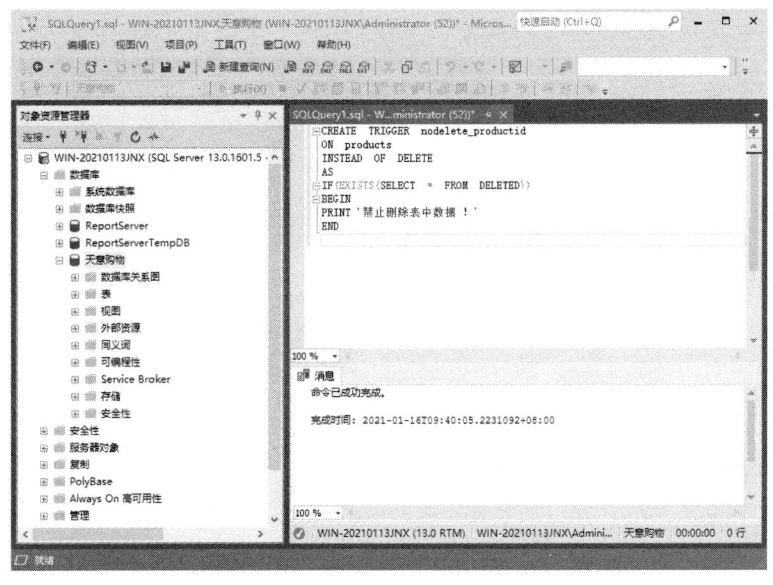

图 5-43　创建 nodelete_productid 触发器

2. 触发触发器操作

```
Delete Products
```

执行上述代码的结果如图 5-44 所示。

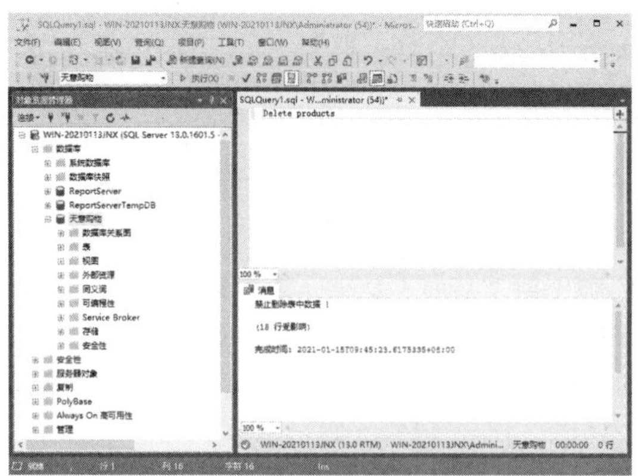

图 5-44　触发器触发操作

五、管理 DML 触发器

常用的触发器管理主要包括查看触发器、修改触发器、删除触发器和禁用启用触发器。

1. 查看触发器

方法一：使用 SSMS 管理器查看触发器。

打开 SSMS 管理工具，选择“数据库”→“天意购物”→“表”→“Products”→“触发器”，右击相应触发器，在弹出的快捷菜单中选择“编写触发器脚本为”→“CREATE 到”→“新查询窗口编辑器”命令，打开编辑窗口，如图 5-45 所示。

视　频

管理DML触发器

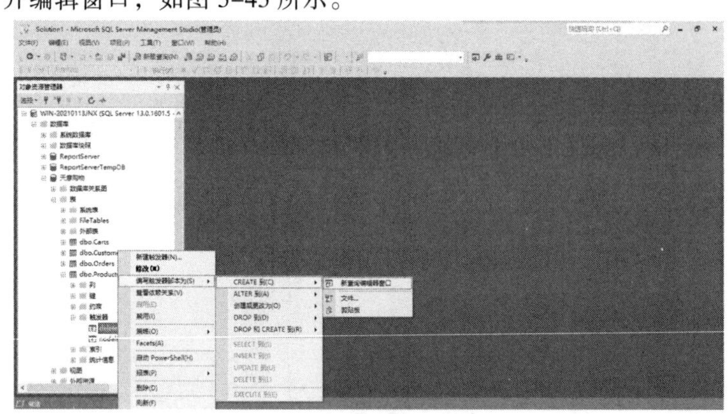

图 5-45　选择新查询窗口

方法二：使用系统存储过程查看触发器。

可以使用下面 3 个系统存储过程查看触发器信息：

- sp_help trigger_name：用于查看触发器的名称、属性、类型等一般信息。
- sp_helptext trigger_name：用于查看触发器的正文信息。
- sp_depends trigger_name | table_name：用于查看触发器所引用的表或表所涉及的触发器。

【例 5-22】查看已经建立的触发器 nodelete_productid 的信息。

```
SP_HELP nodelete_productid
SP_HELPTEXT  nodelete_productid
SP_DEPENDS  nodelete_productid
```

执行结果如图 5-46 所示。

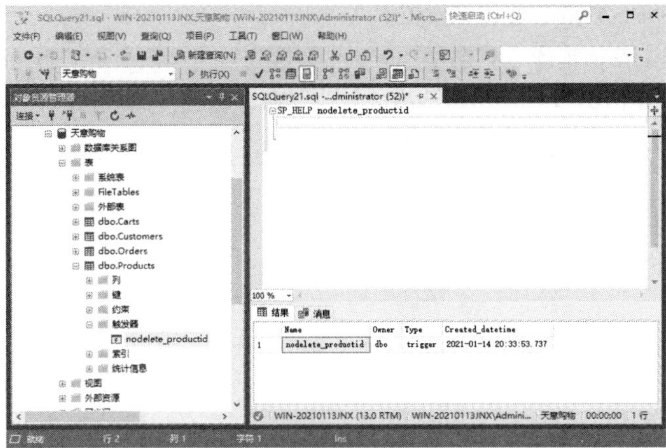

（a）查看触发器信息

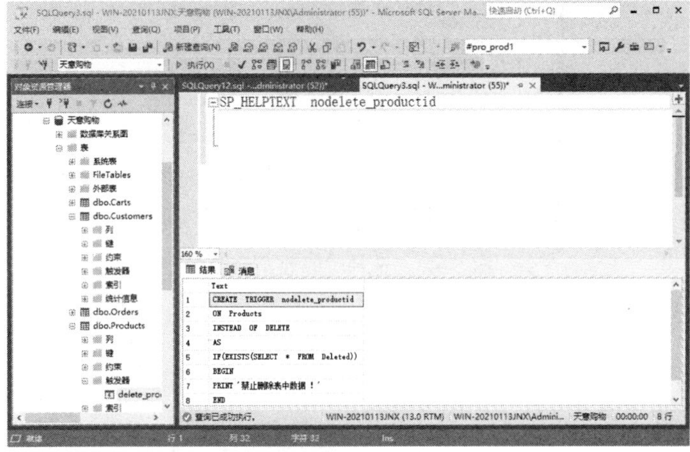

（b）查看触发器一般信息

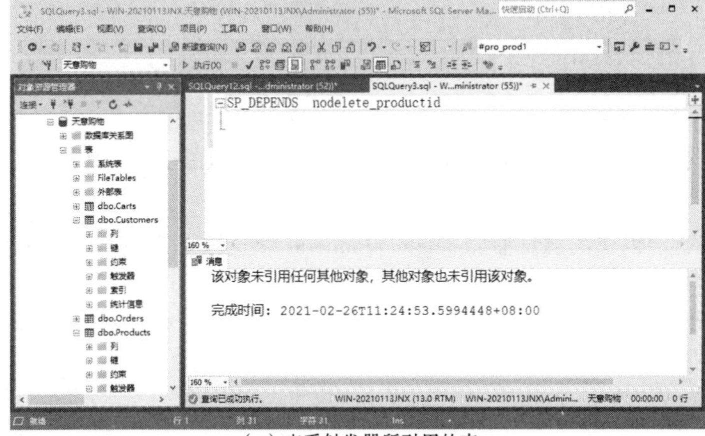

（c）查看触发器所引用的表

图 5-46　查看信息

2. 修改触发器

方法一：使用 SSMS 管理器修改触发器。

打开 SSMS 管理工具，选择“数据库”→“天意购物”→“表”→“Products”→“触发器”，右击相应触发器，在弹出的快捷菜单中选择“修改”命令，打开编辑窗口，如图 5-47 所示。

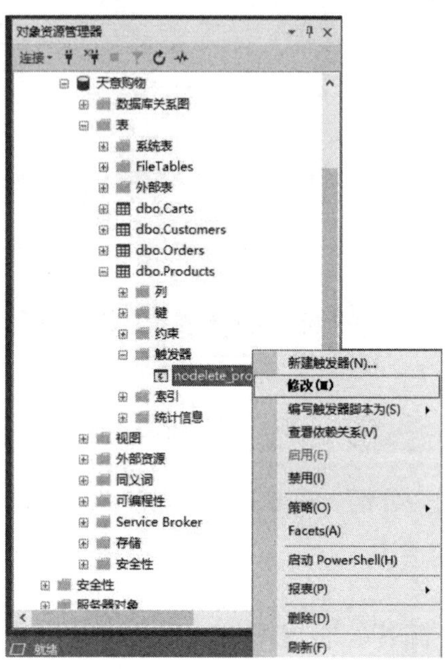

图 5-47　选择“修改”命令

方法二：使用 T-SQL 语句修改触发器。

语法格式：

```
ALTER  TRIGGER 触发器名称
ON{表名 | 视图名}
[WITH ENCRYPTION]
{FOR | AFTER | INSTEAD OF}
{[DELETE] [,] [INSERT] [,] [UPDATE]}
[NOT FOR REPLICATION]
AS
{SQL 语句 [;] [,…n] }
```

其语法格式与创建 DML 触发器语法格式相同，只是把 CREATE TRIGGER 换成了 ALTER TRIGGER。

【例 5-23】将已经创建的触发器 nodelete_productid 修改为 AFTER 触发方式。

```
ALTER  TRIGGER  nodelete_productid
ON  Products
AFTER  DELETE
AS
IF(EXISTS(SELECT  *  FROM  Deleted))
BEGIN
PRINT '禁止删除表中数据 ! '
END
```

执行结果如图 5-48 所示。

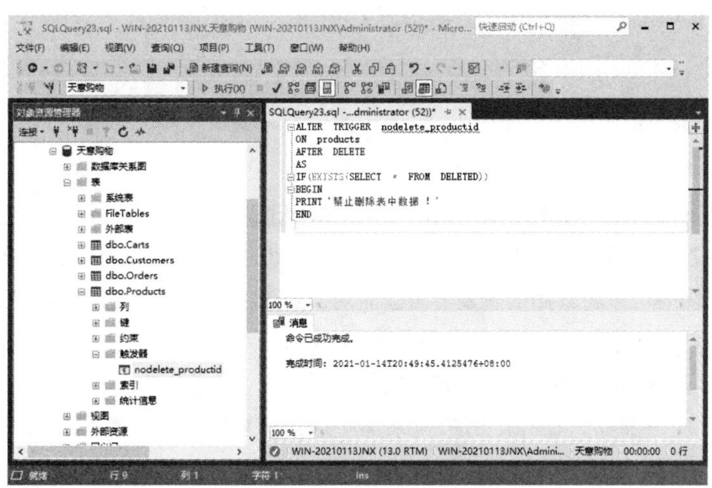

图 5-48　修改触发器

3. 删除触发器

【例 5-24】删除之前已经创建的 delete_productid 触发器。

方法一：使用 SSMS 管理器删除触发器

步骤一：打开 SSMS 窗口，选择“对象资源管理器”→“数据库”→“天意购物”→“表”→“Products”→“触发器”。

步骤二：右击要删除的触发器 delete_productid，在弹出的快捷菜单中选择“删除”命令，则可删除该触发器，如图 5-49 所示。

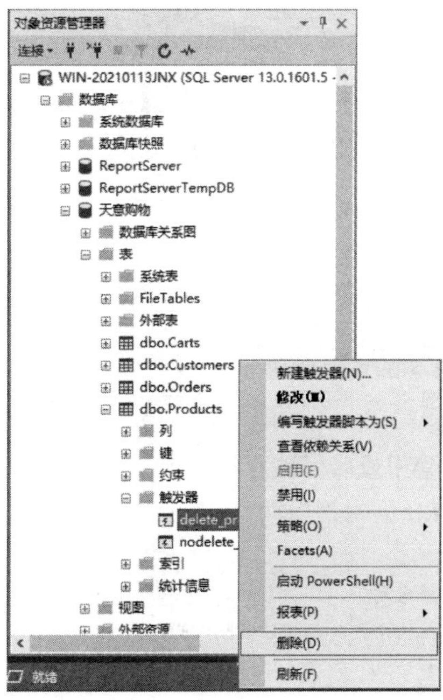

图 5-49　选择删除触发器命令

方法二：使用 T-SQL 语句删除触发器

使用 DROP TRIGGER 语句实现，语法格式：

```
DROP TRIGGER 触发器名称
```

代码实现：

```
DROP  TRIGGER  delete_productid
```

4. 禁用/启用触发器

当由于某些特殊原因不希望触发器运行时，可以禁用触发器，禁用触发器不会删除该触发器，它仍然会作为对象存在于当前数据库中。只是当执行编写触发器程序所用的任何 T-SQL 语句时，不会激发触发器。如果需要可以将禁用的触发器重新启用，默认情况下，触发器被创建后处于启用状态。

方法一：使用 SSMS 管理器禁用或启用触发器。

创建步骤：打开 SSMS 管理工具，选择“数据库”→“天意购物”→“表”→“Products”→“触发器”，右击相应触发器，在弹出的快捷菜单中选择“禁用”或“启用”命令，可以实现触发器的禁用或启用，如图 5-50 所示。

图 5-50　选择“禁用”或“启用”命令

方法二：使用 T-SQL 语句禁用或启用触发器

（1）使用 DISABLE TRIGGER 语句禁用触发器。

语法格式：

```
DISABLE  TRIGGER{ 触发器名称}
ON { 表名 | 视图名 | DATABASE | ALL SERVER}
```

语句说明：

ALL：表示禁用在 ON 子句作用域中定义的所有触发器；其他参数与创建触发器参数意义相同。

（2）使用 ENABLE TRIGGER 语句启用触发器。

语法格式：

```
ENABLE  TRIGGER{触发器名称}
ON {表名 | 视图名| DATABASE | ALL SERVER}
```

参数意义与禁用触发器参数相同。

【例 5-25】禁用“天意购物”数据库的表 Products 中的触发器 nodelete_productID。

步骤一：打开 SSMS 管理工具，单击工具栏中的“新建查询”按钮，此时在 SSMS 的主区域新建一个选项卡，在此区域写入语句。

```
DISABLE  TRIGGER  nodelete_productid  ON  Products
```

步骤二：单击“执行”按钮，触发器禁用成功，如图 5-51 所示。

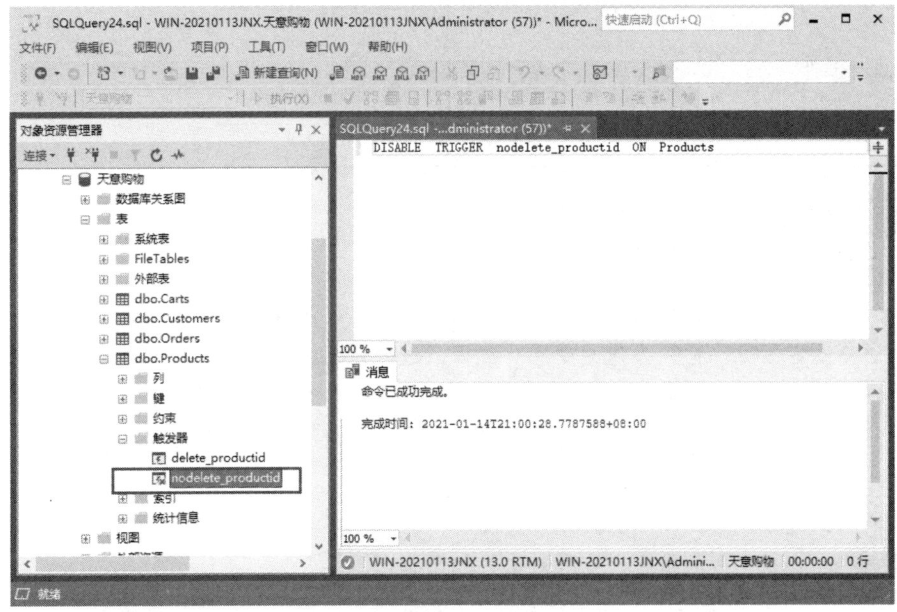

图 5-51 触发器禁用成功

动手实践

使用 T-SQL 语句为表 Customers 创建名为“trig_禁止插入”的 DML 触发器，使得当向表中插入数据时，显示该事务不能被处理，不能插入数据!。

方法一：

1. 创建触发器

```
CREATE________________________________________________
ON____________________________________________________
FOR INSERT
AS
BEGIN
______________________________________________________
______________________________________________________
END
```

2. 触发操作

INSERT____

____

方法二：

1. 创建触发器

```
CREATE________________________________________________
ON____________________________________________________
INSTEAD OF  INSERT
AS
BEGIN
______________________________________________________
END
```

2. 触发操作

INSERT____

____

润物无声

工匠准则：遵守规则

前面，介绍创建约束的目的可以保障数据录入的完整和正确。数据录入正确并不能保障我们可能会通过修改、删除、插入操作改变原有数据，这时通过触发器可以有效控制这些操作带来数据的改变。正如社会制度的良好运行，离不开规则的制订和遵守，设计触发器是为了保证在进行插入、删除、修改数据表等操作时，防止有意或无意地对原有数据进行破坏，保证数据库的良好运行。

立德树人：遵守规则

尊重规则，是对生命的敬畏，也是对家人的负责。

2018 年 3 月，南京南站，一名男子要去 22 站台上车。他没有按照规定路线走，为了省事，他从 21 站台直接跳下轨道，想通过轨道走到 22 站台。当时已经有一辆列车进站了，他依然毫不在意，侥幸一搏。可惜，他没能成功撑上高高的站台，快速进站的列车将他卡在了站台与列车之间，瞬间的摩擦力让他在缝隙里滚了起来。当列车停下后，他被死死地卡在缝隙里，满脸鲜血。在近两个小时的救援中，消防官兵将月台的面板、混凝土坡拆开之后，才终于将他救出。但为时晚矣，男子已经没有了生命体征。

因为这次意外，大批乘客被滞留车站两个多小时。被耽误两小时的人们，生活依然在继续；而这个为了少走几步路，省两分钟时间的男子，却将生命永远留在了那里。

大学生毕业后走向社会，步入职场，一定要遵守社会基本规则，遵守企业规章制度，这样才能让自己的职业生涯更加长久。

知识巩固

1. （单选）从数据库中删除触发器的 SQL 命令是（　　）。

A. DELETE TRIGGER　　B. DROP TRIGGER

C. REMOVE TRIGGER　　D. DISABLE TRIGGER

2.（单选）已知员工和员工亲属两个关系，当员工调出时，应该从员工关系中删除该员工的元组，同时在员工亲属关系中删除对应的亲属元组。在 SQL 中利用触发器定义这个完整性约束的短语是（　　）。

A. INSTEAD OF DELETE　　B. INSTEAD OF DROP

C. AFTER DELETE　　D. AFTER UPDATE

3.（判断）触发器与存储过程的最大区别是触发器不能被直接调用执行，只能由事件触发而自动执行。(　　)

4.（填空）DML 触发器按照触发事件可以分为（　　）触发器、(　　）触发器和（　　）触发器。

5.（填空）常用的触发器管理主要包括（　　）触发器、(　　）触发器、(　　）触发器和(　　）触发器。

综 合 实 训

一、程序设计

在“学生管理系统”数据库中，查询 Student 表中地址为“北京”的学生中是否存在“李国庆”同学，如果存在显示“李国庆同学存在”，如果没有则显示“李国庆同学不存在”。

____

____

____

二、创建及修改存储过程

1. 在“学生管理系统”数据库中，使用 T-SQL 语句创建存储过程 pro_stu1，查询 Student 表中地址为“武汉”的学生信息。

2. 使用 T-SQL 修改存储过程 pro_stu1，查询 Student 表中地址为“武汉”的所有“女”学生信息。

3. 在“学生管理系统”数据库中，使用 T-SQL 语句创建一个名为 pro_student 的存储过程。要求：查询 Student 表中某姓氏的学生信息。

4. 使用 T-SQL 语句执行 pro_student 存储过程，查找“张”姓学生信息。

____

____

____

____

____

____

____

____

____

____

三、创建及修改触发器

1. 在“学生管理系统”数据库中，创建一个禁止删除该数据库中表的触发器，当删除某张表时，显示“禁止删除表操作”。

2. 在“学生管理系统”数据库中，为 Course 表创建一个触发器，禁止删除该表信息，当删除某门课程时，显示“禁止删除该条信息”并显示该条记录。

3. 在“学生管理系统”数据库的 Student 表中，使用 T-SQL 语句创建一个名为“trig_禁止修改年龄”的触发器。要求：当修改年龄时显示“该事务不能被处理，年龄不能被修改！”

项 目 六

“天意购物”数据库的安全与保护机制

“天意购物”数据库会面临众多不同类型用户的访问，而对于它的管理员来说，数据的安全性是非常重要的。本任务主要讲授如何对数据库进行安全管理和相应的保护机制。

项目内容：

- 任务一　数据库安全。
- 任务二　数据库的备份与还原。

项目目标：

- 熟练掌握：SQL Server 2016 数据库的身份验证和访问权限管理。
- 掌握：SQL Server 数据库的备份与还原。
- 初步了解：SQL Server 数据的安全机制。

任务一　数据库安全

数据库安全对于任何一个数据库管理系统都是至关重要的。数据库的安全管理主要包括数据库的安全机制，用户身份验证和用户权限管理。

任务情境

小王：李哥，产品组的媛媛想自己登录数据库服务器来查看咱们的数据，我能把账号和密码发给她吗?

老李：这可不行哦，如果她也用我们的超级管理员账号，咱们也用，一旦出现问题，没有办法根据日志查找原因，而且多人一起操作数据库，本身就会有问题。所以需要我们提高安全意识，做好用户身份验证和用户权限管理。

小王：好嘞。

任务描述

视　频

设计过程

假设有两个用户访问“天意购物”数据库，分别为 cheng、zhang，需创建两个登录账户。该用户为 Windows 用户，采用 Windows 登录模式进入 SQL Server 2016。

设计过程

1. 创建用户账户

步骤一：选择“开始”→“控制面板”命令，在打开的窗口中选择“系统和安全”→“管理工具”，在打开的窗口中双击“计算机管理”图标，在打开的窗口中展开“本地用户和组”，如图 6-1 所示。

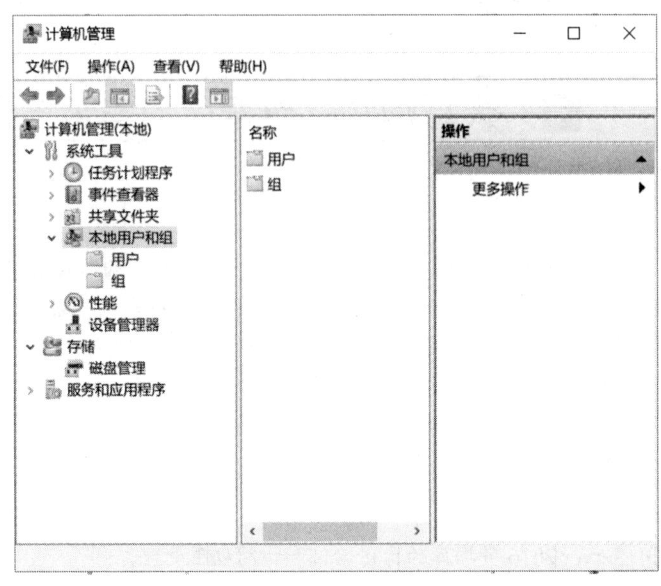

图 6-1 “计算机管理”窗口

步骤二：右击“用户”结点，在弹出的快捷菜单中选择“新用户”命令，如图 6-2 所示。

图 6-2 选择“新用户”命令

步骤三：在打开的“新用户”对话框，输入要创建的 cheng 用户信息，如图 6-3 所示。

步骤四：单击“创建”按钮，完成用户的创建，再用同样的方法创建另外一个 Windows 用户。

2. 将用户添加到组

步骤一：右击“组”，在弹出的快捷菜单中选择“新建组”命令，打开“新建组”对话框，在

“组名”文本框中输入“客户部”，在“描述”文本框中输入对组名的简单描述，如图 6-4 所示。

图 6-3 “新用户”对话框

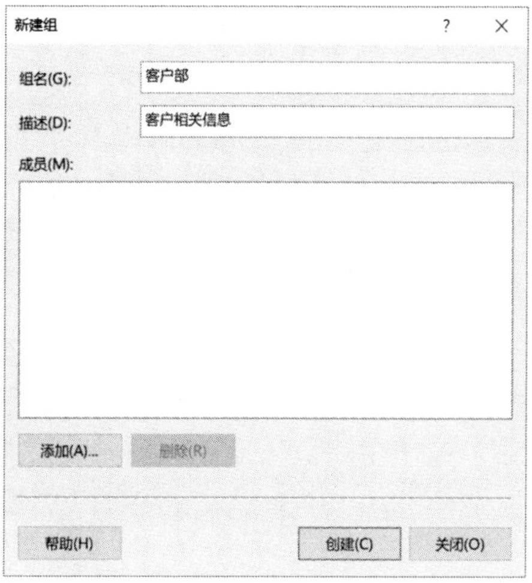

图 6-4 “新建组”对话框

步骤二：单击“添加”按钮，打开“选择用户”对话框，将上述创建的新用户添加到这个组，如图 6-5 所示。

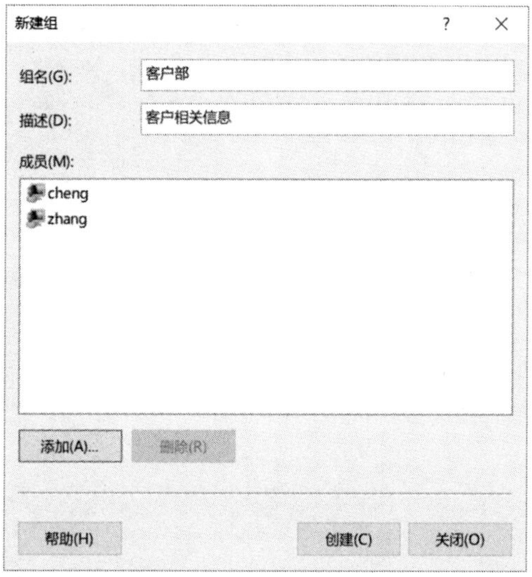

图 6-5 用户添加到组

步骤三：单击“确定”按钮，创建完成。

3. 指派用户权利

步骤一：在“控制面板”窗口中选择“系统和安全”→“管理工具”→“本地安全策略”→“本地策略”→“用户权限分配”，如图 6-6 所示。

步骤二：在窗口右侧的显示列表中，右击“允许本地登录”选项，在弹出的快捷菜单中选择“属性”命令，打开“允许本地登录属性”对话框，如图 6-7 所示。

图 6-6 “本地安全策略”窗口

步骤三：单击“添加用户或组”按钮，打开“选择用户或组”对话框，输入用户名，把已经创建的用户或组添加进来，如图 6-8 所示。

图 6-7 “允许本地登录 属性”对话框

图 6-8 添加用户或组

步骤四：单击“确定”按钮，完成指派用户。

4. 映射 SQL Server 登录

步骤一：选择“开始”→“所有程序”→Microsoft SQL Server Tools 18→Microsoft SQL Server Management Studio 18 命令，使用“Windows 身份验证”建立连接，进入 SSMS 窗口。

步骤二：展开“安全性”结点，右击“登录名”结点，在弹出的快捷菜单中选择“新建登录名”命令，如图 6-9 所示。

图 6-9 选择“新建登录名”命令

步骤三：打开“登录名-新建”对话框，单击“登录名”文本框后的“搜索”按钮，选择“cheng”用户，如图 6-10 所示，然后在“默认数据库”下拉列表中选择“天意购物”数据库，如图 6-11 所示。

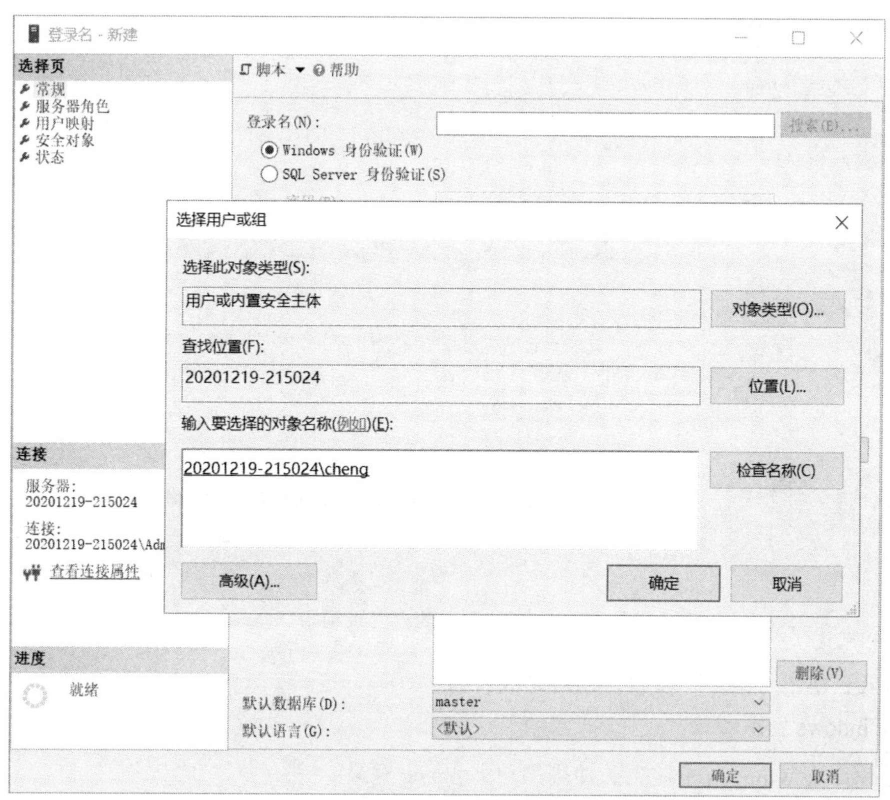

图 6-10 在“登录名-新建”对话框中搜索登录名

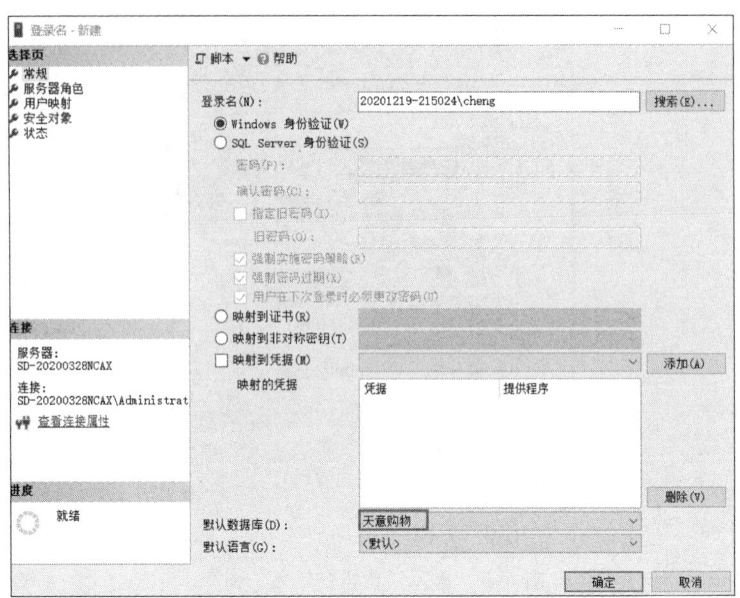

图 6-11 “登录名-新建”对话框

步骤四：在“登录名-新建”对话框中选择“用户映射”选项卡，切换到“用户映射”页面，选中“天意购物”复选框，允许用户访问默认的“天意购物”数据库，如图 6-12 所示。

图 6-12 “用户映射”选项卡

步骤五：单击“确定”按钮，创建完成。

5. Windows 登录测试

步骤一：从 Windows 中注销，使用用户名 cheng 登录。

步骤二：选择“开始”→“所有程序”→Microsoft SQL Server Tools 18→Microsoft SQL Server Management Studio 18 命令，使用“Windows 身份验证”建立连接，如图 6-13 所示。

图 6-13 “Windows 身份验证”连接

知识链接

一、数据库的安全机制

视 频

数据库的安全机制

随着计算机网络的普及、电子商务的风靡，数据库安全性就显得尤为重要。数据库安全机制是用于实现数据库的各种安全策略的功能集合，由这些安全机制来实现安全模型，进而实现保护数据库系统安全的目标。

安全的数据库管理系统必须提供两个层次的功能：一是对用户是否有权限登录到系统及如何登录进行管理；二是对用户能否使用数据库中的对象并执行相应操作进行管理。

SQL Server 2016 安全机制可以划分成以下 4 部分：

（1）操作系统的安全防线。用户需要一个有效的登录账户，才能对操作系统进行访问。

（2）SQL Server 的身份验证防线。SQL Server 通过登录账户创建附加安全层，一旦用户登录成功，将建立与 SQL Server 的一次连接。

（3）SQL Server 数据库身份验证安全防线。当用户与 SQL Server 建立连接后，还必须成为数据库用户（用户 ID 必须在数据库系统表中），才有权访问数据库。

（4）SQL Server 数据库对象的安全防线。用户登录到要访问的数据库后，要使用数据库内的对象，必须得到相应的权限。

二、身份验证

身份验证

SQL Server 2016 提供了两种身份验证模式来确认用户是否登录了服务器。

（1）Windows 身份验证模式：此模式下，SQL Server 直接使用 Windows 操作系统的内置安全机制，即使用 Windows 的用户或组账号登录。

（2）SQL Server 和 Windows 身份验证模式：又称混合模式。此模式下，如果用户提供了 SQL Server 登录用户名，则系统将使用 SQL Server 身份认证登录；如果没有提供 SQL Server 登录用户名，而提供了 Windows 的用户或组账号，则系统将使用 Windows 身份验证登录。

下面通过两个实例来讲述如何选择 SQL Server 2016 的两种身份验证模式。

【例 6-1】某单位局域网内部服务器上新装了 SQL Server 2016 数据库，且原有服务器上已经设置了该单位员工的用户账户，设置哪种验证模式比较合适？

分析：由于原服务器上已经有了用户账户，而服务器又是内部服务器，为了充分利用资源，节省人力物力，可以选用“Windows 身份验证模式”。

【例 6-2】某单位开发了一个电子商务网站，后台数据库选用了 SQL Server 2016，设置哪种验证模式比较适合？

分析：由于网站是对外的，而且应用程序是基于 Internet 运行的，使用“SQL Server 和 Windows 身份验证模式”比较合适。

【例 6-3】身份验证模式设置。

步骤一：运行 SQL Server Management Studio，连接访问的服务器，右击服务器名，从弹出的快捷菜单中选择“属性”命令，在图 6-14 所示。

图 6-14 查看服务器属性

步骤二：在服务器属性对话框的“选择页”列表框中选择“安全性”选项，在右侧窗口中设置服务器身份验证模式为“SQL Server 和 Windows 身份验证模式”，如图 6-15 所示。

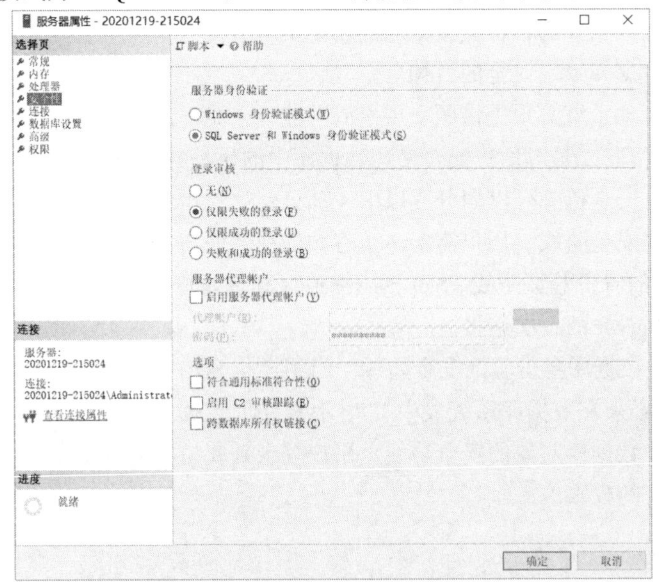

图 6-15 设置服务器的安全性选项

步骤三：设置登录审核为“仅限失败的登录”。

步骤四：单击“确定”按钮，重启 SQL Server。

注意：除默认选项外，人工设置的任何属性或选项都要重启服务器后才能生效。

三、账户管理

用户连接到服务器后，网上商城的数据库管理员要根据他们的不同权限来确定使哪些用户只能进入服务器却不能访问数据库，使哪些用户可以访问某些数据用户。

1. SQL Server 2016 账户分类

在 SQL Server 2016 中，账户分为两类：登录用户和数据库用户。

登录用户针对 SQL Server 管理系统，当用户合法登录成功后，可以连接到 SQL Server，但不一定具有访问数据库的权力。

数据库用户是针对 SQL Server 管理系统中的某个数据库，当用户使用登录账户连接到 SQL Server 后，还需要使用数据库账户才可以访问某个数据库中的数据。也就是说，哪个数据库中创建的数据库用户，就可以访问哪个数据库。

2. 登录者账户管理

(1)创建登录者账户。在服务器身份验证混合模式下，登录者又分为 Windows 用户和 SQL Server 用户两大类。创建登录者账户有两种方法：一种使用图形界面创建；另一种使用 T-SQL 语句创建。前者已经在之前已经详细介绍过，这部分主要介绍使用 T-SQL 语句创建。

① 若为 Windows 用户，其语句格式如下：

```
EXEC  SP_GRANTLOGIN  'domain\user'
```

语法说明：

- SP_GRANTLOGIN：系统存储过程名。
- domain\user：指已有的 Windows 用户名，注意名称要完整，即<域\用户名>。

【例 6-4】用命令创建 Windows 身份验证的登录账户 zhang，其命令语句如下：

```
EXEC  SP_GRANTLOGIN  '20201219-215024\zhang'
```

命令执行结果如图 6-16 所示。

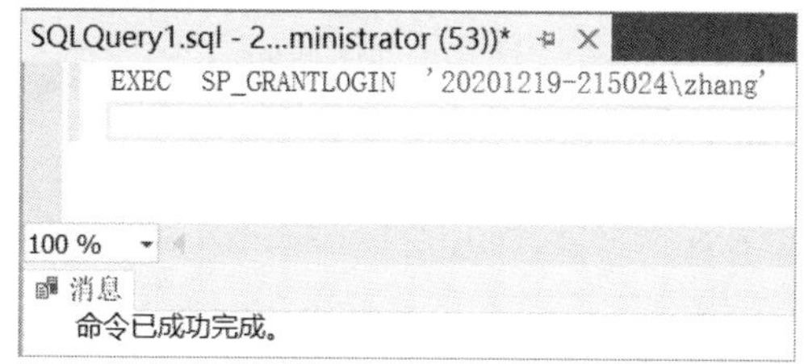

图 6-16 创建 Windows 身份验证的登录账户命令执行结果

② 若为 SQL Server 用户，其语句格式如下。

```
EXEC SP_ADDLOGIN 'username','password','database_name','language'
```

语句说明：

- username：登录的用户名。
- password：登录的密码。
- database_name：登录的数据库名称。
- language：登录的语言。

【例 6-5】用命令创建 SQL Server 身份验证的登录账户 wzq，密码为 123456，默认数据库为 master，默认语言为简体中文。

命令语句如下：

```
EXEC  SP_ADDLOGIN  'wzq','123456','master','Simplified Chinese'
```

命令执行结果如图 6-17 所示。

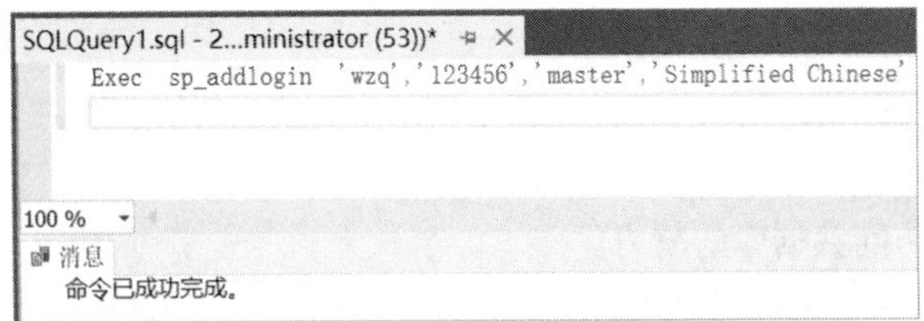

图 6-17 创建 SQL Server 身份验证的登录账户命令执行结果

（2）修改登录账户的属性。对于已经创建好的登录账户，可以在“对象资源管理器”窗格中双击该用户名，打开其登录属性窗口，如图 6-18 所示。

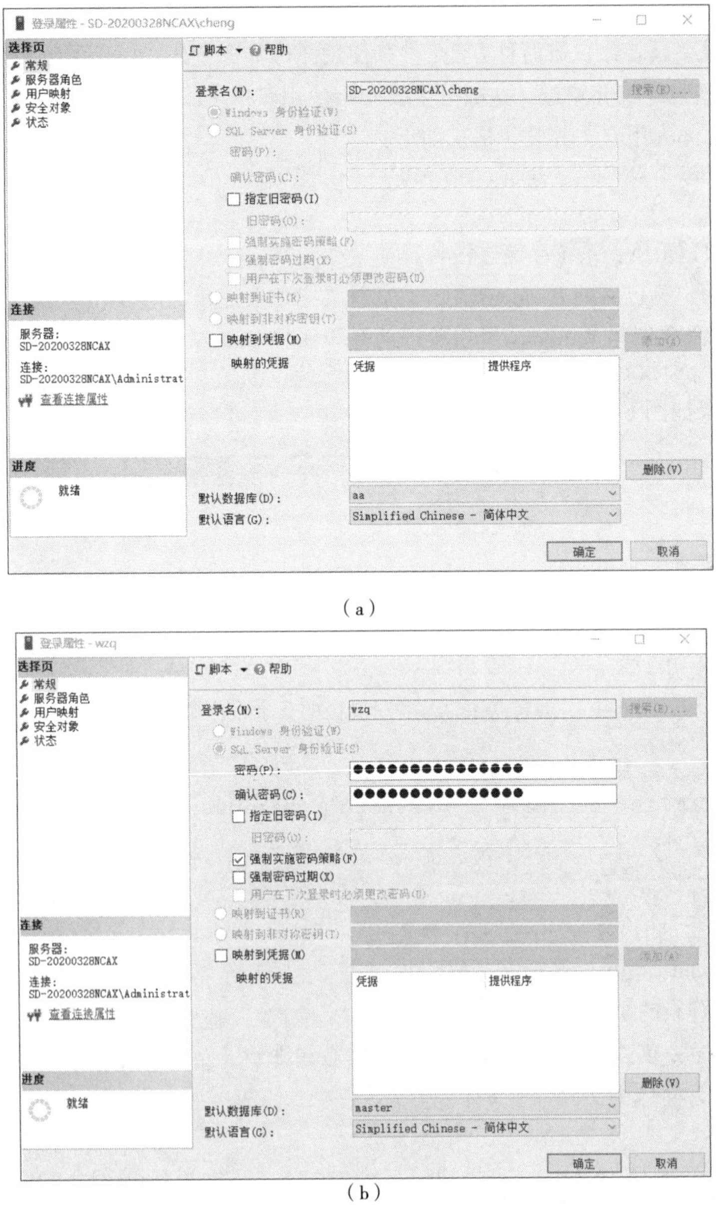

（a）

（b）

图 6-18 登录属性窗口

在“常规”选项卡中可以修改其相应属性。

在“状态”选项卡中可以禁止该账户。

（3）删除登录账户。删除登录账户有两种方法：一种是使用图形界面；另一种是使用 T-SQL 命令。

① 使用图形界面删除用户账户，具体方法如下：

在“对象资源管理器”窗格中选中并右击该用户名，在弹出的快捷菜单中选择“删除”命令，即可删除登录账户。

【例 6-6】用图像界面删除 Windows 身份验证的登录账户 cheng。

操作步骤：在“对象资源管理器”中选中并右击用户名 cheng，在弹出的快捷菜单中选择“删除”命令，如图 6-19 所示，在删除对象框中单击“确定”按钮即可删除该用户，如图 6-20 所示。

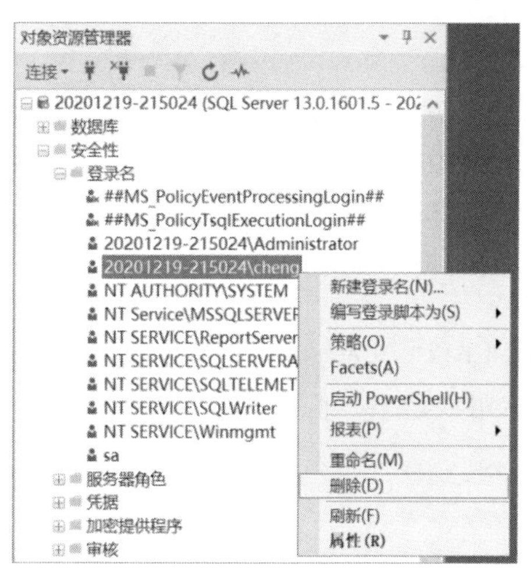

图 6-19　选择“删除”命令

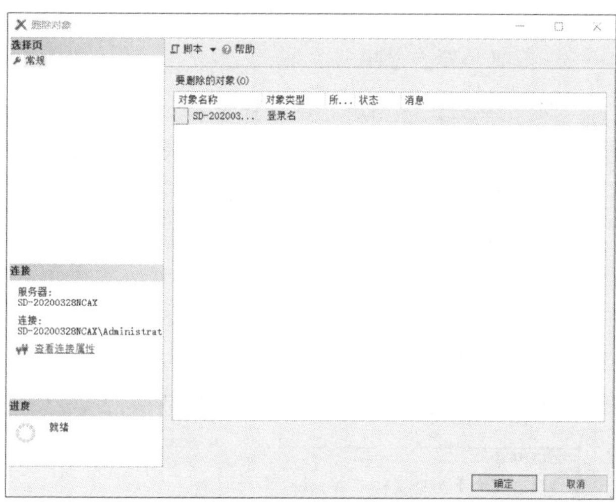

图 6-20　删除对象窗口

② 使用 T-SQL 语句删除登录账户。

• 若为 Windows 用户，其语句格式如下：

```
EXEC SP_REVOKELOGIN 'domain\user'
```

【例 6-7】用命令删除 Windows 身份验证的登录账户 zhang，其命令语句如下：

```
EXEC SP_REVOKELOGIN '20201219-215024\zhang'
```

命令执行结果如图 6-21 所示

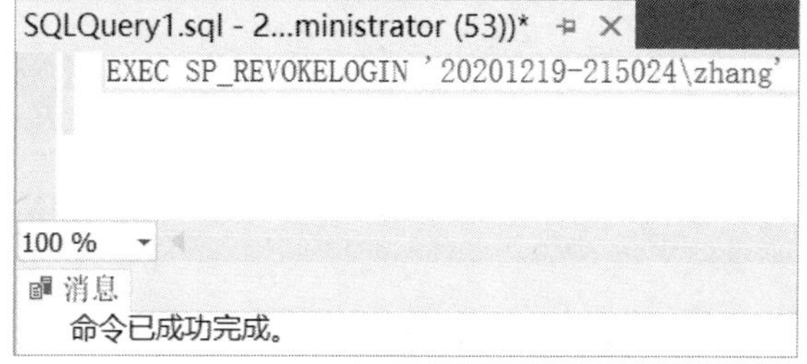

图 6-21　删除 Windows 身份验证的登录账户命令执行结果

• 若为 SQL Server 用户，其语句格式如下:

```
EXEC SP_DROPLOGIN 'username'
```

【例 6-8】用命令删除 SQL Server 身份验证的登录账户 wzq，命令语句如下:

```
EXEC SP_DROPLOGIN 'wzq'
```

命令执行结果如图 6-22 所示。

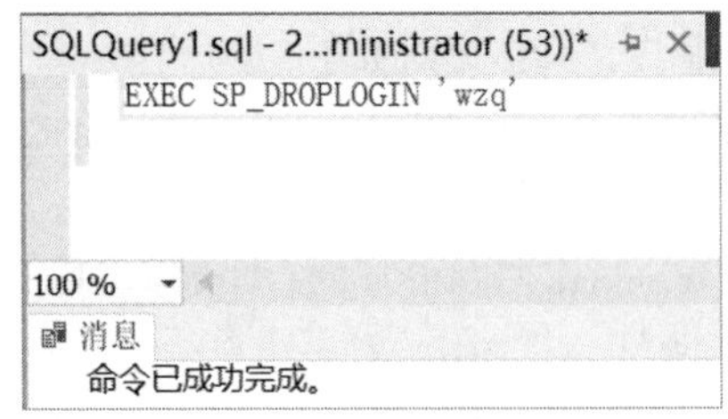

图 6-22　删除 SQL Server 身份验证的登录账户命令执行结果

3. 数据库账户管理

（1）创建数据库用户。创建登录账户后，用户只是具有了访问 SQL Server 服务器的权限，要想访问某个具体的数据库，还要将登录账户映射到数据库用户中。与创建登录用户类似，数据库用户也有很多类型，常用的是 Windows 用户和带登录名的 SQL Server 用户。

创建数据库账户有两种方式：一种是使用图形界面；另一种是使用 T-SQL 语句。

① 使用图形界面创建数据库账户，具体方法如下：

在 SSMS 中展开相关数据库的“安全性”结点，右击“用户”结点，在弹出的快捷菜单中选择“新建用户”命令，如图 6-23（a）所示，打开“数据库用户-新建”窗口，在“用户类型”下拉列表中选择所要创建的用户类型，如图 6-23（b）所示。

（a）

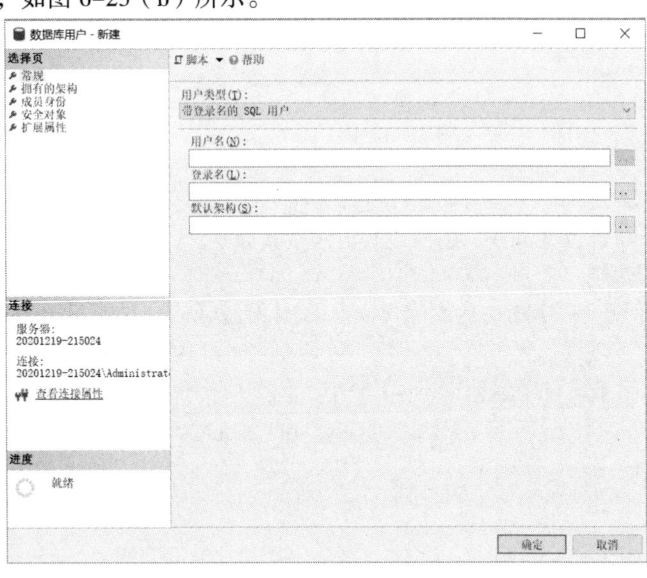

（b）

图 6-23　新建数据库用户窗口

注意：对于不同种类的数据库用户，可以在“用户类型”下拉列表中选择相对应的用户种类进行操作。

【例 6-9】给 SQL Server 身份验证的登录账户 wzq 添加一个用户名为 tdbwzq 的天意购物数据库的用户账户。具体方法如下：

步骤一：在“数据库用户-新建”窗口的“用户类型”下拉列表中选择“带登录名的 SQL 用户”选项，如图 6-24 所示，单击“登录名”文本框右侧的“…”按钮，弹出“选择登录名”对话框，如图 6-25 所示。

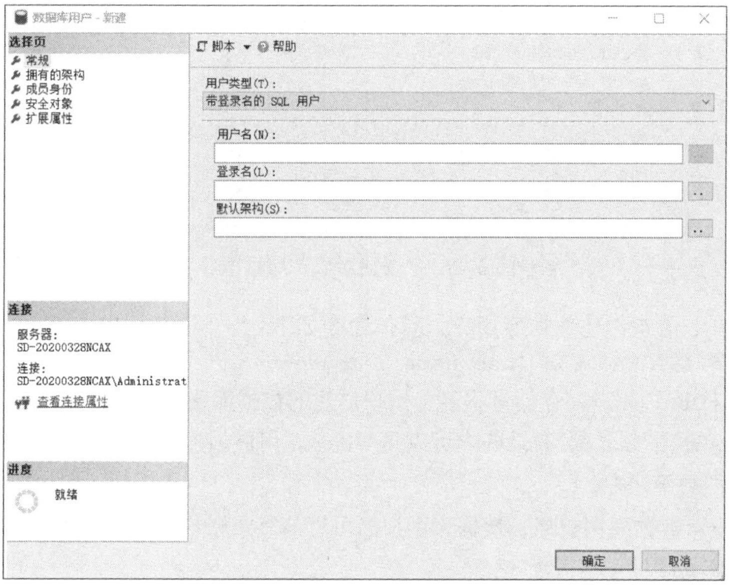

图 6-24 新建用户账户

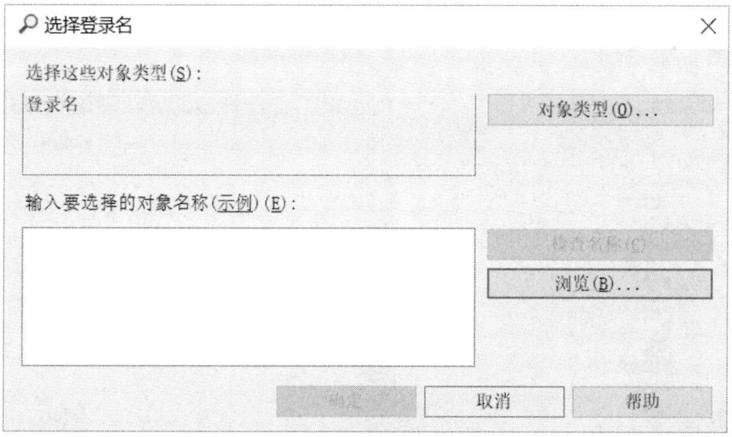

图 6-25 选择登录名窗口

步骤二：在该对话框中单击“浏览”按钮，打开“查找对象”对话框，如图 6-26 所示，选择要编辑的 wzq 用户，单击“确定”按钮，返回主窗口。

步骤三：在“数据库用户-新建”窗口的“用户名”文本框中输入 tdbwzq，单击“确定”按钮完成设置。

注意：登录名与用户名可以相同，也可以不同。

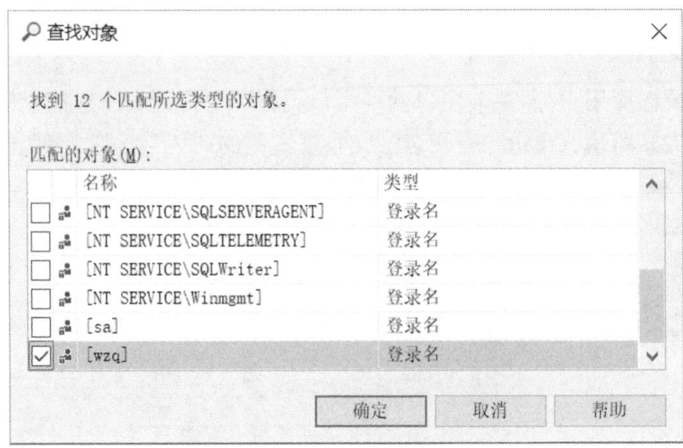

图 6-26 “查找对象”对话框

② 使用 T-SQL 语句创建数据库用户，具体命令如下：

```
EXEC SP_GRANTDBACCESS 'username','dbusername'
```

- SP_GRANTDBACCESS：存储过程名，用户创建的数据库账户。
- username：登录账户名称，登录账户可以是 Windows 用户创建的登录账户，也可以是 SQL Server 用户创建的登录账户。
- dbusername：数据库用户名，数据库用户名可以与登录账户一致，也可以不一致。使用该命令前数据库必须处于打开状态。

【例 6-10】用命令方式给登录账户 wzq1 添加一个天意购物数据库的同名数据库用户账户。

```
USE 天意购物
EXEC SP_GRANTDBACCESS 'wzq1','wzq1'
```

执行结果如图 6-27 所示。

图 6-27 创建数据库用户

（2）修改数据库用户。创建数据库用户后，数据库管理员可以修改其用户权限，即该用户所属的数据库角色。修改数据库用户有两种方法：一种是使用图形界面；另一种是使用 T-SQL 语句。

① 使用图形界面修改数据库用户，具体方法如下：

在“对象资源管理器”窗格中选中所要修改的数据库用户名并右击，在弹出的快捷菜单中选择“属性”命令，选择“成员身份”选项，可重新选择用户账户所属的数据角色，如图 6-28 所示。

② 查看数据库用户状态，语句格式如下：

```
EXEC  SP_HELPUSER 'dbuaername'
```

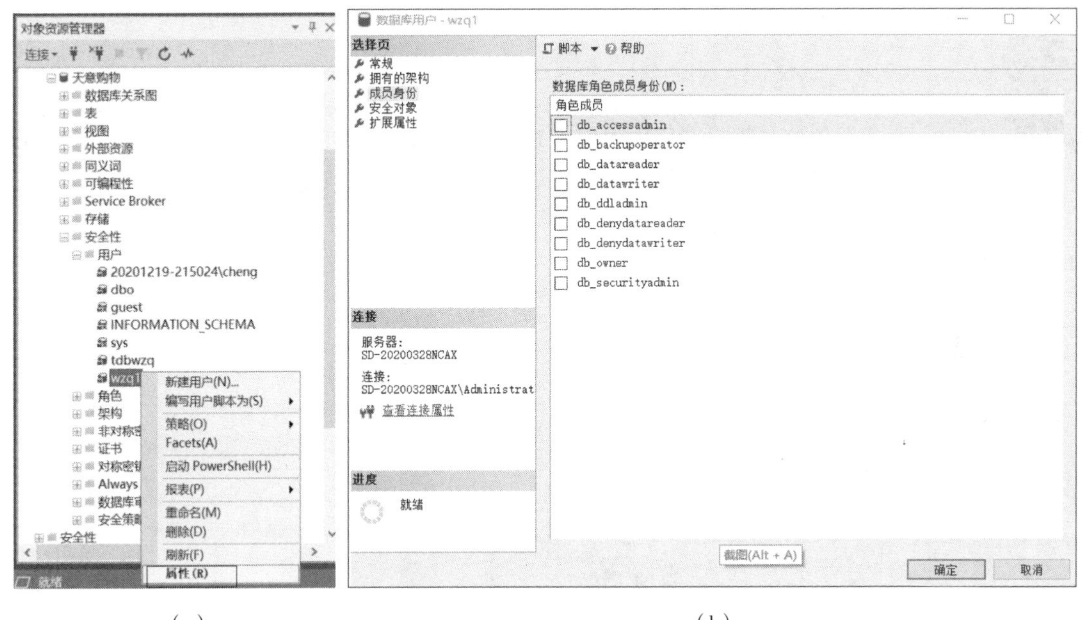

（a）　　　　　　　　　　　　（b）

图 6-28　修改数据库用户属性

【例 6-11】用命令方式从当前数据库“天意购物”中查看用户 wzq1。

```
USE 天意购物
EXEC  SP_HELPUSER 'wzq1'
```

执行结果如图 6-29 所示。

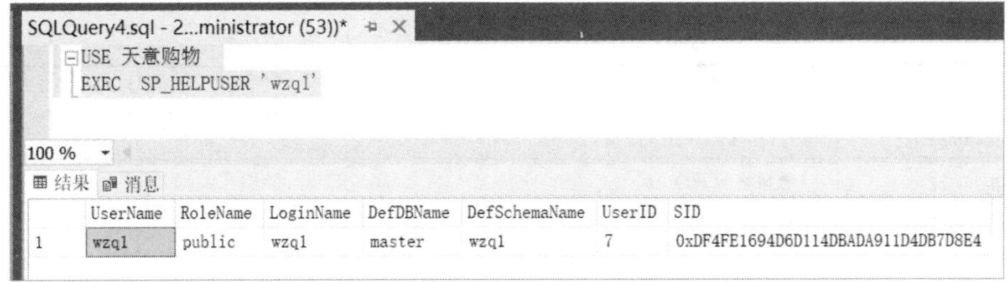

	UserName	RoleName	LoginName	DefDBName	DefSchemaName	UserID	SID
1	wzq1	public	wzq1	master	wzq1	7	0xDF4FE1694D6D114DBADA911D4DB7D8E4

图 6-29　查看数据库用户状态

（3）删除数据库用户。删除数据库用户有两种方法：一种是使用图形界面；另一种是使用 T-SQL 语句。

① 使用图形界面删除数据库用户，具体方法如下：在“对象资源管理器”窗格中选中要修改的数据库用户名并右击，在弹出的快捷菜单中选择“删除”命令，或者按【Delete】键。

② 使用T-SQL语句删除数据库用户，语句格式如下：

```
EXEC SP_REVOKEDBCCESS 'dbusername'
```

【例6-12】从当前数据库“天意购物”中删除用户wzq1。

命令语句如下：

```
USE 天意购物
EXEC SP_REVOKEDBACCESS  'wzq1'
```

执行结果如图6-30所示。

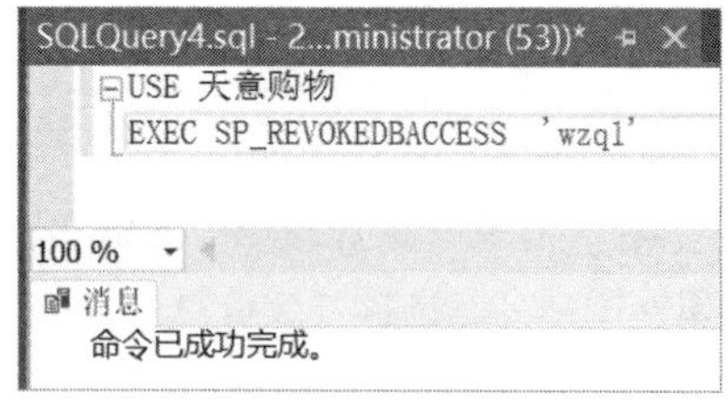

图6-30 删除数据库用户

视 频

角色

四、角色

1. 服务器角色

服务器角色是指根据SQL管理任务以及这些任务的相对重要性等级把具有SQL管理职能的用户划分成不同的用户组，每一组具有管理SQL的权限是预定义的。

在SQL Server 2016的“对象资源管理器”窗格中展开“安全性”→“服务器角色”，如图6-31所示。

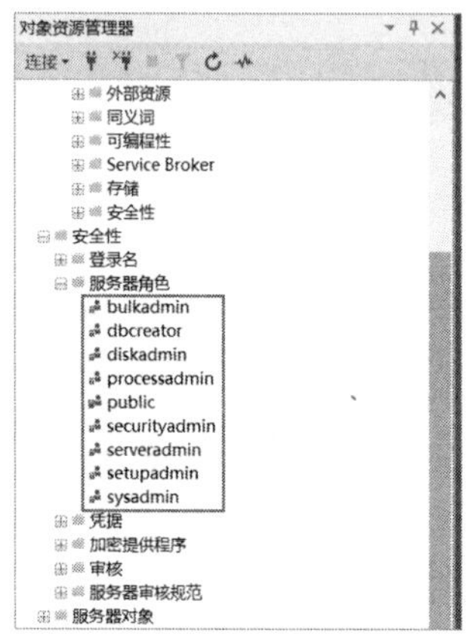

图6-31 服务器角色

SQL Server 2016默认有9个服务器角色，而且这些角色不能删除、新增或修改。关于这些角色的简单描述如表6-1所示。

表6-1 服务器角色描述

角　色	描　述
bulkadmin	执行 BULK INSERT 语句
dbcreator	创建和修改数据库
diskadmin	管理磁盘文件
processadmin	管理 SQL Server 进程
public	拥有的权限是 VIEW ANY DATABASE
securityadmin	管理和审核服务器登录
serveradmin	配置服务器级的设置
setupadmin	配置和复制已链接的服务器
sysadmin	可执行任何操作

2. 数据库角色

数据库角色能为某一用户或一组用户授予不同级别的管理或访问数据库或数据库对象的权限，数据库角色分为内置数据库角色和自定义数据库角色。

在 SQL Server 2016 的“对象资源管理器”窗格中展开“数据库”→“安全性”→“角色”→“数据库角色”，如图 6-32 所示。

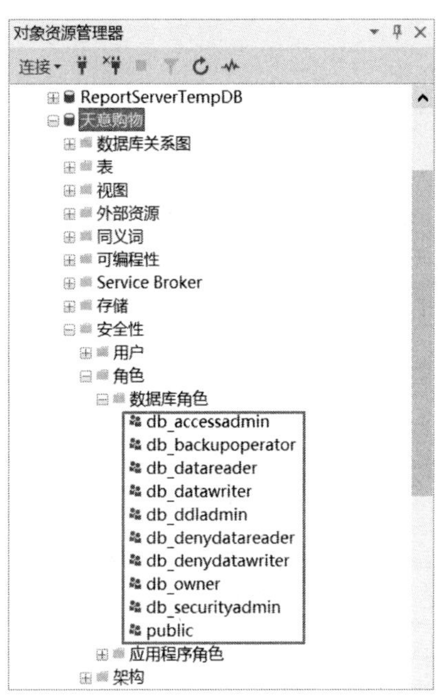

图 6-32　数据库角色

固定数据库角色及其描述如表 6-2 所示。

表 6-2　固定数据库角色及其描述

固定数据库角色	描　述
db_accessadmin	可以添加或删除用户 ID
db_backupoperator	可以发出 DBCC、CHECKPOINT 和 BACKUP 语句
db_datareader	可以选择数据库内任何用户表中的所有数据
db_datawriter	可以更改数据库内任何用户表中的所有数据
db_ddladmin	可以发出所有 DDL 语句，但不能发出 GRANT、REVOKE 或 DENY 语句
db_owner	在数据库中有全部权限
db_denydatawriter	不能更改数据库内任何用户表中的任何数据
db_denydatareader	不能选择数据库内任何用户表中的任何数据
db_securityadmin	可以管理全部权限、对象所有权、角色和角色成员资格
public	最基本的数据库角色，每个用户都属于该角色

SQL Server 2016 通过给数据库用户添加或删除其所属的数据库角色，来修改其用户权限。

（1）添加数据库角色，语句格式如下：

```
EXEC SP_ADDROLEMEMBER 'actorname','dbusername'
```

（2）删除数据库角色，语句格式如下：

```
EXEC SP_DROPROLEMEMBER 'actorname','dbusername'
```

【例 6-13】使用命令把已经创建好的 tdbwzq 用户添加到“天意购物”数据库的 db_accessadmin 角色中，然后删除该角色。

添加角色命令如下：

```
USE 天意购物
EXEC SP_ADDROLEMEMBER 'db_accessadmin','tdbwzq'
```

命令执行结果如图 6-33 所示。

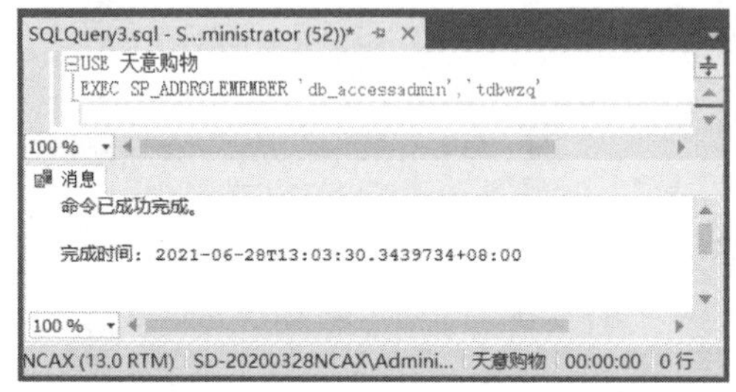

图 6-33　数据库用户添加角色

可以通过图形化方式验证添加结果，在 SQL Server 2016 的“对象资源管理器”窗格中展开“数据库”→“天意购物”→“安全性”→“角色”→“数据库角色”，右击“db_accessadmin”角色，在弹出的快捷菜单中选择“属性”命令，如图 6-34（a）所示，在数据库角色属性对话框中，可以看到 tdbwzq 用户已经添加到该角色中，如图 6-34（b）所示。

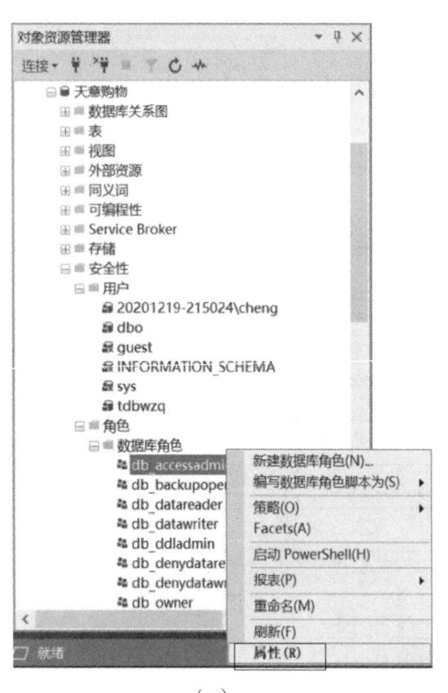

（a）

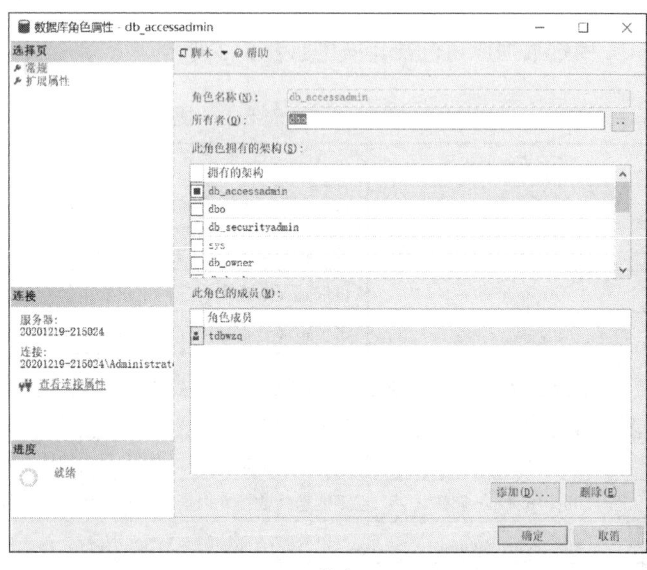

（b）

图 6-34　数据库角色添加验证

删除角色的命令如下：

```
USE 天意购物
```

```
EXEC SP_DROPROLEMEMBER 'db_accessadmin','tdbwzq'
```

命令执行结果如图 6-35 所示。

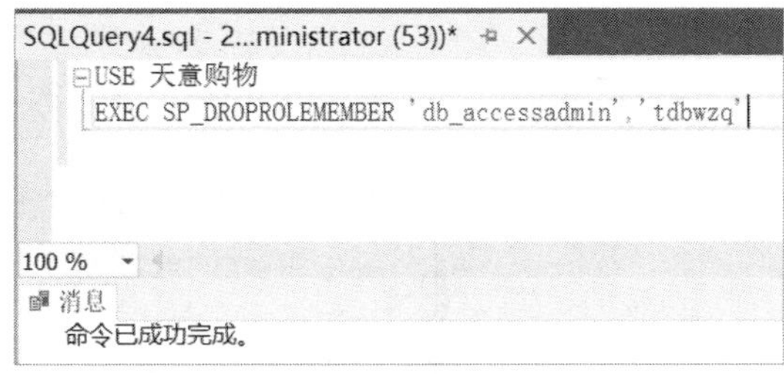

图 6-35　删除数据库用户角色

可以通过图形化方式验证添加结果，在 SQL Server 2016 的“对象资源管理器”窗格中展开“数据库”→“天意购物”→“安全性”→“角色”→“数据库角色”，右击“db_accessadmin”角色，在弹出的快捷菜单中选择“属性”命令，如图 6-36（a）所示，在数据库角色属性对话框中，可以看到 tdbwzq 用户已经被删除，如图 6-36（b）所示。

（a）

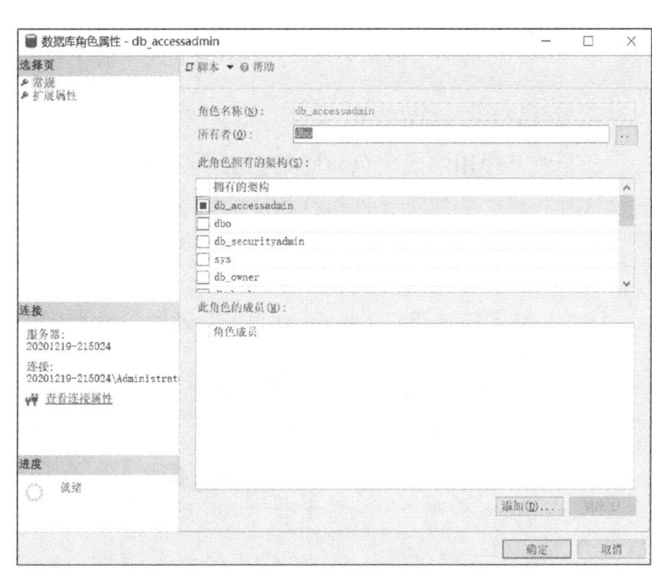

（b）

图 6-36　数据库角色删除验证

五、权限

权限分为 3 种状态：授予、拒绝、撤销，可以使用如下语句修改权限的状态。

1. 授予权限（GRANT）

授予权限以执行相关的操作。即允许某个用户或角色对一个对象执行某种操作或某种语句。

语法格式：

```
GRANT SELECT , INSERT , UPDATE , DELETE ON table1 TO [用户名]
```

【例 6-14】允许用户 tdbwzq 对“天意购物”数据库中的 Customers 表有 select、update、delete 权限。

```
USE 天意购物
GRANT SELECT,UPDATE,DELETE ON Customers TO tdbwzq
```

命令执行结果如图 6-37 所示。

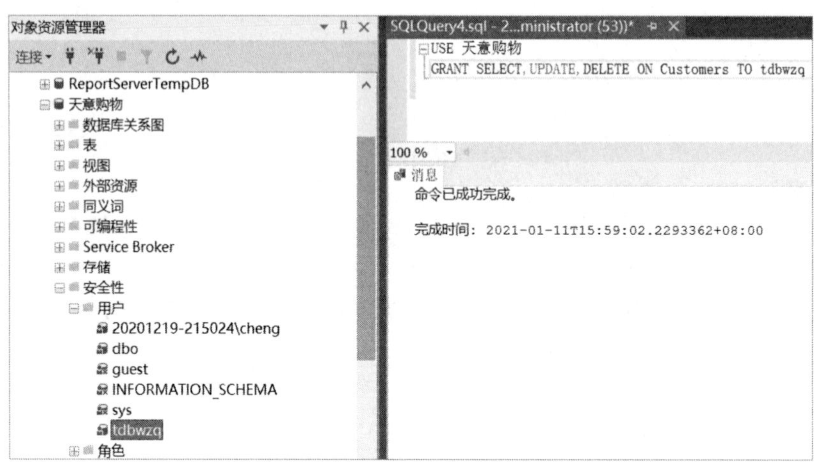

图 6-37 授予权限

2. 拒绝权限（DENY）

即拒绝某个用户或角色访问某个对象。即使该用户或角色被授予这种权限，或者由于继承而获得这种权限，仍然不允许执行相应的操作。

语法格式：

```
DENY SELECT, INSERT, UPDATE, DELETE ON table1 TO [用户名]
```

【例 6-15】拒绝用户 tdbwzq 对“天意购物”数据库中的 Customers 表有 update、delete 权限。

```
USE 天意购物
DENY UPDATE,DELETE ON Customers TO tdbwzq
```

命令执行结果如图 6-38 所示。

图 6-38 拒绝权限

3. 撤销权限（REVOKE）

停止以前授予或拒绝的权限，但不会显示阻止用户或角色执行操作。用户或角色仍然能继承其他角色的 GRANT 权限。

语法格式：

```
REVOKE SELECT, INSERT, UPDATE, DELETE ON table1 from [用户名]
```

【例 6-16】撤销用户 tdbwzq 对“天意购物”数据库的 Customers 表所拥有的 select、update、delete 权限。

```
USE 天意购物
REVOKE SELECT,UPDATE,DELETE ON Customers FROM tdbwzq
```

命令执行结果如图 6-39 所示。

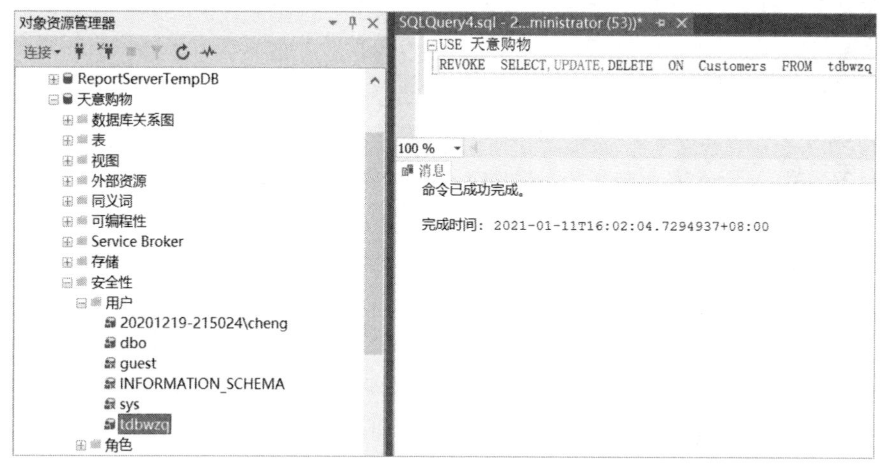

图 6-39 撤销权限

动手实践

1. 使用 T-SQL 语句创建 SQL Server 身份验证的登录账户 lisa，密码为 123，默认数据库为 master，默认语言为简体中文。之后再使用 T-SQL 语句删除该用户。

____ --创建登录账户 lisa

____ --删除账户 lisa

2. 使用 T-SQL 语句给登录账户 lisa 添加一个天意购物数据库的同名数据库用户账户 lisa，然后用 T-SQL 语句从数据库“天意购物”中查看用户 lisa，最后从当前数据库“天意购物”中删除用户 lisa。

创建并查看用户的命令如下：

____ --添加数据库用户账户 lisa

____ --打开数据库“天意购物”

____ --为用户 lisa 添加权限

____ --查看用户 lisa

删除用户的命令如下：

USE 天意购物

____ --删除用户 lisa

3. 使用 T-SQL 语句将 lisa 用户添加到“天意购物”数据库的 db_accessadmin 角色中，然后删除该角色。

创建 lisa 用户，将其添加到 db_accessadmin 角色的命令如下：

```
USE 天意购物
__________________________________________________--创建 lisa 用户
__________________________________________________--添加 db_accessadmin 角色
```

将 lisa 用户从 db_accessadmin 角色删除的命令如下：

```
USE 天意购物
__________________________________________________--删除 db_accessadmin 角色
```

润物无声

工匠准则：诚信

用层层设防的方式构筑数据库安全，目的是保证数据库的数据不被破坏，同时数据库中的数据不被泄露。这些安全设防是防止数据库管理员以外人的行为，但是对于管理员来说是不设防，这就要求数据库操作人员具备最基本的道德素养，即诚信。

诚信不仅是对个人道德涵养的基本要求，更是社会主义市场经济健康发展的道德基石。

人物：高庆狮

高庆狮，生于 1934 年。他是中国第一颗人造卫星地面计算控制中心早期设计负责人之一。他还是“两弹一星”国防战略工程中，我国第一台具有分时中断系统的晶体管计算机——被誉为“功勋计算机”的“109 丙机”体系结构的总设计师。

2000 年，他开始研究网络安全问题，提出了国际上第一个从计算机系统结构角度来防止病毒攻击和盗窃的方案，并获得了发明专利。他看到靠鉴别认证软件来发现病毒难于事先进行，于是提出了如果病毒进入了计算机系统，从系统结构角度采取措施（虚拟空间隔离）来防止“病毒对系统内需要保护的软硬件进行盗窃或破坏”比较容易。提出了在国际上第一个防止病毒攻击和盗窃的计算机体系结构，申请并获得了两个相关的发明专利。

知识巩固

1.（单选）向用户授予操作权限的 SQL 语句是（　　）。

A. CTEATE　　B. REVOKE　　C. SELECT　　D. GRANT

2.（单选）下列说法不正确的是（　　）。

A. 数据库减少了数据冗余

B. 数据库中的数据可以共享

C. 数据库避免了一切数据的重复

D. 数据库具有较高的数据独立性

3.（单选）对于数据库的管理，SQL Server 的授权系统将用户分成四类，其中权限最大的用户是（　　）。

A. 一般用户　　B. 系统管理员

C. 数据库拥有者　　D. 数据库对象拥有者

4.（单选）对于数据库的管理，对 SQL Server 中 guest 用户的描述错误的是（　　）。

A. 安装系统时，guest 用户被加入到 master、pubs、tempdb、northwind 数据库中

B. 用户成功登录到 SQL Server 后，若该登录账号在某数据库中无合法数据库用户，则系

统将可能允许以 guest 用户来访问该数据库

C. 不能从 master、tempdb 数据库中删除 guest 用户

D. 在新建一个数据库时，guest 用户将被自动添加

5.（填空）SQL Server 提供了（　　）和（　　）两种验证模式来确认用户是否登录了服务器。

6.（填空）在 SQL Server 2016 中，账户分为（　　）和（　　）两类。

任务二　数据库的备份与还原

随着信息技术的快速发展，数据库作为信息系统的核心承担着重要角色。数据库的可靠性也日趋重要，如果发生意外或数据丢失，其损失也将十分惨重。针对具体的业务要求制定详细的数据库备份和恢复策略是十分必要的。针对网上商城系统的数据库也不例外。本任务将介绍如何备份和恢复数据库。

任务情境

老李：对了，上次说到数据库安全问题，你给数据库做备份了吗？

小王：啊，还没有呢。

老李：这个需要注意，一定要及时备份。因为在生产环境中我们的数据库可能会遭遇各种各样的不测从而导致数据丢失，比如硬件故障、软件故障、自然灾害、黑客攻击、误操作（占比最大），所以，为了在数据丢失之后能够恢复数据，就需要定期备份数据。

小王：既然有备份了，那如果出现数据丢失，就可以进行数据还原了吧。

老李：对的，那你可以试试备份数据，然后再还原试试吧。

视　频

设计过程

任务描述

使用 SSMS 方式对“天意购物”数据库进行完整备份。

设计过程

1. 创建备份设备

步骤一：选择“开始”→“所有程序”→Microsoft SQL Server Tools 18→Microsoft SQL Server Management Studio 18 命令，使用“Windows 身份验证”建立连接，进入 SQL Server Management Studio 窗口（简称 SSMS 窗口）。

步骤二：在“对象资源管理器”窗格中展开“服务器对象”结点。

步骤三：右击“备份设备”结点，在弹出的快捷菜单中选择“新建备份设备”命令，如图 6-40 所示。

步骤四：在打开的“备份设备”窗口中输入设备名称，如图 6-41 所示，然后单击“确定”按钮，完成备份设备的创建。

图 6-40　创建备份设备命令

图 6-41 “备份设备”窗口

2. 数据库备份

步骤一：在 SSMS 窗口中右击所要备份的数据库“天意购物”，在弹出的快捷菜单中选择“任务”→“备份”命令，如图 6-42 所示。

图 6-42 选择数据库备份命令

步骤二：在“备份数据库-天意购物”窗口中设置备份类型、备份组件、备份目标，如图 6-43 所示。

步骤三：单击“确定”按钮完成数据库的备份。

图 6-43　“备份数据库-天意购物”窗口

知识链接

视　频

设备备份

一、设备备份

SQL Server 2016 数据库管理系统提供了一套功能强大的数据备份和恢复的工具。数据库的备份和恢复可以保护数据库的重要数据。当数据库的数据发生意外时，可以及时恢复数据，避免造成更大的损失。在数据的保护中，需要选定合适的备份设备，以提高数据库对数据的保护力度。

1. 备份设备

备份设备是指为了防止设备系统运转中由于某台关键或易损设备的故障造成整个系统瘫痪，专门预备用于替换故障设备的设备。备份设备又称“备机”。

2. 备份设备的类型

常见的备份设备的类型分为 3 种：磁盘备份设备、磁带备份设备、逻辑备份设备。

3. 创建备份设备

使用系统提供的命令创建备份设备的具体语法如下：

```
EXEC SP_ADDUMPDEVICE [@devtype=] ' device_type',
[@logicalname=]' logical_name' ,
[@physicalname=]' physical_name'
[,@cntrltype=]' controller_type' |[@devstatus=] ' device_status' ]
```

语句说明：

- SP_ADDUMPDEVICE：系统定义的存储过程名称。
- [@devtype=]'device_type'：用来指定备份设备的类型。该类型为 varchar(20)，无默认值，可以是 disk（硬盘）、 tape（磁带）或 pipe（命名管道）。

- [@logicalname=] ' logical_name' ：用来指定备份设备的逻辑名称。 logical_name 的数据类型为 sysname，无默认值，且不能为空。
- [@physicalname=] ' physical_name' ：用来指定备份设备的物理名称。物理名称必须遵从操作系统文件名规则或网络设备的通用命名约定，并且必须包含完整的路径，该数据类型为 nvarchar(260)，无默认值，且不能为 NULL。
- [@cntrltype=] ' controller_type' ：用来指定备份设备的类型，若 controller_type 值为 2，表示是磁盘；若其值为 5，表示是磁带，该项可以省略。
- [@devstatus=] ' device_status' ：用来指定设备的状态。若 device_status 值为 noskip，表示读 ANSI 磁带头，若值为 skip，表示跳过 ANSI 磁带头。

【例 6-17】使用命令方式为数据库"天意购物"创建名称为"天意购物_系统备份"的备份设备。使用的命令如下：

```
EXEC SP_ADDUMPDEVICE 'disk' , '天意购物_系统备份' ,
'D:\Program Files\Microsoft SQL Server\MSSQL13.MSSQLSERVER\MSSQL\Backup\天意购物_系统备份.bak'
```

命令执行结果如图 6-44 所示。

SQLQuery5.sql - 2...ministrator (53))*
EXEC SP_ADDUMPDEVICE 'disk' , '天意购物_系统备份' ,
'D:\Program Files\Microsoft SQL Server\MSSQL13.MSSQLSERVER\MSSQL\Backup\天意购物_系统备份.bak'
100 %
消息
命令已成功完成。

图 6-44 "天意购物"备份设备

4. 查看备份设备

可以使用系统定义的存储过程 SP_HELPDEVICE 查看服务器上所有备份设备的信息。具体语法如下：

```
EXEC SP_HELPDEVICE
```

【例 6-18】查看所有备份设备的信息。输入命令如下：

```
EXEC SP_HELPDEVICE
```

命令执行结果如图 6-45 所示。

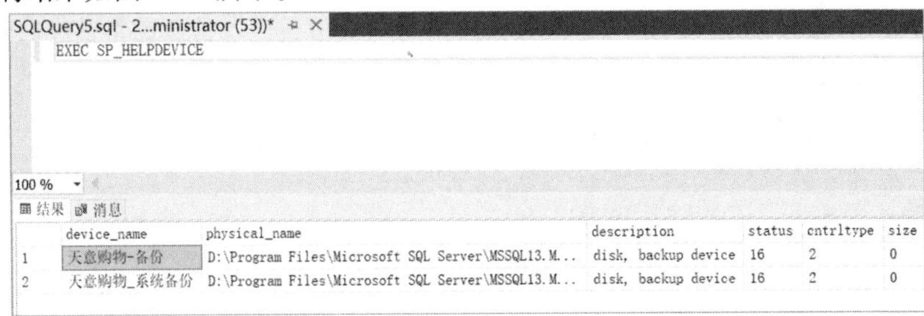

图 6-45 查看"天意购物"备份设备

5. 管理备份设备

前面讲解了备份设备的创建方法，对于备份设备的管理，可以删除备份设备。删除备份设备的具体语法如下：

```
EXEC SP_DROPDEVICE 备份设备名 [, 'delfile']
```

语句说明：

delfile 用来指定删除设备的同时删除它使用的操作文件。

【例 6-19】 删除“天意购物_系统备份”备份设备及其操作文件。

输入命令如下：

```
EXEC SP_DROPDEVICE 天意购物_系统备份, delfile
```

命令执行结果如图 6-46 所示。

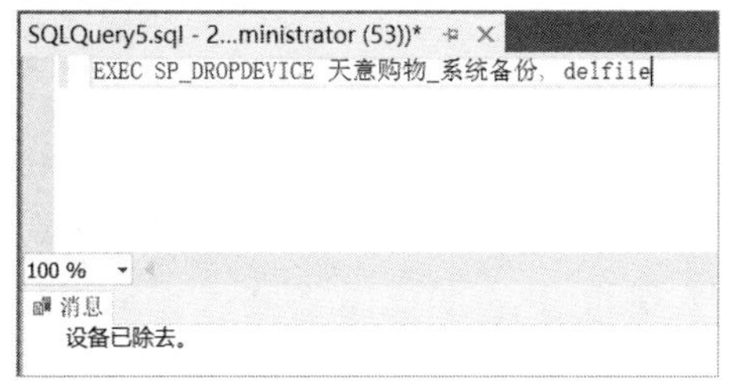

图 6-46 删除“天意购物”备份设备

提示： 在执行创建备份设备、查看备份设备和删除备份设备等存储过程命令时，需要在系统数据库 master 下执行，或在命令前添加“USE master GO”语句。

二、数据库备份

1. 备份

备份就是将数据库的结构、对象和数据进行复制，在数据库的数据出现问题时，能够帮助恢复到某个时间点的操作。

2. 备份的类型

在 SQL Server 2016 中提供了 4 种备份数据库的方式：完整备份、差异备份、事务日志备份、文件和文件组备份。

（1）完整备份：备份整个数据库的所有内容，包括事务日志。该备份类型需要比较大的存储空间来存储备份文件，备份时间较长，在还原数据时，只须还原一个备份文件。

（2）差异备份：差异备份是完整备份的补充，只备份上次完整备份后更改的数据。相对于完整备份来说，差异备份的数据量比完整数据备份小，备份的速度也比完整备份要快。

因此，差异备份通常作为常用的备份方式。在还原数据时，要先还原前一次做的完整备份，然后还原最后一次所做的差异备份，这样才能让数据库中的数据恢复到与最后一次差异备份时的内容相同。

（3）事务日志备份：事务日志备份只备份事务日志中的内容。事务日志记录了上一次完整备份或事务日志备份后数据库的所有变动过程。事务日志记录的是某一段时间内的数据库变动情况，因此在进行事务日志备份之前，必须进行完整备份。

（4）文件和文件组备份：如果在创建数据库时，为数据库创建了多个数据库文件或文件组，可以使用该备份方式。使用文件和文件组备份方式可以只备份数据库中的某些文件，该备份方式在数据库文件非常庞大时十分有效，由于每次只备份一个或几个文件或文件组，可以分多次备份数据库，避免大型数据库备份的时间过长。另外，由于文件和文件组备份只备份其中一个或多个数据文件，当数据库中的某个或某些文件损坏时，可能只还原损坏的文件或文件组备份。

3. 备份数据库

备份数据库可以执行不同类型的 SQL Server 数据库备份（完整备份、差异备份、事务日志备份以及文件和文件组备份）。

（1）完整备份数据库。完整备份数据库有两种方式：一种是使用图形界面方式；另一种是使用命令方式。使用图形界面方式见“设计过程”部分。使用命令方式完整备份数据库采用如下命令格式：

```
BACKUP DATADASE database_name
TO <backup_device>
[WITH
[[,]NAME=backup_set_name]
[[,]DESCRIPTION='' ]
[[,]{INIT|NOINIT}]
[[,]{COMPRESSION|NO_COMPRESSION}]
]
```

语句说明：

- database_name：用来指定数据库的名称。
- backup_device：用来指定备份的设备。
- WITH 子句：指定备份的选项，这里仅列出常用选项，更多选项可参考 SQL Server 的联机文件，该选项可选。
- NAME=backup_set_name：用来指定备份的名称。
- INIT | NOINIT：用来指定新备份数据的备份方式。INIT 表示新备份的数据覆盖当前备份设备上的每一项内容；NOINIT 表示新备份的数据添加到备份设备上已有内容的后面。
- COMPRESSION | NO_COMPRESSION：用来指定备份数据是否启用压缩功能。COMPRESSION 表示启用压缩功能；NO_COMPRESSION 表示不启用压缩功能。

【例 6-20】使用完整备份方式备份数据库“天意购物”。采用完整备份方式备份数据库的命令如下：

```
BACKUP DATABASE 天意购物
TO 天意购物_系统备份 WITH  INIT, NAME='天意购物完整数据库备份' ,
DESCRIPTION='采用完整备份方式'
```

命令执行结果如图 6-47 所示。

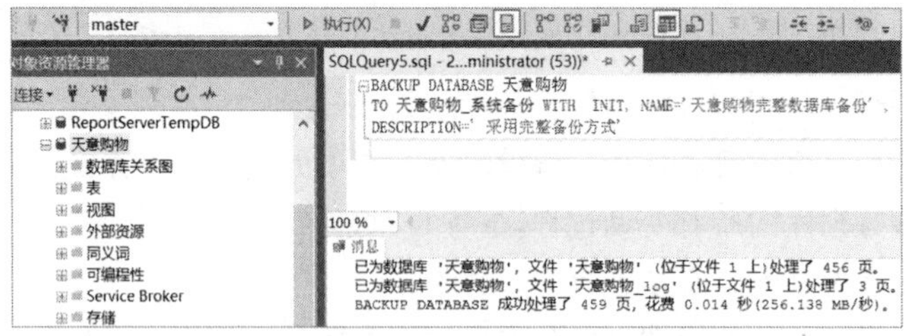

图 6-47 完整备份方式备份“天意购物”

（2）差异备份数据库。差异备份数据库有两种方式：一种是使用图形界面方式；另一种是使用命令方式。使用图形界面方式在“设计过程”中详细介绍。使用命令方式差异备份数据库采用如下命令格式：

```
BACKUP  DATADASE  database_name
TO <backup_device>
WITH DIFFERENTIAL
[[,]NAME=backup_set_name]
[[,]DESCRIPTION='' ]
[[,]{INIT|NOINIT}]
[[, ]{COMPRESSION|NO_COMPRESSION}]
```

语句说明：

WITH DIFFERENTIAL：用来指定采用的是差异备份，其他参数与完整备份相同。

【例 6-21】使用差异备份方式备份数据库“天意购物”，存入“天意购物_系统备份”设备，差异备份的文件名为“天意购物_差异数据库备份”。采用差异备份方式备份数据库的命令如下：

```
BACKUP  DATABASE 天意购物
TO 天意购物_系统备份
WITH  DIFFERENTIAL,NOINIT, NAME=' 天意购物_差异数据库备份',
DESCRIPTION=' 采用差异备份方式'
```

命令执行结果如图 6-48 所示。

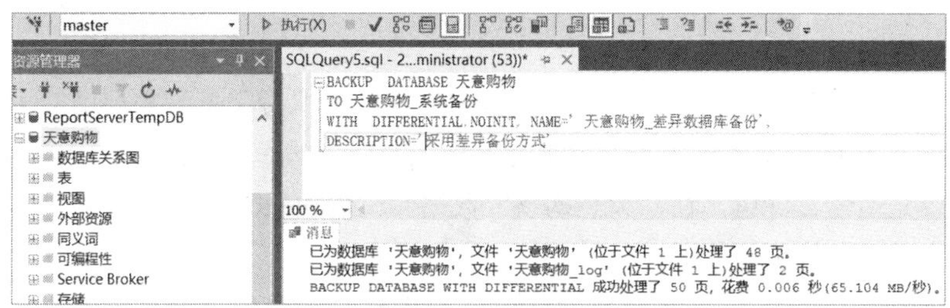

图 6-48 差异备份方式备份“天意购物”

提示：使用 BACKUP 语句进行差异备份时，要使用 NOINIT 选项，避免覆盖已存在的完整备份。

（3）事务日志备份数据库。事务日志备份数据库有两种方式：一种是使用图形界面方式；另一种是使用命令方式。使用命令方式事务日志备份数据库采用如下命令格式：

```
BACKUP  LOG  DATADASE  database_name
TO <backup_device>
WITH
[[,]NAME=backup_set_name]
[[,]DESCRIPTION='' ]
[[,]{INIT|NOINIT}]
[[,]{COMPRESSION|NO_COMPRESSION}]
```

语句说明：

LOG：用来指定仅备份事务日志。该日志是从上一次成功执行的日志备份到当前日志的末尾。必须创建完整备份，才能创建第一个日志备份。

其他参数与完整备份相同。

【例 6-22】使用事务日志备份方式备份数据库“天意购物”的事务日志文件，存入“天意购物_系统备份”设备，事务日志备份的文件名为“天意购物事务日志数据库备份”。采用事务日志备份方式备份数据库的命令如下：

```
BACKUP  DATABASE 天意购物
```

```
TO 天意购物_系统备份
WITH NOINIT,
NAME='天意购物事务日志数据库备份',
DESCRIPTION='采用事务日志备份方式'
```

命令执行结果如图 6-49 所示。

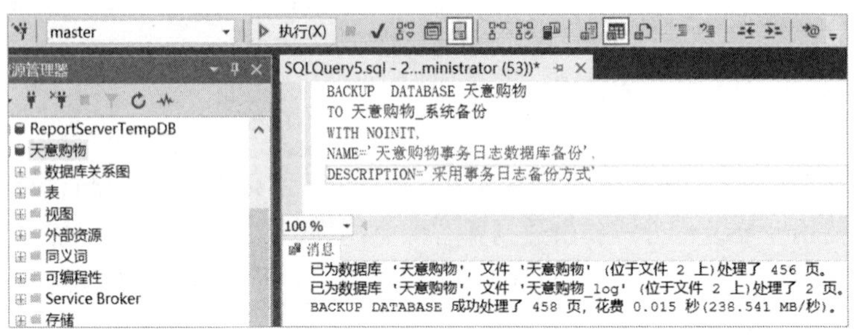

图 6-49　事务日志备份方式备份“天意购物”

提示：当 SQL Server 完成日志备份后，自动截断数据库事务日志中不活动的部分（指已经完成的事务日志），因此，可以截断。事务日志被截断后，释放出的空间可被重复使用，可以避免日志文件的无限增长。

（4）文件和文件组备份数据库。对于大型数据库，每次执行完备份需要消耗大量时间。SQL Server 2016 提供的文件和文件组的备份就是为了解决大型数据库的备份问题。创建文件和文件组备份之前，需要先创建文件组。在“天意购物”数据库中添加一个数据库文件，并将该文件加入新的文件组中，具体操作步骤如下：

① 启动 SSMS 工具，采用 Windows 身份或 SQL Server 身份登录到服务器。

② 在“对象资源管理”窗格中，展开“数据库”结点，右击“天意购物”数据库，在弹出的快捷菜单中选择“属性”命令，打开“数据库属性”窗口，如图 6-50 所示。

图 6-50　“数据库属性”窗口

③ 在“数据库属性”窗口中，选择“选择页”下的“文件组”选项卡，如图 6-51 所示。

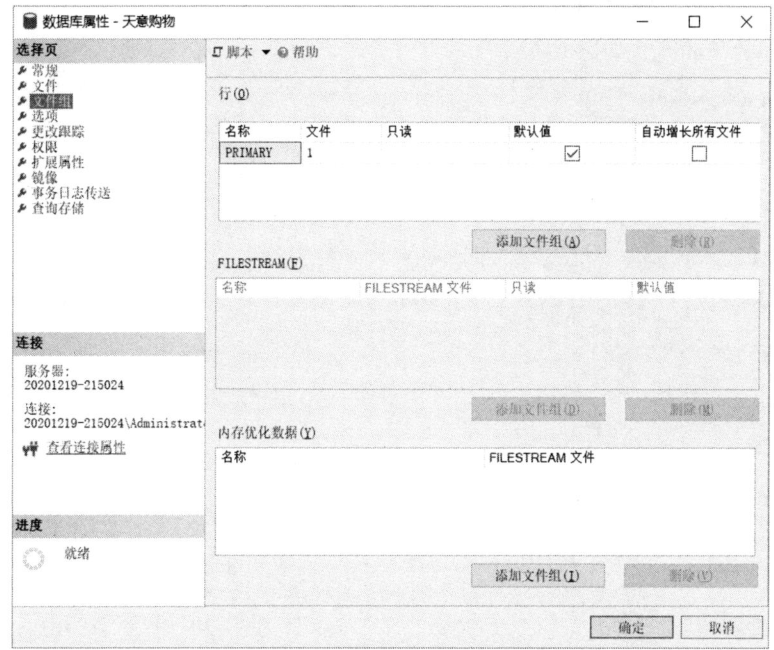

图 6-51　文件组选项卡属性界面

④ 单击“添加文件组”按钮，在“名称”文本框中输入一个新的数据库文件“天意购物_BACKUP”。

⑤ 选择“文件”选项卡，如图 6-52 所示。

图 6-52　文件选项卡属性界面

⑥ 单击“添加”按钮，依次设置“逻辑名称”为“天意购物_TEST”，“文件类型”为“行数据”，“文件组”为“天意购物_BACKUP”，“初始大小”为“5MB”，“路径”为“默认”，“文件名”为“天意购物_TEST.mdf”，如图 6-53 所示。

图 6-53　添加天意购物_TEST 数据库文件

⑦ 单击“确定”按钮，在“天意购物_BACKUP”文件组上创建了这个新文件。

⑧ 展开数据库“天意购物”列表，分别右击表 Carts、Orders、Products、Customers，在弹出的快捷菜单中选择“设计”命令，打开表设计器，然后选择“视图”→“属性窗口”命令。

⑨ 在“属性”窗口中，展开“常规数据库控件规范”结点，将“文件组或分区方案名称”设置为“天意购物_BACKUP”，如图 6-54 所示。

⑩ 单击“全部保存”按钮，即完成了文件组的创建。

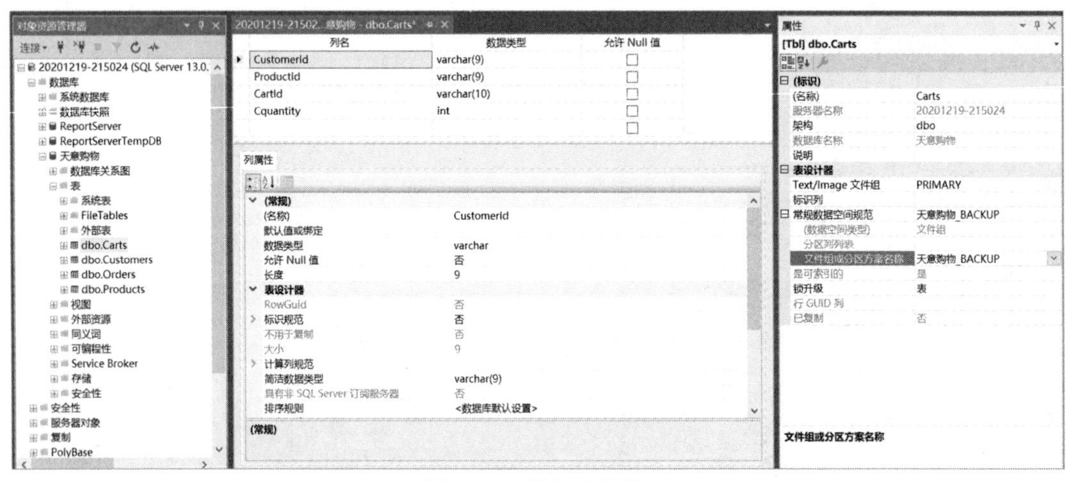

图 6-54　设置表属性

文件组创建后，使用 BACKUP 语句对文件组进行备份，语句格式如下：

```
BACKUP DATABASE database_name
<file_or_filegroup>[, …n]
TO <backup_device>
WITH options
```

语句说明：

- file_or_filegroup：用来指定文件或文件组，若为文件，则写为“FILE=逻辑文件名”，若为文件组，则写为“FILEGROUP=逻辑文件名”。
- options：用来指定备份的选项，与上面介绍的备份方法相同。

【例 6-23】将“天意购物”数据库添加到文件组“天意购物_BACKUP”中，并备份到设备“天意购物_系统备份”中。可以输入如下语句：

```
BACKUP DATABASE 天意购物 FILEGROUP='天意购物_BACKUP'
TO 天意购物_系统备份
WITH NOINIT, NAME='天意购物-文件组数据库备份',
DESCRIPTION='采用文件组备份方式'
```

命令执行结果如图 6-55 所示。

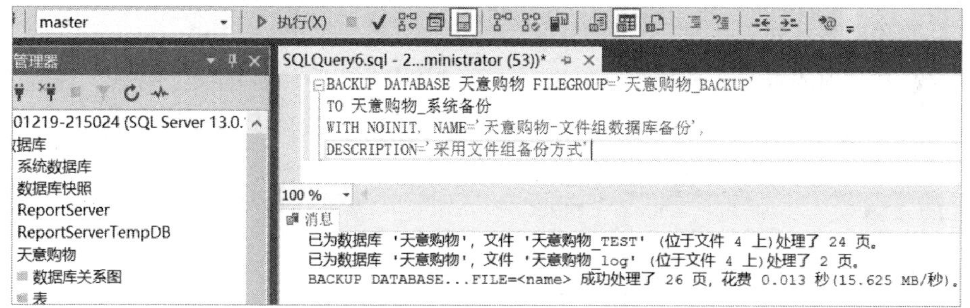

图 6-55 文件组备份方式备份“天意购物”

三、数据库还原

数据库还原是将数据库的数据结构和数据还原为备份时的状态。SQL Server 2016 数据库恢复模式分为 3 种：完整恢复模式、大容量日志恢复模式、简单恢复模式。

1. 完整恢复模式

完整恢复模式为默认恢复模式，它会完整记录下操作数据库的每一个步骤。使用完整恢复模式可以将整个数据库恢复到一个特定的时间点，这个时间点可以是最近一次可用的备份、一个特定的日期和时间或标记的事务。

完整恢复模式在故障恢复中具有最高优先级。这种恢复模式使用数据库备份和事务日志备份，能够较为安全地防范媒体故障。因完整恢复模式中的事务日志记录了全部事务，所以可以还原到某个时间点。

2. 大容量日志恢复模式

大容量日志恢复模式是对完整恢复模式的补充。简单地说就是要对大容量操作进行最小日志记录，节省日志文件的空间（如导入数据、批量更新、SELECT INTO 等操作时）。例如，一次性向数据库中插入数十万条记录时，在完整恢复模式下每一个插入记录的动作都会记录在日志中，使日志文件变得非常大，而在大容量日志恢复模式下，只记录必要的操作，不记录所有日志。这样可以大大提高数据库的性能。

但是该种模式也存在缺点：由于日志不完整，一旦出现问题，数据将可能无法恢复，也不能恢复数据库到某个特定时间点。因此，一般只有在需要进行大量数据操作时才将恢复模式改为大容量日志恢复模式，数据处理完毕之后，立刻修改恢复模式为完整恢复模式。

3. 简单恢复模式

在简单恢复模式下，数据库会自动把不活动的日志删除，因此简化了备份的还原，但因为没有事务日志备份，所以不能恢复到失败的时间点。通常，此模式只用于对数据库数据安全要求不太高的数据库。并且在该模式下，数据库只能做完整和差异备份。

当数据库的恢复模式进行修改后，数据库必须重新备份，选择不同的数据库恢复模式对应的数据库备份方式也不同。一般情况下，默认是完全恢复模式。

4. 恢复数据库时有两种方法

（1）采用图形界面方式。下面主要介绍图形界面方式恢复数据库，具体步骤如下：

步骤一：启动 SQL Server 2016 中的 SQL Server Management Studio 工具，使用 Windows 或 SQL Server 身份登录，建立连接。

步骤二：在“对象资源管理器”窗格中，展开“服务器”→“数据库”结点，右击“天意购物”结点，在弹出的快捷菜单中选择“任务”→“还原”→“数据库”命令，如图 6-56 所示。

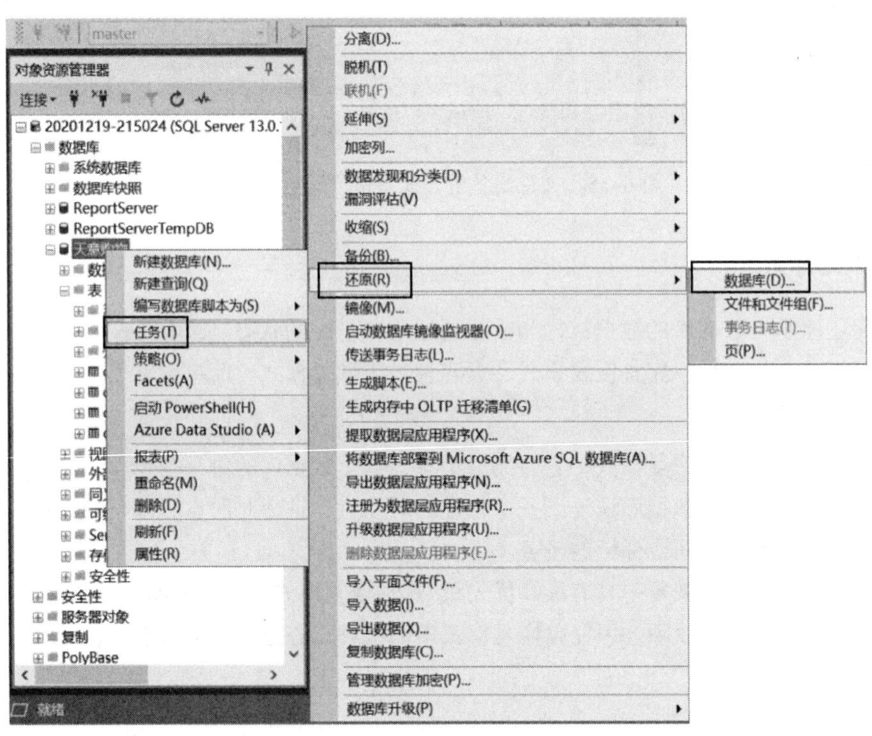

图 6-56 还原数据库菜单窗口

步骤三：打开“还原数据库”窗口，如图 6-57 所示。

步骤四：在“还原数据库”窗口的“选择页”中选择“常规”选项卡，“目标时间点”可以设置恢复数据库的时间点。对于网上商城数据库天意购物，首先需要进行完整备份的恢复和差异备份的恢复，因此，此项先不设置。在“要还原的备份集”区域的列表中，选择类型为“完整”和“差异”复选框。

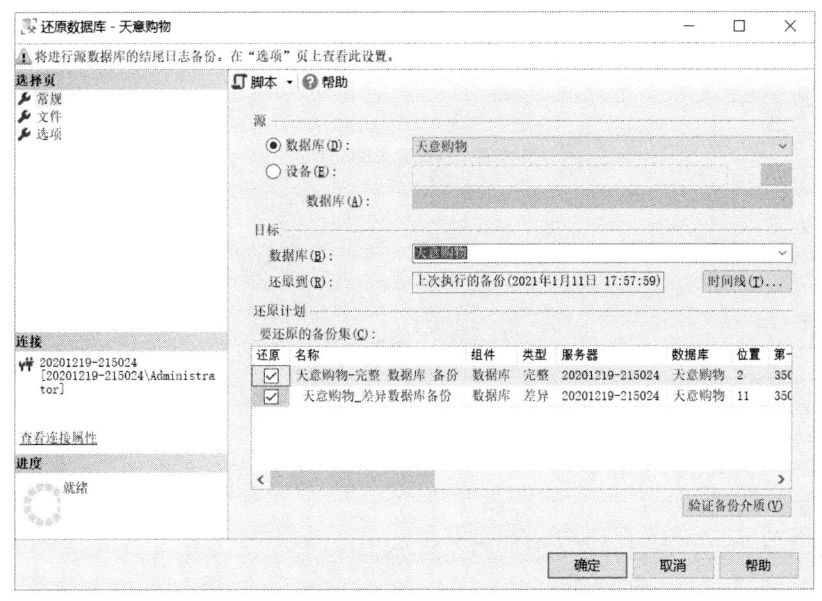

图 6-57　“常规”选项卡下备份数据库界面

步骤五：在“还原数据库”窗口中选择“选项”选项卡，设置还原操作时采用的形式以及恢复完后的状态，如图 6-58 所示。这里在“还原选项”区域选中“覆盖现有数据库”复选框，以便在恢复时覆盖现有数据库及其相关文件。

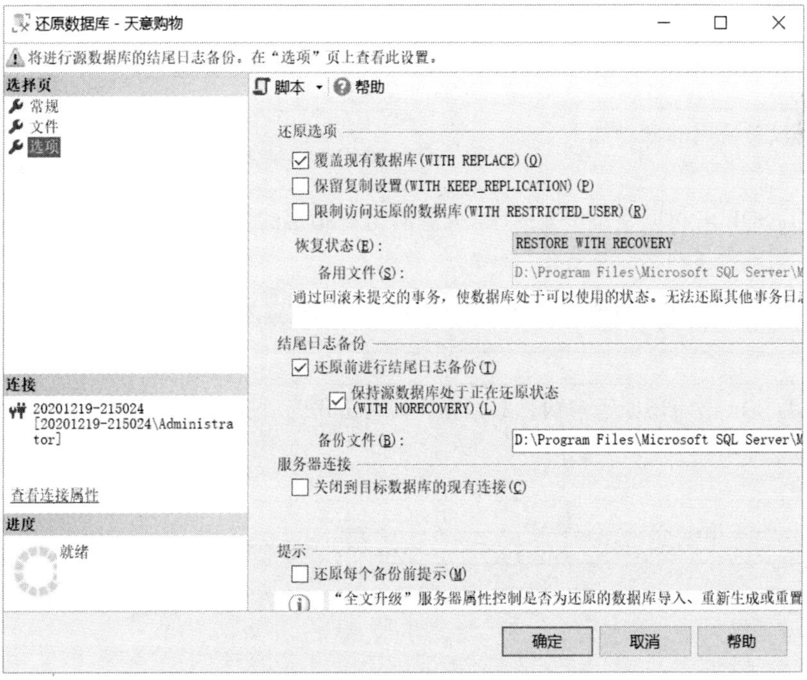

还原数据库 - 天意购物
将进行源数据库的结尾日志备份。在“选项”页上查看此设置。
选择页
常规
文件
选项
脚本
帮助
还原选项
覆盖现有数据库(WITH REPLACE)(O)
保留复制设置(WITH KEEP_REPLICATION)(P)
限制访问还原的数据库(WITH RESTRICTED_USER)(R)
恢复状态(E)：
RESTORE WITH RECOVERY
备用文件(S)：
D:\Program Files\Microsoft SQL Server\
通过回滚未提交的事务，使数据库处于可以使用的状态。无法还原其他事务日
结尾日志备份
还原前进行结尾日志备份(T)
保持源数据库处于正在还原状态 (WITH NORECOVERY)(L)
备份文件(B)：
D:\Program Files\Microsoft SQL Server\
服务器连接
关闭到目标数据库的现有连接(C)
提示
还原每个备份前提示(M)
“全文升级”服务器属性控制是否为还原的数据库导入、重新生成或重置
连接
20201219-215024
[20201219-215024\Administrator]
查看连接属性
进度
就绪
确定
取消
帮助

图 6-58　“选项”选项卡

步骤六：单击“确定”按钮，系统弹出还原成功的提示信息，如图6-59所示。单击“确定”按钮后即可完成数据库的还原操作。

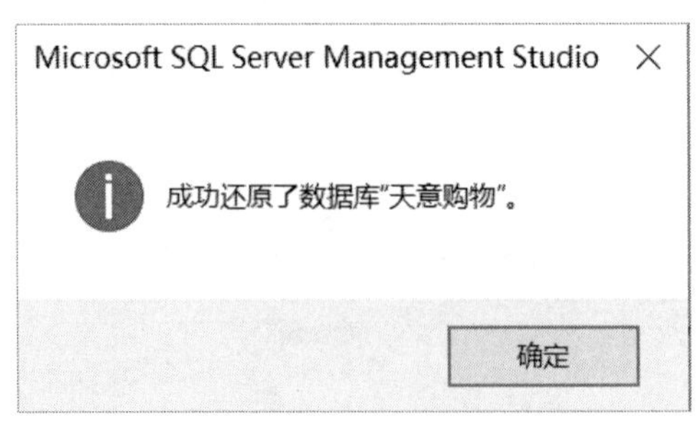

图6-59　提示信息

（2）采用命令方式。使用T-SQL 语句恢复数据库的

语法形式如下：

```
RESTORE  DATABASE  数据库名
FROM   备份设备
```

【例6-24】还原已经备份的“天意购物”数据库。

```
RESTORE  DATABASE  天意购物
FROM 天意购物_系统备份
```

动手实践

1. 使用T-SQL语句为数据库“天意购物”创建名称为“天意购物_测试备份”的备份设备。然后查看所有备份设备的信息。

创建备份设备使用的命令如下：

____

____ --在本地创建备份设备

查看备份设备使用的命令如下：

____ --查看备份设备

2. 使用T-SQL语句完整备份数据库“天意购物”。指定的备份设备为“天意购物_测试备份”，备份名称为“测试天意购物完整备份”。

采用完整备份方式备份数据库的命令如下：

____

____________________________________ --采用完整备份方式进行数据库备份

3. 使用T-SQL语句还原天意购物数据库，设备备份为“天意购物_测试备份”。

使用的命令如下：

____

____

___________________________ --从“天意购物_测试备份”中还原天意购物数据库

润物无声

工匠准则：责任

数据库的备份与还原技术是预防系统数据损坏、丢失，而采用的一种解决方案。有时，数据库中的数据可能是每天都在更新，备份工作也是每天都要进行，但决不能偷懒。对于数据库管理员来说，每天的数据备份是工作更是一份责任，只为有朝一日能在关键时刻还原所有的数据。下面要介绍的这个人物是与“银河”系列计算机紧密相连的周兴铭。

工匠人物：周兴铭

周兴铭 1938 年出生于上海，计算机组织与系统结构专家，中国科学院院士，国防科学技术大学教授。

周兴铭从 23 岁起，从电子管、晶体管直到集成电路，参与了一系列国产计算机的研制工作，主持研制了我国第一台全数字实时仿真计算机“银河-仿 1”和我国第一台面向科学/工程计算的 10 亿次级“银河-II”并行巨型计算机系统。

多年来，周兴铭先后参与和主持研制成功 6 台具有国际先进水平的高性能计算机，巨型计算机事业就像一座高山，周兴铭一路攀登，不肯停歇，他用一颗奔腾的“中国心”，不断助推我国高性能计算机事业的发展。2015 年，周兴铭获中国计算机学会终身成就奖。

知识巩固

1.（单选）SQL Server 支持在线备份，但在备份过程中，不允许执行的操作是（　　）。

①创建或删除数据库文件　　②创建索引

③执行非日志操作　　④自动或手工缩小数据库或数据库文件大小

A. ①　　B. ①②　　C. ①②③　　D. ①②③④

2.（单选）以下情况发生后，往往需要立即对 master 数据库进行备份，错误的是（　　）。

A. 增加用户数据库　　B. 删除用户数据库

C. 执行与登录有关的操作　　D. 增加数据库用户

3.（填空）常见的备份设备类型分为 3 种：（　　）、（　　）和（　　）。

4.（填空）在 SQL Server 2016 中提供了 4 种备份数据库的方式：（　　）、（　　）、（　　）和（　　）。

综 合 实 训

一、数据库安全性操作

1. 新建“学生管理系统”数据库用户 stu。

____

____

____

____

2. 新建“学生管理系统”数据库角色 stu_role。

____

____

____

____

二、数据库的备份和还原

1. 对“学生管理系统”数据库采用完整备份的方式进行备份。

2. 对“学生管理系统”数据库采用差异备份的方式进行备份。

3. 对“学生管理系统”数据库进行还原。